Johannes Hürter und Hans Woller
Hans Rothfels und die deutsche Zeitgeschichte

Schriftenreihe
der Vierteljahrshefte für Zeitgeschichte
Band 90

Im Auftrag des Instituts für Zeitgeschichte

Herausgegeben von

Karl Dietrich Bracher, Hans-Peter Schwarz, Horst Möller

Redaktion: Johannes Hürter und Jürgen Zarusky

R. Oldenbourg Verlag München 2005

Hans Rothfels
und die deutsche Zeitgeschichte

Herausgegeben
von
Johannes Hürter und Hans Woller

R. Oldenbourg Verlag München 2005

Bibliografische Information Der Deutschen Bibliothek

Die Deutsche Bibliothek verzeichnet diese Publikation in der Deutschen Nationalbibliografie; detaillierte bibliografische Daten sind im Internet über <http://dnb.ddb.de> abrufbar.

© 2005 Oldenbourg Wissenschaftsverlag GmbH, München
Rosenheimer Straße 145, D-81671 München
Internet: http://www.oldenbourg.de

Das Werk einschließlich aller Abbildungen ist urheberrechtlich geschützt. Jede Verwertung außerhalb der Grenzen des Urheberrechtsgesetzes ist ohne Zustimmung des Verlages unzulässig und strafbar. Dies gilt insbesondere für Vervielfältigungen, Übersetzungen, Mikroverfilmungen und die Einspeicherung und Bearbeitung in elektronischen Systemen.

Gedruckt auf säurefreiem, alterungsbeständigem Papier (chlorfrei gebleicht).
Gesamtherstellung: R. Oldenbourg Graphische Betriebe Druckerei GmbH, München

ISBN 3-486-57714-X
ISSN 0506-9408

Inhalt

Einleitung 7

Jan Eckel
Geschichte als Gegenwartswissenschaft.
Eine Skizze zur intellektuellen Biographie von Hans Rothfels 15

Wolfgang Neugebauer
Hans Rothfels und Ostmitteleuropa 39

Ingo Haar
Anpassung und Versuchung.
Hans Rothfels und der Nationalsozialismus 63

Peter Th. Walther
Hans Rothfels im amerikanischen Exil 83

Christoph Cornelißen
Hans Rothfels, Gerhard Ritter und die Rezeption des 20. Juli 1944.
Konzeptionen für ein „neues Deutschland"? 97

Thomas Etzemüller
Die „Rothfelsianer".
Zur Homologie von Wissenschaft und Politik 121

Hermann Graml
Hans Rothfels und die Vierteljahrshefte für Zeitgeschichte 145

Mathias Beer
Hans Rothfels und die Traditionen der deutschen Zeitgeschichte.
Eine Skizze 159

Heinrich August Winkler
Ein Historiker im Zeitalter der Extreme.
Anmerkungen zur Debatte um Hans Rothfels 191

Horst Möller
Hans Rothfels – Versuch einer Einordnung 201

Mitarbeiter dieses Sammelbandes 207

Einleitung

Die *Geschichte der Wissenschaften* ist alles andere als ein neuer Zweig der historischen Forschung. Seit jeher haben Historiker versucht, die Entwicklung der verschiedenen wissenschaftlichen Disziplinen nachzuzeichnen, den politischen wie sozialen Standort ihrer Protagonisten auszuloten und deren Mentalitäten zu bestimmen. Dabei kamen die unterschiedlichsten historiographischen Methoden zur Anwendung, ideengeschichtliche, sozialgeschichtliche und in jüngster Zeit verstärkt auch kulturgeschichtliche. Die jeweilige Rückschau auf die Wissenschaften, auf ihre Träger und ihre Institutionen, ihre Netzwerke und ihre Diskurse ist freilich nicht nur methodischen, sondern auch einschneidenden interpretatorischen Wandlungen unterworfen. Da sie über die Bewertung des Vergangenen und den aktuellen Kontext dieser Bewertung ebenso viel aussagt wie über das Vergangene selbst, ist sie, kaum geschrieben, schon selbst ein Stück Geistesgeschichte.

Ein besonders brisantes Feld der Wissenschaftsgeschichte und bereits seit einigen Jahrzehnten en vogue ist die *Zeitgeschichte der Wissenschaften*. Das „kurze", „nervöse" und „extreme" 20. Jahrhundert war von einer beispiellosen Spezialisierung der Wissenschaften und einer ebenso beispiellosen Beschleunigung des technischen Fortschritts gekennzeichnet. Zugleich verengte sich durch die Konzentration auf ein Fachgebiet der Erfahrungshorizont der Forscher, die unter dem verabsolutierten Streben nach dem Machbaren häufig das ethische Fundament verloren; um so leichter ließen sie sich manipulieren und für politische Ziele einspannen. Verführt von den Möglichkeiten, die sich ihnen boten, nahmen sie freilich auch ihrerseits nur allzu bereitwillig Einfluss auf die große Politik; „kämpfende Wissenschaft" ist nur einer der Slogans, die man für diese Entwicklung gefunden hat. Varianten davon gab (und gibt) es in allen Staaten und Regierungsformen, vor allem aber und besonders verhängnisvolle in totalitären Systemen. Die Folgen waren teilweise katastrophal: Chemiker, Physiker und Ingenieure entwickelten Massenvernichtungswaffen, Biologen und Mediziner sinnierten über die Klassifizierung und den „Wert" von Menschen, verstiegen sich zu grausamen Experimenten und verübten „Euthanasie"-Morde, Juristen begründeten und betrieben eine politische Rechtsprechung, Geisteswissenschaftler, Ökonomen und Theologen propagierten oder unterstützten radikale Gesellschaftsmodelle, in denen bestimmte Minderheiten und ethnische Gruppen keinen Platz mehr hatten. Die Wissenschaften wurden ebenso „total" und „totalitär" wie die Staaten, Gesellschaften und Kriege, denen sie dienten. Nie zuvor haben Wissenschaftler zugleich so viel Nutzen gestiftet und so viel Schaden angerichtet wie in der jüngsten Geschichte.

Das Phänomen der politischen Korrumpierung und Instrumentalisierung der akademischen Berufe und ihrer Exponenten wird in Deutschland vor allem mit der Zeit des Nationalsozialismus verbunden. Das Hauptaugenmerk der Forschung richtete sich deshalb bevorzugt auf die Rolle von Wissenschaftlern in der NS-Diktatur. Dabei gerieten vor den Geisteswissenschaftlern die Ärzte, Naturwissenschaftler, Techniker, Juristen und Theologen ins Visier, maß man ihrem Wirken doch einen größeren Einfluss auf die Geschichte zu. Die *Zeitgeschichte der Geschichtswissenschaften* ist dagegen lange vernachlässigt worden. Die deutschen Historiker machten einen Bogen um die Frage, wie sie selbst bzw. ihre Lehrer oder deren Lehrer sich in diesem Zeitalter der Extreme verhalten haben, nicht nur als Forscher, sondern auch als politische Akteure. Diese Zurückhaltung gegenüber den brisanten Kapiteln der eigenen Vergangenheit ist oft kritisiert worden. Eine Reaktion auf diese Kritik ließ Jahrzehnte auf sich warten, doch heute ist die Auseinandersetzung mit der Zeitgeschichte der eigenen „Zunft" im vollen Gange. Was die einen als notwendigen und längst überfälligen Akt der Selbstprüfung und als zentralen Teil der Wissenschafts- und Intellektuellengeschichte sehen, ist für die anderen freilich nach wie vor übertriebene Nabelschau und Ausdruck überzogener Anklage durch eine zumeist jüngere Generation, die weder frei sei von ahistorischer Selbstgerechtigkeit, noch egoistische Karrieregründe als Ursache ihrer Kritik verhehlen könne. Auch die historische Relevanz solcher Forschungen wird mitunter in Frage gestellt. Doch welche dieser Positionen man je nach Einstellung, Generation und Gruppenzugehörigkeit auch vertreten mag: Außer Zweifel steht, dass heute beinahe jeder „kritische" Beitrag über die Einstellung von Historikern zum Nationalsozialismus mehr Aufmerksamkeit innerhalb und außerhalb des Faches findet als manche Kontroversen über grundsätzliche Fragen der deutschen Geschichte.

In diesem anhaltenden Interesse spiegelt sich auch ein Nachholbedarf. Die Auseinandersetzung der Historiker mit der eigenen Vergangenheit verlief nach 1945 zunächst sehr zögerlich. Nachdem die eindeutig und schwer belasteten Kollegen recht bald ins Abseits gestellt waren, hielt man es nicht für opportun, weiter über die Rolle der Geschichtswissenschaft im „Dritten Reich" zu diskutieren. Wie in anderen Eliten verhinderte auch in der Historikerzunft ein meist ebenso ungeplantes wie effizientes Kartell des Schweigens, Verharmlosens und der dezenten Rücksichtnahmen den offenen Umgang mit diesem Thema. Daran konnten selbst die Pionierstudien von Helmut Heiber und Karl Ferdinand Werner in den sechziger Jahren wenig ändern[1]. Erst nach der deutschen Einigung von 1990 erschienen, angeregt

---

[1] Vgl. Helmut Heiber, Walter Frank und sein Reichsinstitut für Geschichte des neuen

durch eine frühere Studie des Briten Michael Burleigh[2], mehrere Untersuchungen, die sich mit der unheilvollen Verflechtung der „modernen" und weit über das Jahr 1945 hinauswirkenden Teildisziplinen „Ostforschung" und „Volksgeschichte" mit der nationalsozialistischen Politik und Ideologie beschäftigten[3]. Dabei gerieten auch Historiker, die später für die deutsche Geschichtswissenschaft über viele Jahrzehnte hinweg stilprägend und schulebildend wurden, in den Verdacht, bis 1945 den verbrecherischen Plänen und Zielen der Nationalsozialisten gedient zu haben. Ausgerechnet solchen „Säulenheiligen" (Götz Aly) unter den Nachkriegshistorikern wie den „Vätern" der neueren Sozialgeschichte Werner Conze und Theodor Schieder wurde zur Last gelegt, dass sie die nationalsozialistische Politik der „völkischen Neuordnung" und „Entjudung" Ostmitteleuropas intellektuell unterstützt hatten. Die Debatte erlebte einen Höhepunkt und erhielt zugleich neuen Antrieb, als diesen Fragen im September 1998 auf dem 42. Historikertag in Frankfurt am Main eine eigene Sektion gewidmet wurde, die wegen ihrer provokanten Thesen und der dadurch ausgelösten hochemotionalen Diskussion großes Aufsehen erregte. Die kontroversen Beiträge und Kommentare wurden bald darauf in einem Sammelband veröffentlicht[4].

Damit war man endgültig von den „schwarzen Schafen", d.h. den unzweifelhaften Anhängern und Sympathisanten des Nationalsozialismus', zu den jüngeren Historikern gekommen, denen es gelungen war, im „Dritten Reich", ehrgeizig, engagiert, aber nicht zu exponiert, eine erfolgreiche Karriere einzuschlagen, die sie dann in der Bundesrepublik bis in die einflussreichsten Positionen des Wissenschaftsbetriebs fortsetzen konnten: neben Conze und Schieder vor allem Hermann Aubin, Otto Brunner, Hermann Heimpel, Franz Petri und – in der NS-Zeit allerdings eher ein Außenseiter – Karl Dietrich Erdmann. Bereits in der Debatte der neunziger Jahre tauchte außerdem am Rande immer wieder der Name eines Gelehrten auf, der als innovativer Forscher, charismatischer Lehrer und politischer Kopf an der

---

Deutschlands, Stuttgart 1966; Karl Ferdinand Werner, Das NS-Geschichtsbild und die deutsche Geschichtswissenschaft, Stuttgart u. a. 1967.

2 Vgl. Michael Burleigh, Germany turns Eastwards. A Study of Ostforschung in the Third Reich, Cambridge 1988.

3 Vgl. z.B. Angelika Ebbinghaus/Karl Heinz Roth, Vorläufer des „Generalplans Ost". Eine Dokumentation über Theodor Schieders Polendenkschrift vom 7. Oktober 1939, in: 1999 7 (1992), H. 1, S. 62–94; Karen Schönwälder, Historiker und Politik. Geschichtswissenschaft im Nationalsozialismus, Frankfurt a.M./New York 1992; Willi Oberkrome, Volksgeschichte. Methodische Innovation und völkische Ideologisierung in der deutschen Geschichtswissenschaft 1918–1945, Göttingen 1993; Ursula Wolf, Litteris et Patriae. Das Janusgesicht der Historie, Stuttgart 1996; Peter Schöttler (Hrsg.), Geschichtsschreibung als Legitimationswissenschaft 1918–1945, Frankfurt a.M. 1997; Götz Aly, Macht – Geist – Wahn. Kontinuitäten deutschen Denkens, Berlin 1997; Michael Fahlbusch, Wissenschaft im Dienst der nationalsozialistischen Politik? Die „Volksdeutschen Forschungsgemeinschaften" von 1931–1945, Baden-Baden 1999.

4 Vgl. Deutsche Historiker im Nationalsozialismus, hrsg. von Winfried Schulze und Otto Gerhard Oexle, Frankfurt a.M. 1999.

Hans Rothfels (2. v. l.), in Königsberg; Bundesarchiv Koblenz

Universität in Königsberg bis 1934 großen Einfluss auf eine ganze Riege von begabten Nachwuchswissenschaftlern und „Ostforschern", unter ihnen Conze und Schieder, ausgeübt hatte: *Hans Rothfels*.

Der 1891 geborene Sohn eines jüdischen Justizrats war 1910 zum Protestantismus übergetreten und 1914 als Frontkämpfer im Ersten Weltkrieg schwer verwundet worden, ehe er 1918 von Friedrich Meinecke mit einer Studie über Clausewitz promoviert wurde. 1924 folgte die Habilitation bei Hermann Oncken über Bismarcks englische Bündnispolitik, und schon 1926 erhielt Rothfels, der mittlerweile zu den großen Hoffnungen des Faches zählte, einen Lehrstuhl in Königsberg, den er 1934 wegen seiner jüdischen Abstammung wieder verlor. Nachdem er lange versucht hatte, sich mit dem NS-Regime zu arrangieren, ging er 1939 ins Exil, zunächst nach England, dann in die USA, wo er von 1940 bis 1946 an der Brown University in Providence und von 1946 bis 1956 an der Universität Chicago lehrte. Von 1951 bis 1959 hatte er außerdem an der Universität Tübingen einen Lehrstuhl inne. Rothfels war zweifellos einer der bedeutendsten deutschen Historiker des 20. Jahrhunderts und zudem der einzige, der vor und nach der Emigration Ordinarius an einer deutschen Universität werden konnte – ein Wissenschaftler zwischen den Zeiten, der wegen seiner nationalkonservativen Haltung für das alte Deutschland und wegen seiner Annäherung an die westliche Demokratie im amerikanischen Exil zugleich auch für das neue Deutschland stand, außerdem ein Verfechter einer traditionellen Politik- und Ideengeschichte, der sich aber neueren sozialgeschichtlichen, osthistorischen und zeitgeschichtlichen Ansätzen nicht verschloss und gerade deshalb so großen Anklang unter der jüngeren, kritischen Generation fand[5].

Da Rothfels aufgrund seiner jüdischen Abstammung von den Nationalsozialisten diskriminiert, verfolgt und ins Exil gedrängt wurde, geriet er trotz der wiederholten Hinweise auf seine Person in der Schieder-Conze-Debatte lange Zeit nicht in den Verdacht einer zu großen Nähe zum Nationalsozialismus. Das änderte sich im Jahr 2000 mit der Studie von Ingo Haar über die deutschen Historiker im Nationalsozialismus und den „Volkstumskampf" im Osten[6]. Haar warf Rothfels vor, als Historiker und Publizist in Königsberg nationalistische und antidemokratische Positionen vertreten zu haben, die der nationalsozialistischen Aggressionspolitik gegen Frankreich und mehr noch gegen Polen sowie der Radikalisierung seiner Schüler zu Vordenkern einer letztlich mörderischen „Volkstumspolitik" Vorschub geleistet hätten. Diese These einer fragwürdigen Haltung, ja eines unheilvollen Einflusses von Rothfels bis in die Anfänge der NS-Diktatur hinein stieß auf die scharfe Kritik seines Schülers Heinrich August Winkler[7]. Für Winkler war Rothfels zunächst ein konservativer Vernunftrepublikaner, bevor er sich am Ende der Weimarer Republik dem Gedankengut der „Konservativen Revolution", keineswegs aber jenem der Nationalsozialisten genähert habe. Dagegen ging Karl Heinz Roth noch über die Thesen Haars hinaus, indem er Rothfels eine große Affinität zu faschistischen Ideen attestierte und ihm unterstellte, er hätte nach 1933 nur allzu gerne mitgemacht, wenn es ihm nur gestattet worden wäre[8]. Nach dem Krieg, so Roth weiter, habe Rothfels dann als Präzeptor der deutschen Zeitgeschichtsforschung die Formulierung entscheidender Fragen über den Nationalsozialismus verzögert, etwa die Frage nach den Grundlagen und dem Verlauf des Judenmords. Dieser

---

[5] Vgl. als besten Überblick immer noch Hans Mommsen, Geschichtsschreibung und Humanität. Zum Gedenken an Hans Rothfels, in: Aspekte deutscher Außenpolitik im 20. Jahrhundert. Aufsätze Hans Rothfels zum Gedächtnis, hrsg. von Wolfgang Benz und Hermann Graml, Stuttgart 1976, S. 9–27.
[6] Vgl. Ingo Haar, Historiker im Nationalsozialismus. Deutsche Geschichtswissenschaft und der „Volkstumskampf" im Osten, Göttingen 2000.
[7] Vgl. Heinrich August Winkler, Hans Rothfels – ein Lobredner Hitlers? Quellenkritische Bemerkungen zu Ingo Haars „Historiker im Nationalsozialismus", in: VfZ 49 (2001), S. 643–652. Vgl. auch Ingo Haar, Quellenkritik oder Kritik der Quellen? Replik auf Heinrich August Winkler, in: Ebenda 50 (2002), S. 497–505; Heinrich August Winkler, Geschichtswissenschaft oder Geschichtsklitterung? Ingo Haar und Hans Rothfels: Eine Erwiderung, in: Ebenda 50 (2002), S. 635–652.
[8] Vgl. Karl Heinz Roth, Hans Rothfels: Geschichtspolitische Doktrinen im Wandel der Zeiten. Weimar – NS-Diktatur – Bundesrepublik, in: Zeitschrift für Geschichtswissenschaft 49 (2001), S. 1061–1073; ders., „Richtung halten": Hans Rothfels und die neo-konservative Geschichtsschreibung diesseits und jenseits des Atlantik, in: Sozial.Geschichte 18 (2003), S. 41–71.

Vorwurf wurde auch von Nicolas Berg erhoben, der Rothfels in die erste Reihe der Vertreter einer apologetischen Geschichtswissenschaft stellt[9].

Seit Anfang des Jahrzehnts schwelt also eine „Rothfels-Kontroverse" über die Haltung dieses deutsch-jüdischen Historikers zunächst zum Nationalsozialismus bis etwa 1934 und dann zu dessen Aufarbeitung nach 1945. Diese Kontroverse fand nicht allein in der Fachwelt immer größere Beachtung und veranlasste im Februar 2003 das Internetportal H-Soz-u-Kult, ein Diskussionsforum zur historischen Bewertung von Hans Rothfels einzurichten. Diese geschichtswissenschaftliche und zeitgeschichtliche Debatte sowie die Relevanz des Themas hätten es allein schon gerechtfertigt, dass sich auch das Institut für Zeitgeschichte dieser Frage annimmt. Etwas anderes kam noch hinzu: Hans Rothfels war nicht nur einer der Begründer der deutschen Zeitgeschichtsforschung, sondern auch langjähriger Vorsitzender des Wissenschaftlichen Beirats des Instituts (1959-1974) und vor allem von 1953 bis zu seinem Tod 1976 Hauptherausgeber der Vierteljahrshefte für Zeitgeschichte. Kein zweiter hat über mehr als zwanzig Jahre hinweg diesem führenden zeitgeschichtlichen Organ so stark seinen Stempel aufgedrückt wie Rothfels[10]. So nahm das Institut für Zeitgeschichte das fünfzigjährige Bestehen seiner Zeitschrift zum Anlass, am 16./17. Juli 2003 eine wissenschaftliche Tagung über das kontrovers diskutierte Thema „Hans Rothfels und die deutsche Zeitgeschichte" durchzuführen. Selbstverständlich wurden alle Historiker zu dieser Konferenz eingeladen, die sich wissenschaftlich mit Hans Rothfels beschäftigen, auch die dezidierten Kritiker seines Wirkens, neben Ingo Haar namentlich Nicolas Berg und Karl Heinz Roth. Beide zogen es allerdings vor, an einer eilends einberufenen Veranstaltung des Centre Marc Bloch in Berlin zum selben Thema am 15. Juli 2003 teilzunehmen und nicht nach München zu kommen. Wir haben dies sehr bedauert.

Der vorliegende Band dokumentiert den Ertrag der Münchner Tagung, alle Referate sind hier in überarbeiteter und erweiterter Fassung abgedruckt. Zugleich spiegelt er die Anlage dieser Konferenz wider, die einer unangemessenen sachthematischen Verengung der bis dahin geführten Diskussion entgegenwirken wollte. In der Debatte der letzten Jahre stand die Rolle der Historiker im Nationalsozialismus eindeutig, ja einseitig im Mittelpunkt. Auch die Rothfels-Kontroverse legte das Schwergewicht auf die Frage nach seinem Denken und Verhalten am Ende der Weimarer Republik und am Anfang der NS-Diktatur. So bedeutsam diese Frage auch ist, so sehr verengt sie die Perspektive auf lediglich einen Abschnitt dieser exemplarischen Historikerbiographie, der so schwerlich gerecht zu werden ist. Intention der

---

[9] Nicolas Berg, Der Holocaust und die westdeutschen Historiker. Erforschung und Erinnerung, Göttingen 2003.
[10] Vgl. Hermann Graml/Hans Woller, Fünfzig Jahre Vierteljahrshefte für Zeitgeschichte 1953-2003, in: VfZ 51 (2003), S. 51-87.

Hans Rothfels, April 1976; Privatbesitz

Veranstalter der Konferenz und Herausgeber dieses Sammelbands war es daher, gewissermaßen „den ganzen Rothfels" in den Blick zu nehmen, ihn zu kontextualisieren, statt zu skandalisieren, was fast unweigerlich geschieht, wenn Einzelne oder Gruppen nicht vor dem Hintergrund ihrer Zeit beurteilt, sondern an erst später vollgültigen Maßstäben gemessen werden. Neben der, natürlich nach wie vor hochinteressanten, Entwicklung von Rothfels bis zu seiner Zwangsemeritierung im Jahr 1934 werden daher auch seine bisher fast unbekannten Exiljahre in den USA sowie seine heute ebenfalls umstrittene Tätigkeit in der Bundesrepublik nach 1951 ausführlich behandelt. Diese drei großen Komplexe werden eingeleitet durch die grundsätzlichen Überlegungen Jan Eckels zur Gesamtbiographie von Hans Rothfels und abgeschlossen durch Rückblicke von Heinrich August Winkler und Horst Möller auf die Tagung sowie auf die Rothfels-Kontroverse überhaupt.

Dieser Band wird die Dissonanzen nicht auflösen können, die in den letzten Jahren durch die konträren Stimmen über die historische Bedeutung von Hans Rothfels entstanden sind. Verlief sein nationalkonservatives Denken in den zeittypisch revisionistischen Bahnen, oder näherte es sich nicht doch nationalsozialistischen Vorstellungen? Läuterte er sich zu einem liberaldemokratischen Atlantiker, oder erhielt seine alte konservativ-reaktionäre Einstellung im Kalten Krieg lediglich eine andere Färbung? Förderte er gezielt die Exkulpation der Deutschen von der NS-Vergangenheit, oder schuf er als Erneuerer der Zeitgeschichtsforschung erst die Mittel, um den ganzen Umfang der deutschen Schuld aufzeigen zu können? Die Antworten auf solche und ähnliche Fragen sind unterschiedlich und von einem Konsens noch weit entfernt. In diesem Band kann daher keine abschließende Bilanz geboten werden, sondern ein, allerdings umfassender, Zwischenstand der Diskussion. Ziel ist es, Bausteine zur Biographie eines deutschen Intellektuellen im 20. Jahrhundert zu liefern, einer Biographie, die symptomatisch für die Möglichkeiten, Widersprüche und Gefährdungen eines politischen Menschen und einflussreichen Wissenschaftlers zwischen Demokratie und Diktatur, Recht und Verbrechen, Opferrolle und Täternähe sein mag. Wie diese Bausteine sich zusammenfügen, bleibt abzuwarten und weiterer Forschung vorbehalten.

Bei der Organisation der Tagung und bei der Vorbereitung dieses Sammelbands haben Renate Bihl und Barbara Grimm ebenso effizient wie unermüdlich mitgeholfen; dafür sei ihnen herzlich gedankt. Wir danken außerdem Petra Mörtl für ihre umsichtige Unterstützung bei der Drucklegung.

München, im September 2004   Johannes Hürter   Hans Woller

Jan Eckel

Geschichte als Gegenwartswissenschaft

Eine Skizze zur intellektuellen Biographie von Hans Rothfels

Seit einigen Jahren zeichnet sich in der historischen Forschung ein verstärktes Interesse an der deutschen Wissenschaftsgeschichte des 20. Jahrhunderts ab. Es ist befördert worden durch die Aufmerksamkeit für die Allianzen von Wissenschaftlern und Nationalsozialismus sowie deren Nachwirkungen in der frühen Bundesrepublik. Methodisch ist damit eine Neuperspektivierung der Wissenschaftshistoriographie unter vorwiegend kulturgeschichtlichen Fragestellungen einhergegangen[1]. Der Gegenstand Wissenschaft fungiert hier als eine Art Sonde, die Aufschluß über die systemischen, (wissenschafts-)kulturellen und mentalen Auswirkungen historisch-politischer Veränderungen geben soll. Die Wechselbeziehungen von geisteswissenschaftlicher Profession und politischem Systemwandel lassen sich dabei auf verschiedenen Ebenen in den Blick nehmen. So sind die institutionellen Rahmenbedingungen einzelner Disziplinen, die Forschungslandschaften und personellen Netzwerke ebenso untersucht worden wie methodologi-

---

[1] Zu diesem Forschungszusammenhang vgl. Bernd Weisbrod (Hrsg.), Akademische Vergangenheitspolitik. Beiträge zur Wissenschaftskultur der Nachkriegszeit, Göttingen 2002; Georg Bollenbeck/Clemens Knobloch (Hrsg.), Semantischer Umbau der Geisteswissenschaften nach 1933 und 1945, Heidelberg 2001; Otto Gerhard Oexle, „Zusammenarbeit mit Baal". Über die Mentalität deutscher Geisteswissenschaftler 1933 – und nach 1945, in: Historische Anthropologie 8 (2000), S. 1–27; Mitchell G. Ash, Verordnete Umbrüche – konstruierte Kontinuitäten. Zur Entnazifizierung von Wissenschaftlern und Wissenschaften nach 1945, in: Zeitschrift für Geschichtswissenschaft 43 (1995), S. 903–923. Stellvertretend für die Disziplingeschichte der Germanistik, in der diese Fragestellungen schon länger verfolgt werden als in der Geschichtswissenschaft, vgl. Wilfried Barner/Christoph König (Hrsg.), Zeitenwechsel. Germanistische Literaturwissenschaft vor und nach 1945, Frankfurt a.M. 1996. Dieses Forschungsfeld berührt sich zudem mit intellektuellengeschichtlichen Untersuchungen zum 20. Jahrhundert. Vgl. dazu als neueren Literaturüberblick Dirk van Laak, Zur Soziologie der geistigen Umorientierung. Neuere Literatur zur intellektuellen Verarbeitung zeitgeschichtlicher Zäsuren, in: Neue Politische Literatur 47 (2002), S. 422–440. Für den Bereich der deutschen Geschichtswissenschaft sind diese Prozesse bisher noch nicht detailliert und in einem zusammenhängenden Längsschnitt untersucht worden. Die bislang einzige Historikerbiographie, die den gesamten Zeitraum vom Kaiserreich bis in die Bundesrepublik der sechziger Jahre abdeckt, ist die Arbeit von Christoph Cornelißen, Gerhard Ritter. Geschichtswissenschaft und Politik im 20. Jahrhundert, Düsseldorf 2001.

sche Entwicklungen oder der diskursive Bereich der Forschungsprogramme, Interpretationen und semantischen Bestände.

Auf der Ebene der einzelnen Akteure läßt sich die wissenschaftliche Arbeit als ein Medium für intellektuelle Prozesse verstehen, mit denen Wissenschaftler auf die extremen Zeiterfahrungen des 20. Jahrhunderts, auf die zahlreichen historischen Brüche und den rasanten Wechsel gesellschaftlich-politischer Ordnungsmodelle reagiert haben. In das Zentrum des Erkenntnisinteresses rücken damit die Fragen, wie wissenschaftliche Konzeptionen an veränderte historische und soziopolitische Rahmenbedingungen angepaßt werden, wieviel intellektuelle Umstellung historische Zäsuren erfordern und wieviel intellektuelle Kontinuität sie zulassen, mit welchen Umdeutungsoperationen und mit welchen Fortschreibungsmechanismen Wissenschaftler auf neue Ausgangsbedingungen ihrer professionellen Arbeit reagieren, und welche Konsequenzen das für die Selbstwahrnehmungen und Selbstdarstellungen des wissenschaftlichen Personals hat.

Fragt man nach der intellektuellen Verarbeitung des 20. Jahrhunderts, ist der Historiker Hans Rothfels, der seine ersten Prägungen in der Zeit des späten Kaiserreiches erfuhr und bis in die Bundesrepublik der siebziger Jahre hinein wissenschaftlich tätig war, eine aufschlußreiche Figur. Gerade an seinem Beispiel wird der Prozeß des Neuansetzens der wissenschaftlichen Arbeit besonders deutlich, läßt sich nachvollziehen, wie ein Wissenschaftler den Herausforderungen an das geschichtliche Verstehen begegnete, die von einschneidenden historischen Ereignissen, zumal für professionelle Geschichtsdeuter, ausgehen. Die mehrfachen Umwälzungen der politisch-sozialen Bedingungen, unter denen er schrieb, und die lebensgeschichtlichen Positionswechsel, die sich damit verknüpften und die seine Biographie von anderen unterscheiden, ließen es für ihn notwendig werden, die historischen Interpretationen immer wieder von einem veränderten Standort aus zu überprüfen und neu zu durchdenken. Der Zeithistoriker Rothfels versuchte dem nachzukommen, indem er sich stets von neuem um historische Anschlüsse für die veränderten Gegenwarten bemühte, die er miterlebte. In dieser Untersuchungsperspektive geht es folglich nicht um die moralische Beurteilung politisch-akademischer Verhaltensweisen. Das Ziel ist vielmehr, aufzuzeigen, wie die Geschichtswahrnehmung und -deutung eines Historikers von spezifischen Erfahrungen in der Gegenwart formiert wird, und, davon ausgehend, wie sich das intellektuelle Profil eines Wissenschaftlers in der stetigen Neuanpassung des historischen Denkens über Jahrzehnte hinweg wandelt.

Eine Untersuchung über Hans Rothfels kann sich auf eine breite, dabei aber nicht lückenlose Materialbasis stützen. Sie besteht neben den veröffentlichten Texten, die den Zeitraum von 1918 bis zum Todesjahr 1976 umfassen, aus einem umfangreichen Nachlaß, der allerdings archivalisch noch relativ schlecht erschlossen ist. Abgesehen von Briefen existieren praktisch keinerlei Selbstzeugnisse des Historikers. Seine Korrespondenz ist insbesondere für die Zeit bis zu seiner Emigration 1939 nur unvollständig erhalten, was unter anderem daran liegt, daß Rothfels vor seiner Auswanderung nach eigener Aussage einen großen Teil seiner Unterlagen vernichtete[2]. Das Kernstück der Rothfels-Korrespondenz bildet der von den 1910er bis in die sechziger Jahre reichende Schriftwechsel mit seinem engsten Freund Siegfried A. Kaehler. Er ist in der bisherigen Literatur zu Hans Rothfels noch nicht systematisch ausgewertet worden und liegt den folgenden Ausführungen in wesentlichen Teilen zugrunde. Über den akademischen Werdegang des Historikers und seine wissenschaftsorganisatorische Tätigkeit geben Fakultätsakten und die Unterlagen der betreffenden wissenschaftlichen Institutionen und Organisationen Aufschluß[3].

Die Entwicklung der intellektuellen Biographie von Hans Rothfels soll im Folgenden anhand seiner Geschichtsschreibung nachvollzogen werden. Der Fokus ist dabei auf die Abfolge der Geschichtsbilder gerichtet, die seine Texte erzeugen, wie auch auf die Deutungsoperationen, mit denen sie immer wieder transformiert und den veränderten Umständen angeglichen werden. Die Textanalyse wird skizzenhaft an die Position zurückgebunden, die Rothfels in den einzelnen Phasen seiner geschichtswissenschaftlichen Tätigkeit im Fach bzw. im Wissenschaftsbetrieb einnahm, und gleichzeitig auf zentrale biographische Erfahrungen bezogen. Die Darstellung setzt nach dem Ersten Weltkrieg ein und ist chronologisch in fünf Phasen unterteilt[4].

I.

Der Zeitraum vom letzten Kriegsjahr, in dem der 1891 geborene Rothfels mit einer Arbeit über den Militärtheoretiker Carl von Clausewitz promoviert wurde, bis zur Mitte der zwanziger Jahre stellte für den jungen Historiker eine Phase des noch ungesicherten akademischen Status dar. Die Wartezeit auf ein Ordinariat, das der 1923 habilitierte Meinecke-Schüler 1926 erhalten sollte, empfand er als lang und die Aussichten auf eine akademische Absicherung als äußerst ungewiß. Seit 1920 hatte Rothfels eine Anstellung am neugegründeten Potsdamer Reichsarchiv, dessen Aufgabe darin bestand,

---

[2] Vgl. Staats- und Universitätsbibliothek (künftig: SUB) Göttingen, Cod. Ms. S.A. Kaehler 1,144c, Rothfels an Kaehler, 28. 6. 1961.
[3] Der Nachlaß von Rothfels befindet sich im Bundesarchiv (künftig: BA) Koblenz (N 1213), der von Siegfried A. Kaehler in der SUB Göttingen (Cod. Ms. S. A. Kaehler).
[4] Die Untersuchung stützt sich auf eine Analyse aller Quellen, die für den Gegenstand zur Verfügung stehen. Die Belege sind dabei im Folgenden aus Platzgründen bewußt knapp gehalten. Ausführliche Nachweise finden sich in meiner demnächst erscheinenden Dissertation zum Thema.

die Reichsgeschichte seit 1867/1871 zu erforschen. Nebenbei engagierte er sich im wissenschaftlich-publizistischen Kampf gegen die „Kriegsschuldthese", die von den beteiligten deutschen Historikern bewußt in den größeren diplomatiegeschichtlichen Zusammenhang seit 1870 gestellt wurde, um so die Aufmerksamkeit von der Julikrise von 1914 abzulenken. Zudem arbeitete Rothfels an verschiedenen Forschungsprojekten zur Geschichte der Bismarckzeit. Seine Arbeit wurde damit allein schon von den institutionellen Einbindungen her auf die Vorgeschichte des Ersten Weltkriegs gelenkt, so daß er bereits zu Beginn seiner akademischen Laufbahn das Profil eines Zeithistorikers gewann. In den Texten der frühen zwanziger Jahre beschäftigte er sich überwiegend mit innen- und außenpolitischen Aspekten der Bismarckzeit sowie mit den Bündnisbeziehungen der europäischen Großmächte im Vorfeld des Ersten Weltkriegs.

Das Movens seiner Geschichtsinterpretationen war dabei das Erklärungsbedürfnis, das aus der Kriegsniederlage und den politischen Umbrüchen des Kriegsendes resultierte. Die Niederlage von 1918 bestimmte darüber hinaus Rothfels' Blick auf den Gesamtgang der deutschen Geschichte und führte zur Ausbildung eines spezifischen Geschichtsbildes. So beschrieben seine Texte die immergleiche Ausgangssituation eines deutschen Staates, der von innen und von außen in seinem Bestand bedroht war. Diese Grunddeutung entwickelte der junge Historiker zunächst am Beispiel der Geschichte des Bismarckreiches. Demnach hatte der erste Reichskanzler, so lange er regierte, die drohenden Gefahren abgewendet, indem er zum einen ein virtuoses außenpolitisches Bündnissystem aufbaute, das die Sicherheit des Deutschen Reiches in idealer Weise gewährleistete, und indem er zum anderen eine damit korrelierende regulative Gesellschaftspolitik betrieb, die die Desintegration der Nation verhinderte und die „Autonomie des Staates" auch im Inneren zur Geltung brachte.

Von Bismarcks politischer Gesamtkonzeption, die im Dienste der Stabilität und der Machtentfaltung des deutschen Staates gestanden hatte, war Rothfels' Deutung zufolge das Führungspersonal der wilhelminischen Ära abgewichen. Damit hatte es, mehr durch taktisches Mißgeschick als durch substantielle Fehler, das innere Gefüge und die äußere Stellung des Reiches geschwächt. Erst dadurch konnte in der Logik dieser Interpretation die aggressive Einkreisungspolitik der Entente einen Weltkrieg herbeiführen, der in der militärischen Niederlage und dem revolutionären Umsturz und damit im äußeren und inneren „Zusammenbruch" endete[5].

---

[5] Vgl. dazu folgende Texte von Rothfels: Zur Bismarck-Krise von 1890, in: Historische Zeitschrift 123 (1921), S. 267–296; Zur Geschichte des Rückversicherungsvertrages, in: Preußische Jahrbücher 187 (1922), S. 265–292; Bismarcks Sturz als Forschungsproblem, in: Preußische Jahrbücher 191 (1923), S. 1–29; Bismarcks englische Bündnispolitik, Berlin 1924; Bismarcks Staatsanschauung. Eine akademische Antrittsvorlesung, in: Archiv für Politik und Geschichte 2 (1924), S. 119–134; Bismarcks Staatsanschauung, in: Otto von Bismarck, Deut-

In einer Reihe weiterer Texte, die über den zeitgeschichtlichen Rahmen hinausgingen, verlängerte Rothfels die staatliche Grundsituation permanenter innerer und äußerer Gefährdung in die ältere preußisch-deutsche Geschichte zurück. Der kontinuierliche Versuch des deutschen Staates, sich in seiner prekären Lage zu behaupten, führte abwechselnd zu glorreichen Machtaufschwüngen (wie etwa unter Friedrich dem Großen, während der Befreiungskriege gegen Napoleon oder im „August" 1914) und zu katastrophischen Einbrüchen (wie unter der napoleonischen Besetzung, in der Zeit nach 1815, teilweise in der Epoche des Wilhelminismus und schließlich 1918/19). So unterlag dem Verlauf der deutschen Geschichte in Rothfels' Deutung eine zyklische Bewegung von staatlichem Aufstieg und Zusammenbruch, ein periodischer Wechsel von „‚Immer wieder Zurückgeworfenwerden' und ‚Immer wieder Aufnehmenmüssen'"6.

Dieses Geschichtsbild erfüllte in der Gegenwart nach 1918 eine wichtige Sinnstiftungsfunktion, da sich das desaströse Geschehen der jüngsten Vergangenheit mit einer fast mechanischen Gesetzmäßigkeit aus ihm ergab: Denn es bildete nur das letzte Glied in einer Kette analoger und immer wiederkehrender Vorgänge. Zudem mußte nach diesem Interpretationsmuster auf den aktuellen Abschwung ein neuer Aufschwung folgen, so daß die Verunsicherung, die der „Zusammenbruch" von 1918/19 für das historische Denken darstellte, intellektuell doppelt aufgefangen wurde. Als Erfahrungshintergrund, der in diesem Deutungsschema wissenschaftlich verarbeitet war, wird in den Texten der gesamte Zeitraum vom Kriegsausbruch 1914 bis zum Abklingen der akuten Nachkriegskrisen um 1923 faßbar. Die vermeintliche feindliche Einkreisung und der „Existenzkampf" des Krieges, die militärische Niederlage und die verfassungspolitische Umwälzung, die sich anschließende innenpolitische Ausnahmesituation bis zur Überwindung der Inflation – all dies bildete ein Erlebniskontinuum äußerer Bedrohung und innerer Destabilisierung des deutschen Staates, das Rothfels selbst

---

scher Staat. Ausgewählte Dokumente, eingel. von Hans Rothfels, München 1925, S. XV–XLVII; Das Problem der „Schuldfrage" und der „Neue Kurs", in: Die Kriegsschuldfrage 2 (1924), S. 196–199; Das Wesen des russisch-französischen Zweibundes, in: Archiv für Politik und Geschichte 4 (1925), S. 149–160; England und die „Aktivierung" der Entente im Jahre 1912, in: Die Kriegsschuldfrage 3 (1925), S. 201–211; Zur Beurteilung der englischen Vorkriegspolitik, in: Archiv für Politik und Geschichte 7 (1926), S. 599–615; Zur Beurteilung Greys, in: Die Kriegsschuldfrage 5 (1927), S. 350–354.

6 Vgl. dazu Hans Rothfels, Deutschlands Krise, in: Alfred Bozi/Alfred Niemann (Hrsg.), Die Einheit der nationalen Politik, Stuttgart 1925, S. 1–15; ders., Friedrich der Große in den Krisen des Siebenjährigen Krieges, in: Historische Zeitschrift 134 (1926), S. 14–30; ders., Der Osten, Preußen und das Reich, in: Ders., Ostraum, Preußentum und Reichsgedanke. Historische Abhandlungen, Vorträge und Reden, Leipzig 1935, S. 1–14; ders., Geschichte als Schicksal, in: Europäische Revue 4 (1928), S. 734–749, hier das Zitat S. 748; ders., Prinzipienfragen der Bismarckschen Sozialpolitik. Rede gehalten bei der Reichsgründungsfeier am 18. Januar 1929, Königsberg 1929; ders., Stein und der deutsche Staatsgedanke. Rede zum Jahrestag der Reichsverfassung gehalten am 23. Juli 1931, Königsberg 1931.

durchlebt hatte und dann in seinen historiographischen Arbeiten gewissermaßen in die deutsche Geschichte zurückprojizierte.

II.

1926 erhielt Rothfels einen Ruf an die Universität Königsberg, mit dem er nicht gerechnet hatte, da er auf der Berufungsliste der Fakultät nicht geführt worden war[7]. Mit dem Ordinariat war das Ziel der akademischen Laufbahn erreicht, jedoch wurde die Aufbruchstimmung, die sich daraufhin einstellte, anfangs durch eine skeptische Beurteilung des „provinziellen" universitären Standorts getrübt[8]. Die Übersiedlung nach Ostpreußen brachte eine Reihe neuer Bedingungen für die wissenschaftliche Produktion mit sich. Erstens war der Forschungsbetrieb in Königsberg inhaltlich sehr stark auf Fragen der Grenzlandpolitik und des Auslandsdeutschtums ausgerichtet und vollzog sich in einem stark politisierten, nationalistischen Umfeld. Außerdem stellten die Probleme der „abgeschnittenen" Provinz Ostpreußen wie später die des Baltikums, von denen Rothfels durch Reisen eine unmittelbare Anschauung gewann, einen neuen lebensgeschichtlichen Erfahrungsbereich für den zuvor in Südwestdeutschland beheimateten Historiker dar. Zweitens eröffneten sich ihm in der Rolle des Ordinarius verschiedene Felder für die wissenschaftsorganisatorische Tätigkeit, bei der er ein beträchtliches Engagement entfaltete. Dabei entwickelte er den Habitus des jungen, aufstrebenden Professors, der ostentativ von der Peripherie der deutschen Wissenschaftslandschaft aus agierte und deren Belangen Geltung zu verschaffen suchte. Gerade das Engagement für die „Ostforschung" versprach in den späten zwanziger und frühen dreißiger Jahren wissenschaftliche Profilierungsmöglichkeiten, und so setzte sich Rothfels auch in allen seinen Funktionen für die Förderung von Forschungen zu ostdeutschen und ostmitteleuropäischen Fragen ein[9]. Ein dritter neuer Faktor der Königsberger Tätigkeit war die sich relativ schnell entwickelnde „Gemeinschaft" mit den Ge-

---

[7] Vgl. Geheimes Staatsarchiv Berlin, I. HA, Rep. 76 Vª, Sekt. 11, Tit. IV, Nr. 21, Bd. XXXI, Philosophische Fakultät an das Preußische Ministerium für Wissenschaft, Kunst und Volksbildung, 9. 3. 1925.
[8] Vgl. etwa BA Koblenz, N 1213/142, „Erwiderung auf eine Rede Meineckes bei der uns gegebenen Abschiedsfeier vor meinem Abgang nach Königsberg", 27. 4. 1926.
[9] Am signifikantesten waren dabei Rothfels' maßgebliche Einflußnahme auf die Organisation des Göttinger Historikertages von 1932 und sein Versuch, den für 1934 vorgesehenen Historikertag in Königsberg auszurichten. Vgl. dazu u. a. den Briefwechsel zwischen Rothfels und dem Vorsitzenden des Verbandes Deutscher Historiker, Karl Brandi (SUB Göttingen, Cod. Ms. Brandi 47). Neben dem Engagement in organisatorischen Fragen des Historikerverbandes übte Rothfels weitere wissenschaftsorganisatorische Funktionen im Herausgeberstab der Historischen Zeitschrift, in der Historischen Kommission für das Reichsarchiv, der Historischen Kommission für ost- und westpreußische Landesforschung und der Deutschen Akademie in München aus.

schichtsstudenten, die sich über die Seminararbeit ebenso wie über gemeinsame außeruniversitäre Aktivitäten entwickelte und auf das Idealbild einer Verschmelzung von „Wissenschaft und Leben" abzielte. So bildete sich eine akademische Gruppe heraus, in der sich Lehrer und Schüler wechselseitig in einer gegenwartsbezogenen und damit stark politisierten, auf Grenzlandfragen konzentrierten und für die Beteiligten intellektuell faszinierenden Form von Geschichtsforschung bestärkten.

In Rothfels' historiographischer Praxis bewirkten diese neuen Produktionsbedingungen eine Umstellung der Forschungsfelder, die sich einige Jahre nach dem Antritt des Königsberger Ordinariats in seinen Texten niederschlug. Er beschäftigte sich nun mit Themen der ostpreußischen Geschichte, mit den Problemen deutscher Volksgruppen im Baltikum und allgemeiner mit Nationalitätenfragen in der ostmitteleuropäischen Vielvölkerzone[10]. Seine Arbeiten aus dieser Phase, die etwa vom Ende der zwanziger bis zur Mitte der dreißiger Jahre reichte, enthielten zunächst eine politische Analyse. Diese diagnostizierte verschiedene schädliche Auswirkungen der Versailler Nachkriegsordnung, welche die ethnische „Mischzone" Ostmitteleuropas in der Form von Nationalstaaten organisiert und dadurch, der Auffassung des Historikers zufolge, die Nationalitätenkonflikte verschärft

---

[10] Vgl. zum Folgenden: Hans Rothfels, Ost- und Westpreußen zur Zeit der Reform und der Erhebung, in: Deutsche Staatenbildung und deutsche Kultur im Preußenlande, hrsg. v. Landeshauptmann der Provinz Ostpreußen, Königsberg 1931, S 415–437; ders., Zum 18. Januar, in: Ostmärkische Akademische Rundschau. Nachrichtenblatt der Königsberger Studentenschaft. Zeitschrift des Bundes Deutscher Akademiker Nordost, Nr. 6/WS 1929/30, Königsberg 18.1.[1930], S. 49f.; ders., Die historische und politische Bedeutung Ost- und Westpreußens in Vergangenheit und Gegenwart, in: Ostpreußen – was es leidet, was es leistet. Ansprachen, Reden und Vorträge auf der Ostpreußen-Ausstellung in Berlin vom 8. bis 16. Januar 1933, hrsg. vom Reichsverband der heimattreuen Ost- und Westpreußen e.V., o.O. 1933, S. 13–21; ders., Staat und Nation in der Geschichte Dänemarks, in: Auslandsstudien, Bd. 3: Die nordischen Länder und Völker, hrsg. vom Arbeitsausschuß zur Förderung des Auslandsstudiums an der Albertus-Universität Königsberg, Königsberg 1928, S. 96–117; ders., Reich, Staat und Nation im deutsch-baltischen Denken. Vortrag bei der öffentlichen Sitzung der Gelehrten Gesellschaft zu Königsberg am 12. Januar 1930, in: Schriften der Königsberger Gelehrten Gesellschaft, Geisteswissenschaftliche Klasse, 7 (1930), S. 219–240; ders., Das baltische Deutschtum in Vergangenheit und Gegenwart, in: Auslandsstudien, Bd. 7: Das Auslandsdeutschtum des Ostens, hrsg. vom Arbeitsausschuß zur Förderung des Auslandsstudiums an der Albertus-Universität Königsberg, Königsberg 1932, S. 37–61; ders., Bismarck und die Nationalitätenfragen des Ostens, in: Historische Zeitschrift 147 (1933), S. 89–105; ders., Bismarck und die Nationalitätenfragen des Ostens, in: ders., Ostraum, S. 65–92.; ders., Bismarck und der Osten. Eine Studie zum Problem des deutschen Nationalstaats, Leipzig 1934; ders., Ostraum; hierin die zuvor ungedruckten Texte: Der Osten, Preußen und das Reich; Universitäten und Auslandsdeutschtum; Deutschland und der Donauraum; Das Werden des Mitteleuropagedankens; ferner: Das Problem des Nationalismus im Osten, in: Albert Brackmann (Hrsg.), Deutschland und Polen. Beiträge zu ihren geschichtlichen Beziehungen, München/Berlin 1933, S. 259–270; ders., Der Vertrag von Versailles und die deutsche Osten, in: Berliner Monatshefte 12 (1934), S. 3–24; ders., Bismarck, das Ansiedlungsgesetz und die deutsch-polnische Gegenwartslage, in: Deutsche Monatshefte in Polen 1 (1934/35), S. 214–218; ders., Selbstbestimmungsrecht und Saarabstimmung, in: Berliner Monatshefte 13 (1935), S. 32–48.

und die Lebensbedingungen der ethnischen Minderheiten verschlechtert hatte. Mit diesen Befunden reagierte Rothfels auf eine spezifische Krisensituation der Zwischenkriegszeit, die insofern objektiv problematisch war, als sie von allen Akteuren als problematisch wahrgenommen wurde – von den minoritären ethnischen Gruppen bzw. ihren politischen Repräsentanten ebenso wie von den Regierungen und Verwaltungen der Herkunfts- und der „Titular"-Nationen[11].

Die Lösungsvorschläge, die der Königsberger Ordinarius in seinen historischen Untersuchungen entwickelte, stellten allerdings keine konstruktiven Konzepte für diese spannungsreiche und ressentimentgeladene Konstellation dar. Das lag zum einen an ihrer rein deutschtumszentrierten Perspektive – zum Problem wurden Minderheitenkonflikte für Rothfels nur insofern, als auslandsdeutsche Gruppen davon betroffen waren und ihr überkommener Status verloren zu gehen drohte. Zum zweiten waren die Vorschläge untrennbar mit dem Programm einer geopolitischen „Neuordnung" verbunden, nach dem der ostmitteleuropäische Raum von Deutschen hegemonial umgestaltet werden sollte. Diese Konzeption stützte sich auf chauvinistische Begründungsfiguren: Kriterien wie die volkliche „Qualität", vermeintlich historische Kategorien wie die „Leistung" und die „Reife der Volkskräfte" oder die Vorstellung eines „Kulturgefälles" verwiesen auf eine überzeitlich gedachte Überlegenheit des deutschen Volkes.

Die politische Analyse beruhte auf einer bestimmten Auffassung von der strukturellen Beschaffenheit des „(Ost-) Raumes". Dieser war in den Augen von Rothfels durch eine „völkische Gemengelage" charakterisiert, welche die Stabilität des Raumes bedrohte, da sie eine großflächige Staatsbildung unmöglich machte. Diese innere Schwäche des Raumes korrespondierte mit einer äußeren Gefahr, die in den späteren Texten vor allem von der kommunistischen Sowjetunion, aber auch von der westlichen „Hegemonialmacht" Frankreich und ihren osteuropäischen Verbündeten ausging. Angesichts dieser inneren und äußeren Gefahr bedurfte der Raum einer spezifischen „Ordnung", um sich behaupten zu können.

Insofern kreisten Rothfels' historische Betrachtungen auch in dieser Phase um die gleiche Grundfrage, die schon die früheren Texte strukturiert hatte, die Frage nämlich, wie eine stabile deutsche Staatsbildung möglich sei, die innergesellschaftlich wie zwischenstaatlich eine tragfähige Ordnung schaffte. Es war nun lediglich die geopolitische Einheit verschoben, auf die sich diese Überlegungen bezogen, da nicht mehr Deutschland in seinen aktuellen Reichsgrenzen in Frage stand, sondern die gesamte ostmitteleuropäische „Zwischenzone". Die intellektuelle Funktion von Rothfels' Histo-

---

[11] Vgl. dazu stellvertretend Hans Lemberg (Hrsg.), Ostmitteleuropa zwischen den beiden Weltkriegen (1918–1939). Stärke und Schwäche der neuen Staaten, nationale Minderheiten, Marburg 1997.

riographie bestand nun weniger in der Sinngebung für ein zurückliegendes katastrophisches Geschehen, als vielmehr in dem gedanklichen Bemühen um Zukunftslösungen. „Was an den Rändern des Deutschtums höchste Not ist", so verdichtete es Rothfels in einer seiner suggestiven Formulierungen, „das birgt zugleich die Verheißung der Zukunft."[12] Die Euphorie über neugewonnene intellektuelle Gestaltungsmöglichkeiten ging dabei mit einer manifesten Politisierung und politischen Radikalisierung der geschichtswissenschaftlichen Arbeit einher. Rothfels entwickelte allerdings keine detaillierte und systematische politische Konzeption. Seine Texte bestanden weiterhin aus historischen Analysen, aus denen dann einzelne politische Forderungen abgeleitet wurden.

Aufgrund seiner historiographischen Produktion wie auch seiner Initiativen als Wissenschaftsorganisator wuchs Rothfels in seiner Königsberger Zeit die Rolle eines Spezialisten für „Ostfragen" in der neueren Geschichte zu. Gerade im Zuge des Aufschwungs der Ostforschung seit 1933 bestand Bedarf nach einem solchen Expertenwissen, er konnte es nun allerdings nicht mehr einbringen, da seine Stellung als Historiker jüdischer Herkunft schon bald nach der nationalsozialistischen Machtübernahme prekär wurde[13]. Sein Ausscheiden aus den einschlägigen Forschungszusammenhängen wurde allgemein bedauert; so hielt etwa der SD-Historiker Ernst Birke Rothfels' Nationalitätenstudien auch unter den gewandelten politischen Rahmenbedingungen noch für eine unverzichtbare Grundlagenarbeit[14].

III.

Hans Rothfels war 1933 der einzige deutsche Historiker jüdischer Herkunft, der ein Ordinariat für Neuere Geschichte bekleidete. Mit dem Machtwechsel vom Januar 1933 sah sich der zum Protestantismus konvertierte Sohn jüdischer Eltern der diskriminierenden Rassenpolitik des Regimes ausgesetzt. Der akademische Ausgrenzungsprozeß, der umgehend einsetzte, war bereits 1934/35 abgeschlossen. Nach dem Sommersemester 1934 durfte Rothfels nicht mehr lehren, im Jahr darauf wurde er zwangsweise emeritiert, im selben Zeitraum hatte er zudem fast alle anderen Funk-

---

[12] Hans Rothfels, Das Werden des Mitteleuropagedankens, in: Ders., Ostraum, S. 228–248, hier S. 246.
[13] So war Rothfels etwa an der institutionellen Zusammenfassung der Ostforschung im Rahmen der Nordostdeutschen Forschungsgemeinschaft praktisch nicht mehr beteiligt. Vgl. dazu die Berichte über die Gründungstagung und die Folgetagungen der Forschungsgemeinschaft, in: BA Berlin, R 153/1269, 1278 und 1280, und den begleitenden Briefwechsel zwischen Albert Brackmann und Theodor Oberländer, in: BA Berlin, R 153/1313.
[14] SUB Göttingen, Cod. Ms. S.A. Kaehler 1,144d, Kaehler an Rothfels, 30. 8. 1935.

tionen im Wissenschaftsbetrieb verloren[15]. Unterstützung erfuhr er in dieser Phase von den Studenten des Historischen Seminars, wenn diese auch mehrheitlich dem nationalsozialistischen Regime positiv gegenüberstanden und sich daher in einem Loyalitätskonflikt sahen. Doch machte diese Solidarisierung, ebenso wie Rothfels' Eigenschaft als „Ost"-Experte, die Ausschaltung des Königsberger Historikers in den Augen des Wissenschaftsministeriums nur noch dringlicher. Bis etwa 1936/37 wurde der Emeritus von jeglichen Forschungsmöglichkeiten ausgeschlossen. Ursprünglich sollte ihm ein nichtuniversitärer Forschungsauftrag gewährt werden, der aber nach einem langwierigen Hin und Her schließlich zurückgezogen wurde, noch bevor die Forschung begonnen hatte. Retrospektiv erwies sich, daß dieses Manöver des Wissenschaftsministeriums nicht etwa eine wirkliche Konzession oder gar ein Kooperationsangebot gewesen war, sondern eine dürftig verschleierte schrittweise Kaltstellung[16].

Schließlich schied der Königsberger Historiker auch aus der sich nach 1933 neu formierenden Fachgemeinschaft aus. Überwiegend wurde in seinem Fall zwar die „Entjudung" bedauert, weil hier an der „nationalen Zuverlässigkeit", der wissenschaftlichen Bedeutung (vor allem für die „Ostarbeit") und der pädagogischen Qualität des Fachgenossen kein Zweifel bestand. Von Seiten seiner Kollegen wurden verschiedene Initiativen ergriffen, um Rothfels in seiner bedrängten Lage zu helfen, doch war das Vorgehen insgesamt zögerlich und halbherzig. Das zentrale Argument für diese Zurückhaltung war, daß ein Schritt der Kollegen praktisch aussichtslos sei oder dem Betroffenen sogar eher schade, da eine kollektive Unterstützung die Bedeutung dieses exemplarischen „Falles" aus Sicht der Behörden noch unterstreichen müßte. Beides traf höchstwahrscheinlich zu, änderte aber nichts daran, daß eine Geste der Solidarität, die in jedem Fall symbolische Bedeutung gehabt hätte, gar nicht erst zustande kam. Rothfels sah sich durch das Verhalten der Kollegen im Laufe der Jahre zunehmend im Stich gelassen.

Der nationalsozialistische Umschwung führte bei Rothfels zu einer tiefgreifenden Identitäts- und Statuskrise, bei der sich die lebensgeschichtliche, die politische und die historisch-wissenschaftliche Dimension durchdrangen. Seine Wahrnehmung des neuen Regimes war anfangs mehrschichtig und widersprüchlich. Bei strikter Ablehnung des rassistisch-antisemitischen Dogmas erklärte Rothfels in den ersten Monaten verschiedentlich, im politischen Umbruch auch positive Aspekte zu sehen[17]. Für diese Reaktion gaben verschiedene Faktoren den Ausschlag: Der Wille, auch unter den neuen Verhältnissen möglichst „dazuzugehören", eine Haltung demonstrativer Leidenschaftslosigkeit gegenüber der antisemitischen Diskriminierung so-

---

[15] Vgl. dazu vor allem die Unterlagen in BA Koblenz, N 1213/20.
[16] BA Berlin, ZB II 4538 A.1, Preußisches Ministerium für Wissenschaft, Kunst und Volksbildung, Personalakte Hans Rothfels.
[17] BA Koblenz, N 1166/485, Rothfels an Ritter, 6. 5. 1933.

wie politische Affinitäten zum Nationalsozialismus. Die persönliche Verfolgung des Gelehrten verschärfte sich in den bekannten Etappen, die durch immer neue gesetzgeberische Vorstöße des Regimes markiert wurden. Seit Mitte 1933 finden sich keine affirmativen Äußerungen von Rothfels mehr über die nationalsozialistische Politik. Nach den Nürnberger Gesetzen empfand er vor allem die Vornamensverordnung vom August 1938 als tiefen Einschnitt und symbolische Degradierung. Ab dieser Zeit machte sich der emeritierte Historiker keine Illusionen mehr darüber, daß das Regime auf eine vollständige Entrechtung und Ausstoßung der Juden aus der deutschen Gesellschaft zielte. Der Möglichkeit der Emigration stand eine Reihe äußerer Hindernisse entgegen; ausschlaggebend für sein Zögern, Deutschland zu verlassen, war jedoch, zumal in den ersten Jahren, die innere Unmöglichkeit, den Lebensbezug zur eigenen „Nation" preiszugeben. Die Identifikation mit der Nation und dem „Vaterland" stellte im persönlichen Wertesystem des Historikers die oberste Bindung dar, die bis in die späten dreißiger Jahre hinein trotz Erniedrigung und Gefährdung durch die Maßnahmen des Regimes bestehen blieb. Rothfels wanderte erst im Sommer 1939 aus und siedelte zunächst nach England über.

Zwischen dem Regierungswechsel von 1933 und Rothfels' Emigration entstanden nur noch wenige Texte. Mehrere der Arbeiten, die in diesem Zeitraum erschienen, waren bereits zuvor konzipiert oder fertiggestellt worden[18]. In seiner Geschichtsschreibung reagierte Rothfels auf die veränderten politischen Verhältnisse anfangs mit dem Versuch, an der Osteuropa- und Nationalitätenthematik festzuhalten und seine aktuellen wie auch seine früheren Arbeiten als eine einheitliche Forschungskonzeption zu präsentieren, die den neuen wissenschaftlich-politischen Erfordernissen entsprach. In dem Maße allerdings, wie ihm bewußt wurde, daß sein historiographischer Ansatz, der auf einer nicht-rassistischen Grundlage um eine Synthese von Staats- und Volksperspektive bemüht war, für einen „jüdischen" Historiker prekär wurde, wich er auf Nebengebiete aus und dachte auch daran, sich stärker international anschlußfähigen Themen zu widmen. Dafür erwog er verschiedene Projekte, die aber fast alle nicht mehr zur Ausführung kamen. Das einzige Vorhaben, das sich noch verwirklichen ließ, war eine Studie über Theodor von Schön, die gleichzeitig die letzte deutschsprachige Veröffentlichung vor der Emigration darstellte[19]. In der Untersuchung von Schöns Staatsauffassung betonte Rothfels gegenüber den (ethnisch verstandenen) nationalen nun wieder stärker die etatistischen Elemente und lenkte

---

[18] Nach dem Machtwechsel entstanden vor allem die Texte: Der Vertrag von Versailles und der deutsche Osten, in: Berliner Monatshefte 12 (1934), S. 3–24, sowie Selbstbestimmungsrecht und Saarabstimmung, in: Berliner Monatshefte 13 (1935), S. 32–48.

[19] Vgl. Hans Rothfels, Theodor von Schön, Friedrich Wilhelm IV. und die Revolution von 1848, in: Schriften der Königsberger Gelehrten Gesellschaft, Geisteswissenschaftliche Klasse 13 (1937), Heft 2.

damit auf die Konzeption seiner Arbeiten aus der Zeit vor seiner Übersiedlung nach Königsberg zurück.

Um das Verhältnis von Rothfels' intellektuell-wissenschaftlicher und politischer Ausrichtung zum Nationalsozialismus zu bestimmen, reicht es methodisch nicht aus, aus den historiographischen Texten – der Königsberger Historiker betätigte sich anders als etwa die „Konservativen Revolutionäre", aber auch anders als verschiedene Fachkollegen nicht als politischer Publizist – einzelne politische Forderungen herauszudestillieren und diese dann mit der NS-Politik abzugleichen, zumal mit Maßnahmen, die Jahre nach dem Erscheinen der historischen Arbeiten in einer stark veränderten innen- und außenpolitischen Situation ergriffen wurden. Im allgemeinen läßt sich keine direkte Linie von einem geschichtswissenschaftlichen Text zu einer politischen Maßnahme ziehen, im besonderen stellt die nationalsozialistische Besatzungspolitik in Osteuropa nicht die Verwirklichung Rothfels'scher Konzeptionen dar. Weiter führt es hingegen, verschiedene Ebenen zu unterscheiden, die in den Forschungen über deutsche Historiker in der NS-Zeit bisher meist unabhängig voneinander untersucht wurden. So lassen sich in Rothfels' Texten der späten zwanziger und frühen dreißiger Jahre erstens politische Positionen erkennen, die voraussichtlich die Anschlußfähigkeit an die nach dem Januar 1933 gewandelte politische Konstellation gewährleistet hätten. Daraus würde sich vermutlich die im nationalen Bürgertum und damit auch unter Intellektuellen und Geisteswissenschaftlern verbreitete Gemengelage aus teilweiser Zustimmung und teilweiser Ablehnung ergeben haben, welche die allermeisten dazu bewog, sich auf eine „konstruktive" Mitarbeit am neuen Staat einzulassen. An der praktischen Politik der neuen Machthaber war Rothfels, zweitens, allerdings in keiner Weise beteiligt. Aufgrund der rassistischen Stigmatisierung war es für den Königsberger Ordinarius, im Unterschied zu anderen Historikern und insbesondere zu historischen „Ostexperten", von vornherein unmöglich, sich beratend oder planend an einzelnen Maßnahmen des nationalsozialistischen Regimes zu beteiligen und auf diese Weise praktisch in das NS-System involviert zu werden.

Auf der Ebene der Denkmuster, die Rothfels' historiographische Arbeiten bis 1933/34 formierten, zeigen sich jedoch drittens bestimmte intellektuelle Dispositionen, die auf eine grundsätzliche Kompatibilität mit nationalsozialistischen Politik- und Herrschaftsvorstellungen verweisen. Diese reichte über einzelne politische Zielvorgaben wie Revisionismus oder Antiparlamentarismus hinaus und ergab sich aus einem Ordnungsdenken, das im innerstaatlichen wie im außenpolitischen Bereich auf umfassende antiliberale Lösungen abhob, mit denen eine als fundamental wahrgenommene Gesellschaftskrise überwunden werden sollte[20]. Die Überlegung, wie sich

---

[20] Vgl. zu diesen Zusammenhängen Lutz Raphael, Radikales Ordnungsdenken und die Orga-

die Haltung des Wissenschaftlers zum NS-Regime und seiner Politik in den Jahren ab 1934 angesichts dieser Berührungsflächen weiterentwickelt hätte, falls er nicht als „Jude" diskriminiert worden wäre, ist spekulativ. Welchen Einfluß etwa die kriegerische Expansionspolitik des Regimes, die auf viele Wissenschaftler radikalisierend wirkte, auf Rothfels' intellektuelle Arbeit gehabt hätte, läßt sich nicht ermessen. Vor allem muß eine solche Betrachtung das ausblenden, was die Person Rothfels seit 1933 geradezu konstituierte: die Ausgrenzung, die für den Historiker eine zentrale Erfahrung dieser Jahre war, welche auch für die nächsten Jahrzehnte ein biographischer Angelpunkt bleiben sollte.

IV.

Die zwölf Jahre des Exils von 1939 bis 1951 stellen die wissenschaftlich unproduktivste Phase in der akademischen Laufbahn des Historikers dar. Dabei weist Rothfels' akademische Karriere in den USA, im Kontext der deutschen Wissenschaftsemigration betrachtet, zunächst einmal einen typischen Verlauf auf. Sie vollzog sich in zwei Phasen nach dem Muster einer fortgesetzten, aber verzögerten Karriere, das sich bei den meisten emigrierten Historikern, aber auch in anderen Disziplinen beobachten läßt[21]. In der Regel folgte einem Zeitraum anfänglicher Statusunsicherheit mit kurzfristigen Arbeitsverhältnissen an vorwiegend kleineren Universitäten und Colleges ab den fünfziger Jahren eine Phase der beruflichen Konsolidierung mit dauerhaften Anstellungen. Dieses Muster zeigt sich auch im Fall von Rothfels, der seit 1940 eine jährlich verlängerte Gastprofessur an der Brown University in Providence innehatte, bevor er 1946 an die Universität Chicago berufen wurde. Der ehemalige Königsberger Ordinarius gehörte damit zu den wenigen deutschen Historikern, die an eine der renommierten amerikanischen Universitäten gelangten. Bezieht man das späte Auswanderungsdatum, die Karriereunterbrechung in England und den vergleichsweise frühen Zeitpunkt der akademischen Etablierung im Ausland mit ein, so war Rothfels' Exilkarriere wissenschaftssoziologisch gesehen ungewöhnlich erfolgreich.

Diese Tatsache kann gleichwohl nicht den Blick darauf verstellen, daß Rothfels im amerikanischen Exil insgesamt eine eher randständige Wissen-

---

nisation totalitärer Herrschaft: Weltanschauungseliten und Humanwissenschaftler im NS-Regime, in: Geschichte und Gesellschaft 27 (2001), S. 5–40; Thomas Etzemüller, Sozialgeschichte als politische Geschichte. Werner Conze und die Neuorientierung der westdeutschen Geschichtswissenschaft nach 1945, München 2001, S. 268–309; Oexle, Zusammenarbeit.
21 Vgl. dazu für die deutschen Historiker Gabriela Ann Eakin-Thimme, Deutsche Nationalgeschichte und Aufbau Europas. Deutschsprachige jüdische Historiker im amerikanischen Exil, in: Exilforschung 19 (2001), S. 65–79.

schaftlerexistenz führte. Das traf insbesondere auf seine Tätigkeit in Providence zu, wo er akademisch weitgehend isoliert war. Die Berufung an die Universität Chicago bedeutete dann eine einschneidende Veränderung der Arbeitsbedingungen, da Rothfels hier optimale Voraussetzungen für die Fortführung seiner geschichtswissenschaftlichen Tätigkeit fand. Neben den besseren Lehrmöglichkeiten bestanden sie zum einen in der stärkeren kollegialen Einbindung am neuen universitären Standort. In Chicago hatten sich infolge der Berufungspolitik des Rektors Robert Maynard Hutchins[22] mehrere konservative deutsche Wissenschaftler aus den verschiedensten Disziplinen versammelt, die einen wissenschaftlichen Zirkel bildeten, dem auch Rothfels angehörte. Da der Kreis vorwiegend Probleme der politisch-geistigen Situation in Deutschland nach 1945 diskutierte, fand sich hier ein wichtiges Element gedanklicher Kontinuität. Zum anderen konnte Rothfels, da er als Mitteleuropahistoriker berufen worden war, nahtlos an seine alten Forschungsgebiete anknüpfen, die er lediglich auf eine andere Wissenschaftskultur auszurichten hatte. Auf diese Weise gelang ihm in der Chicagoer Zeit auch die wissenschaftliche Integration in das amerikanische Fach. Sie vollzog sich allerdings gerade nicht als eine Verschmelzung mit dem neuen Wissenschaftsbetrieb und durch die Adaption neuer Forschungsstile. Vielmehr bestand sie darin, daß der emigrierte Historiker die Nischenexistenz eines Spezialisten fand, von dem es geradezu gefordert war, an seinen mitgebrachten wissenschaftlichen Qualifikationen festzuhalten, weil sie sein akademisches Kapital darstellten. Infolgedessen bewegte sich Rothfels, sowohl was die persönlichen Beziehungen als auch was die wissenschaftlichen Foren betraf, in einem relativ abgeschlossenen Segment, das von deutschen Emigranten und amerikanischen Europahistorikern gebildet wurde. Die eigentliche kommunikative Bezugsgruppe des emigrierten Historikers stellten nach Kriegsende ohnehin bald wieder die ehemaligen deutschen Schüler und Kollegen dar.

Rothfels' Geschichtsschreibung der Emigrationsphase war weder thematisch noch methodisch neu konzipiert. Er publizierte Abhandlungen zur Umsiedlung der Baltendeutschen im „Dritten Reich", zu den Vertreibungen der Deutschen aus Ostmitteleuropa, später zur Revolution von 1848 in ihrem mitteleuropäischen Kontext, zum Freiherrn vom Stein sowie einmal mehr zu Bismarck[23]. Auch auf der Analyse- und Deutungsebene kam es

---

[22] Vgl. Joachim Radkau, Die deutsche Emigration in den USA. Ihr Einfluß auf die amerikanische Europapolitik 1933–1945, Düsseldorf 1971, S. 215–219.
[23] Vgl. dazu Russians and Germans in the Baltic, in: Contemporary Review 157 (1940), S. 320–326; The Baltic Provinces: Some historic Aspects and Perspectives, in: Journal of Central European Affairs 4 (1944), S. 117–146; Russia and Central Europe, in: Social Research 12 (1945), S. 304–327; Frontiers and Mass Migrations in Eastern Central Europe, in: The Review of Politics 8 (1946), S. 37–67; Stein und die Neugründung der Selbstverwaltung, in: Deutsche Beiträge zur geistigen Überlieferung 1 (1947), S. 154–167; Problems of a Bis-

nicht zu fundamentalen Umorientierungen. Seine Texte schrieben die alten Ergebnisse fort, waren nun allerdings an die neuen historischen und politischen Realitäten angepasst. Die wesentlichen Veränderungen bestanden in Weglassungen (wie etwa der Volksperspektive), in manchen Passagen war die vormalige Deutschtumszentrierung auf den „Westen" umcodiert. Allerdings lag etwa der 1946 erschienene Aufsatz „Frontiers and Mass Migration", der eine historisch gestützte Kritik an den Potsdamer Beschlüssen enthielt, argumentativ ganz auf der Linie der revisionistischen Nationalitätenarbeiten aus der Zwischenkriegszeit; er wurde dementsprechend in Deutschland mit dankbarer Zustimmung aufgenommen.

Rothfels' Historiographie der unmittelbaren Nachkriegszeit stellte vor allem eine Rückkehr in den deutschen nationalpolitischen Deutungskonsens dar. Der Chicagoer Professor entwarf hier Interpretationen, die die Selbstsicht der post-nationalsozialistischen Historikerschaft und breiterer Teile der westdeutschen Geschichtsöffentlichkeit artikulierten, und forderte von der amerikanischen Öffentlichkeit die historische Anerkennung dieser Selbstdeutungen ein. Das Resultat war eine Geschichtsversion, die die vermeintlich positiven oder doch wenigstens tolerablen Züge der deutschen Nationalgeschichte herausfilterte und als ausschlaggebend wertete. Das zeigte sich an der Verurteilung der Vertreibungen der deutschen Bevölkerung aus dem Osten ebenso wie an Rothfels' Stellungnahme in der Kontinuitätsdebatte, in der er Bismarcks Politik und das deutsche Kaiserreich explizit und kategorisch vom Nationalsozialismus absetzte[24].

Am wirkungsvollsten vollzog sich die Wiedereinpassung in die westdeutsche Interpretationsgemeinschaft aber über das Thema des deutschen Widerstands gegen das NS-Regime. Die Widerstandshistoriographie, an der der emigrierte Historiker vermutlich seit 1946/47 arbeitete, blieb in den folgenden Jahrzehnten die einzige Form, in der er über die NS-Geschichte schrieb. Rothfels forschte nie selbst über Aspekte des NS-Herrschaftssystems oder gar über die NS-Verbrechenspolitik, die in seinen Texten jeweils nur die Folie des „anderen Deutschlands" darstellten. Das Buch „Die Deutsche Opposition gegen Hitler", 1948 auf englisch, ein Jahr darauf in einer inhaltlich und konzeptionell nahezu unveränderten deutschen Übersetzung erschienen[25], lieferte zunächst eine apologetische Deutung der zwölf Jahre nationalsozialistischer Herrschaft und bewegte sich damit ganz auf der Linie praktisch aller frühen Widerstandsdarstellungen[26]. Die Deutschen er-

---

marck Biography, in: The Review of Politics 9 (1947), S. 363–380; 1848 – One Hundred Years After, in: The Journal of Modern History 20 (1948), S. 291–319.
[24] Vgl. dazu Hans Rothfels, Bismarck und das neunzehnte Jahrhundert, in: Walther Hubatsch (Hrsg.), Schicksalswege deutscher Vergangenheit. Beiträge zur geschichtlichen Deutung der letzten hundertfünfzig Jahre, Düsseldorf 1950, S. 233–248.
[25] The German Opposition to Hitler. An Appraisal, Hinsdale/Ill. 1948; Die Deutsche Opposition gegen Hitler. Eine Würdigung, Krefeld 1949.
[26] Zu Rothfels' Position im Kontext der zeitgenössischen historischen und publizistischen Wi-

schienen in dem Buch als die eigentlichen Opfer eines terroristischen Regimes, nichtdeutsche Opfergruppen wurden explizit nicht erwähnt. Der Nationalsozialismus stellte kein spezifisches Produkt der deutschen Geschichte, sondern das Symptom einer gemeineuropäischen Krise der Moderne dar; insbesondere wurde auch der Antisemitismus der deutschen Gesellschaft als verschwindend gering veranschlagt. Der konservative Widerstand fungierte als ein Gegenbild zum so gedeuteten Nationalsozialismus, und ihm kam die zentrale Rehabilitierungsfunktion für die nationalsozialistische Gewaltpolitik zu. Damit bot der Text ein entlastendes Geschichtsbild, das in den emphatischen Leserreaktionen des westdeutschen Publikums als „Befreiung" empfunden wurde. Seine große intellektuelle Wirkung entfaltete das Buch aber nicht nur wegen seines NS-Bildes, das so oder so ähnlich in einer ganzen Reihe zeitgenössischer Schriften gezeichnet wurde, sondern vor allem wegen der Position des Sprechers: Denn hier erklärte ein vom Nationalsozialismus wegen seiner jüdischen Herkunft vertriebener Historiker – dazu in der ersten geschichtswissenschaftlichen Gesamtdarstellung zum Thema – die überwiegende Mehrheit seiner Landsleute für schuldlos.

So vollzog sich über die Rezeption des Oppositionsbuches ein Verständigungsprozeß zwischen dem Emigranten und denen (insbesondere denjenigen Historikern), die während des „Dritten Reiches" in Deutschland geblieben waren. Die zahlreichen metakommunikativen Signale des Textes, in denen der Autor sein Verständnis für die deutsche Situation und eine bewußte Zurückhaltung im Urteil andeutete, wurden mit einem Sturm von Dankesbezeugungen beantwortet, in denen die „Gerechtigkeit" und „Milde" von Rothfels' historischer Analyse gerühmt wurden. „Sie verstehen die deutsche Welt eben doch von innen her", befand etwa der Staatsrechtler Rudolf Smend[27] und bescheinigte dem Emigranten damit wie viele andere Leser seine unveränderte Zugehörigkeit zur historischen Deutungsgemeinschaft. In diesem Rezeptionsprozeß wurde aber ebenfalls deutlich, welche Voraussetzungen der nunmehrige amerikanische Staatsbürger dafür zu erfüllen hatte. Denn die positive Aufnahme seiner Darstellung beruhte darauf, daß er jegliche Verbitterung über die eigene Verfolgung unterdrückte und zu den eigenen Leidenserfahrungen in der NS-Zeit schwieg.

Wurde das Buch über den deutschen Widerstand für die deutschen Leser zu einer Nagelprobe auf die „Gesinnung" des Emigranten, so bedeutete die Arbeit an dem Thema auch für diesen eine Vorklärung. Rothfels verarbeitete die Erfahrung, von den eigenen Landsleuten diskriminiert und aus der nationalen Gemeinschaft ausgestoßen worden zu sein, in der geschichtli-

---

derstandsdarstellungen vgl. Jan Eckel, Intellektuelle Transformation im Spiegel der Widerstandsdeutungen, in: Ulrich Herbert (Hrsg.), Wandlungsprozesse in Westdeutschland. Belastung, Integration, Liberalisierung 1945–1980, Göttingen 2002, S. 140–176.

[27] BA Koblenz, N 1213/28, Smend an Rothfels, 20. 3. 1949.

chen Reflexion, indem er klarstellte, daß es nicht das „wahre" Deutschland gewesen sei, das ihn als „Untermenschen" stigmatisiert hatte. Das eigentliche historische Gesicht der deutschen Nation offenbarte sich auch in der autobiographischen Deutung des Historikers im „anderen Deutschland" des konservativen Widerstands, in dem sich die vermeintlich echten Traditionen der deutschen Geschichte verkörperten.

Insofern hatte die historiographische Arbeit wie auch deren Rezeption für Rothfels eine lebensgeschichtliche Vergewisserungsfunktion, die die Remigration bereits anbahnte. Die Tatsache, daß der emigrierte Historiker in den ersten fünf Jahren nach Kriegsende drei Rufe an deutsche Universitäten erhielt[28], ist ein Indiz dafür, daß er als ein Wissenschaftler wahrgenommen wurde, der sich der westdeutschen *scientific community* nicht entfremdet hatte. Der Entschluß zur Rückkehr nach Deutschland fiel dennoch schwer, wobei verschiedene Gründe zusammenspielten. Gegen die Rückkehr sprachen familiäre Aspekte, die mühsam errungene günstige Position in Chicago sowie die Unsicherheit der politischen Verhältnisse in Deutschland fünf Jahre nach der NS- Herrschaft. Zudem schien der amerikanische Lehrstuhl, der Einschätzung des Emigranten wie seiner deutschen Kollegen zufolge, auch die Aussicht auf eine größere nationalpädagogische Wirksamkeit zu gewährleisten, konnte Rothfels in Chicago doch die deutschen geschichtspolitischen Anliegen von einer prestigereichen Stellung aus „vor der westlichen Öffentlichkeit" vertreten. Die Fachgenossen jedenfalls sahen ihn als einen deutschen „Außenposten" im Land der wichtigsten Besatzungsmacht[29].

Gerade in diesem Punkt hatte sich Rothfels' Urteil jedoch 1950, als er einen Ruf von der Universität Tübingen erhielt, gewandelt. Nachdem er den Universitätsbetrieb in Chicago zunehmend als „Leerlauf" empfand[30], schienen sich die größeren pädagogischen Einflußmöglichkeiten nun in der Bundesrepublik zu eröffnen. Außerdem hatte Rothfels seine persönlichen Bedenken mittlerweile überwunden, nachdem die Wiederanknüpfung freundschaftlicher und akademischer Beziehungen in der brieflichen Kommunikation wie insbesondere auf einer mehrmonatigen Deutschlandreise im Sommer 1949 über Erwarten gut gelungen war. Was sich in den Überlegungen über die Rückkehr schließlich durchsetzte, war „das Empfinden des ‚natürlichen' Standorts"[31]. Mit diesem Entschluß stellte Hans Rothfels in doppelter Hinsicht einen Sonderfall dar. Zwar kehrte auch er, wie die meisten akademischen Remigranten, erst nach der Gründung der Bundesrepu-

---

[28] Eine Berufung von Rothfels scheint ferner an der Berliner Universität erwogen worden zu sein. Vgl. dazu Staatsbibliothek (künftig: SB) Berlin, NL Fritz Hartung LIX, 27, Hartung an Rothfels, 7. 12. 1948 [recte: 1947].
[29] BA Koblenz, N 1213/186, Hans Herzfeld an Rothfels, 27. 1. 1947.
[30] BA Koblenz, N1102/82, Rothfels an Epstein, 30. 11. 1950.
[31] SUB Göttingen, Cod. Ms. S.A. Kaehler 1,144c, Rothfels an Kaehler, 20. 3. 1951.

blik zurück, als sich die politische Situation weitgehend stabilisiert hatte. Doch gehörte er erstens zu den äußerst wenigen rassistisch verfolgten Emigranten, die den Weg zurück fanden, und zweitens zu den relativ wenigen Wissenschaftlern, die ihre Laufbahn in Deutschland fortsetzten. Unter den emigrierten Historikern war Rothfels der einzige, der wieder in die Bundesrepublik übersiedelte, um dort einen Lehrstuhl zu übernehmen.

Inwiefern die Erfahrung des amerikanischen Exils dem deutschen Historiker Anstöße für eine politische Umorientierung gab, ist schwer zu bewerten, da die Zeugnisse aus dieser Zeit, vor allem bis Kriegsende, spärlich sind. Es bleibt so im wesentlichen nur die Möglichkeit, aus Rothfels' historiographischer Produktion der späten vierziger sowie der fünfziger und sechziger Jahre auf Wandlungsprozesse zurückzuschließen. Doch stellte das fraglos veränderte intellektuelle Profil des Historikers, das sich für diese Zeit abzeichnet, eben auch ein Resultat der Verarbeitung von Erfahrungen aus der Zeit nach der Emigration dar: in biographischer Hinsicht gilt dies für die Remigrationsvorgänge und die erst heikle, schließlich aber gelungene Reintegration in die deutsche Nachkriegsgesellschaft, in politischer Hinsicht für die Entwicklung der Bonner Republik mit ihrer gegenüber Weimar veränderten Demokratiekonzeption und in wissenschaftlicher Hinsicht für die neuen Ausgangsbedingungen einer deutschen Nationalhistorie, die durch die NS-Verbrechen und die Weltkriegsniederlage, die deutsche Teilung und die globale ideologische Konfrontation markiert waren. Habituell jedenfalls hatte sich der deutsch-amerikanische Historiker in der Exilzeit nicht verändert. So bemerkte etwa Fritz Hartung, mit dem Rothfels vor der Auswanderung in engerem Austausch gestanden hatte, nach dem ersten Wiedersehen: „Er ist von all den Emigrierten, die mich im Lauf der Jahre besucht haben, am deutschesten geblieben, in der Sprache und allem Äußerlichen, im Wesen wohl erst recht."[32]

V.

In den fünfziger und sechziger Jahren erlangte Rothfels durch seine Mitarbeit an dem Großprojekt der „Dokumentation der Vertreibung", seine Tätigkeit im Wissenschaftlichen Beirat des Münchener Instituts für Zeitgeschichte und als Herausgeber der „Vierteljahrshefte für Zeitgeschichte", seine Rolle als deutscher Hauptherausgeber der „Akten zur Deutschen Auswärtigen Politik" und als Vorsitzender des Historikerverbandes eine herausragende Position. Spätestens seit Anfang der sechziger Jahre war er einer der einflußreichsten Wissenschaftsmanager des Faches[33]. Diese Häu-

---

[32] SB Berlin, NL Fritz Hartung XLVI, 1, Hartung an Friedrich Baethgen, 18. 8. 1949.
[33] Zur Dokumentation der Vertreibung siehe die Arbeiten von Mathias Beer, zuerst: Im Span-

fung von Funktionen war das Produkt einer spezifischen Außenwahrnehmung des Historikers, bei der seine Biographie, seine Geschichtsschreibung der frühen Nachkriegszeit und das damit verbundene fachinterne Auftreten zusammenwirkten: Als „jüdisches" NS-Opfer, das die Gesellschaft seiner Verfolger schon durch die physische Rückkehr rehabilitierte, genoß Rothfels hohes moralisches Ansehen; inhaltlich fügte er sich in den historischen Interpretationskonsens ein, formulierte ihn in manchen Aspekten sogar vor, und vertrat mit seinen Geschichtsdeutungen die deutsche Selbst- und Innensicht vor der internationalen Öffentlichkeit; persönlich bemühte er sich um fachinterne Integration und Versöhnung, wobei er den Kreis derjenigen, mit denen er wieder kooperierte und die er wieder als Kollegen akzeptierte, sehr weit zog. Es war diese Kombination von Faktoren, die dazu führte, daß ihm immer wieder herausgehobene akademische Posten offeriert wurden. Über seine einflußreiche Stellung im Forschungsbetrieb hinaus erlangte Rothfels damit für das Fach wie für einen Teil der historisch interessierten Öffentlichkeit auch eine singuläre symbolische Bedeutung, die für die Wiederherstellung des verunsicherten westdeutschen Geschichtsbewußtseins hoch zu veranschlagen ist.

Strategisch nutzte Rothfels seine akademische Position, um das Fach für seine geschichtswissenschaftlichen Ansätze wie auch die seiner engsten Kollegen Werner Conze und Theodor Schieder zu öffnen. Daneben faßte er seine offiziellen und repräsentativen Funktionen in Kontinuität zur Zwischenkriegszeit im Sinne einer wissenschaftspolitischen Flankierungsarbeit auf, mit der er, etwa während seiner Tätigkeit als Verbandsvorsitzender, den Westintegrationskurs der Regierung Adenauer und deren unnachgiebige Deutschlandpolitik zu unterstützen versuchte. Forschungskonzeptionell trug Rothfels, insbesondere durch sein Engagement für die Untersuchung der NS-Geschichte am Institut für Zeitgeschichte, zur Etablierung einer Geschichtsforschung bei, die die negativen Entwicklungen der deutschen Nationalgeschichte kritisch in den Blick nahm, was ein Novum der westdeutschen Geschichtswissenschaft nach 1945 darstellte. Dieser Bruch in der wissenschaftlichen Praxis des Historikers ging freilich mit einer ostentativen wissenschaftlichen Rehabilitierungsarbeit wie auch mit interpretatorischen Ausblendungen und Blickverengungen einher. Zudem vollzog Rothfels diesen Bruch lediglich in seinen außeruniversitären organisatorischen

---

nungsfeld von Politik und Zeitgeschichte. Das Großforschungsprojekt „Dokumentation der Vertreibung der Deutschen aus Ost-Mitteleuropa", in: Vierteljahrshefte für Zeitgeschichte 46 (1998), S. 345–389. Zur Frühgeschichte des Instituts für Zeitgeschichte vgl. die Passagen bei Sebastian Conrad, Auf der Suche nach der verlorenen Nation. Geschichtsschreibung in Westdeutschland und Japan, Göttingen 1999, S. 219–268, und bei Nicolas Berg, Der Holocaust und die westdeutschen Historiker. Erforschung und Erinnerung, Göttingen 2003, S. 270–322. Zum Editionsunternehmen der Akten zur Deutschen Auswärtigen Politik siehe Roland Thimme, Das politische Archiv des Auswärtigen Amts. Rückgabeverhandlungen und Aktenedition 1945–1995, in: Vierteljahrshefte für Zeitgeschichte 49 (2001), S. 317–362.

Aufgaben, während die eigenen historiographischen Texte davon kaum berührt wurden; hier blieb er weiter der Beschäftigung mit den positiven Traditionsbeständen der deutschen Geschichte verpflichtet. Auf den Zuschnitt seiner historiographischen Arbeit wirkte sich die neue institutionelle und organisatorische Verankerung insofern aus, als sie die zeitgeschichtliche Ausrichtung unterstützte, zu einer schon durch Zeitknappheit bedingten Abwendung von empirischer Detailforschung führte und den Zug zu grundsätzlich angelegten Deutungssynthesen und „Betrachtungen" (wie nun viele Aufsätze betitelt waren) verstärkte.

In den rund zwei Dekaden nach seiner Rückkehr verfolgte Rothfels verschiedene thematische Stränge, von denen einige an seine alten Arbeitsfelder anknüpften, während andere neue Gegenstände behandelten. So setzte der Tübinger Historiker seine Studien über ostmitteleuropäische Nationalitätenfragen fort, wobei er mit seinen Betrachtungen auf die soziopolitischen und ethnographischen Veränderungen reagierte, die das Kriegs- und Nachkriegsgeschehen für den ostmitteleuropäischen Raum mit sich gebracht hatte. Diese Texte bemühten sich auch um eine Neuinterpretation seiner eigenen wissenschaftlichen Grenzlandarbeit und seiner Nationalitätenkonzepte der Zwischenkriegszeit, in der die chauvinistischen Aspekte nun freilich ausgeblendet waren[34]. Zu den neuen Themenfeldern gehörte neben dem Widerstand eine Reihe von Arbeiten, die Rothfels selbst unter dem Rubrum „Zeitgeschichtliche Betrachtungen" faßte. In ihnen entwickelte er, in der Form einer universalgeschichtlichen Epochenkonzeption, noch einmal eine ausgreifende und in sich stimmige Gesamtdeutung. Diese bildete die inhaltliche Ausgestaltung der Rothfels'schen „Zeitgeschichte", wie er sie programmatisch im ersten Heft der Vierteljahrshefte für Zeitgeschichte skizziert hatte[35].

[34] Einer der frühen Texte war: Sprache, Nationalität und Völkergemeinschaft, in: Jahrbuch der Albertus-Universität zu Königsberg 1 (1951), S. 108–122, einer der späten: Religion und Nationalität, in: Fritz Hodeige (Hrsg.), Atlantische Begegnungen. Eine Freundesgabe für Arnold Bergstraesser, Freiburg 1964, S. 135–152.

[35] Das Folgende stützt sich im wesentlichen auf die Texte: Bismarck und das 19. Jahrhundert; Vom Primat der Außenpolitik, in: Außenpolitik. Zeitschrift für internationale Fragen 1 (1950), S. 274–283; Gesellschaftsform und auswärtige Politik, Laupheim 1951; Zeitgeschichte als Aufgabe, in: Vierteljahrshefte für Zeitgeschichte 1 (1953), S. 1–8; Zur Krise des Nationalstaats, in: Ebenda, S. 138–152; Sinn und Grenzen des Primats der Außenpolitik, in: Außenpolitik. Zeitschrift für internationale Fragen 6 (1955), S. 277–285; Gesellschaftsordnung und Koexistenz, in: Vierteljahrshefte für Zeitgeschichte 4 (1956), S. 333–345; Realpolitik als zeitgeschichtliches Problem, in: Matthijs Jolles (Hrsg.), Deutsche Beiträge zur geistigen Überlieferung, Bern 1957, S. 183–198; Geschichtliche Betrachtungen zum Problem der Wiedervereinigung, in: Vierteljahrshefte für Zeitgeschichte 6 (1958), S. 327–339; Das 19. Jahrhundert, in: Vorträge, gehalten anläßlich der Hessischen Hochschulwochen für staatswissenschaftliche Fortbildung 30. 6. bis 10. 7. 1957, Bad Homburg 1958, S. 102–123; Einleitung, in: Zeitgeschichtliche Betrachtungen. Vorträge und Aufsätze, Göttingen 1959, S. 9–16; Geschichtliche Betrachtungen zur weltpolitischen Lage, in: Bericht über die 25. Versammlung deutscher Historiker in Duisburg 17. bis 20. 10. 1962, Stuttgart 1963, S. 114–126; Gleichgewicht als regulierendes Prinzip im europäischen und Weltstaatensystem, in: Saecu-

Dabei datierte der Historiker in einer ersten Deutungsoperation das „19. Jahrhundert" als das nationalstaatliche Jahrhundert auf den Zeitraum von 1848 bis 1917 und interpretierte es als ein „anormales Zwischenjahrhundert". Das Bestimmungskriterium dafür war, wie es Rothfels in Rankescher Terminologie formulierte, das Vorherrschen der „Vertikalen" über die „Horizontalen". Es bestanden demnach die primären weltpolitischen Antagonismen zwischen den einzelnen, untereinander isolierten Staaten und Völkern, und es bildeten sich keine Koalitionen über sie hinweg. Derartige „universale Frontbildungen", die das Gegenprinzip zu den „Vertikalen" darstellten, schälten sich erst 1917, mit dem Eintritt der USA in den Weltkrieg und der russischen Oktoberrevolution, wieder heraus. Seitdem wurde die Weltpolitik durch soziale und ideologische „Querströmungen" dominiert, die verschiedene Nationen umfaßten oder auch einzelne Nationen durchzogen. Somit existierten in diesem Epochenmodell „seit 1918 und nicht erst seit 1945 zwei prinzipiell verschiedene gesellschaftliche Systeme in der Welt der großen Mächte neben einander"[36]. Mit diesen Koordinaten war der Zeitraum der „Gegenwart" abgesteckt. Indem Rothfels die bipolare Ost-West-Konfrontation zum Signum dieser Epoche erhob, hatte er den Beginn des Kalten Krieges gewissermaßen auf 1917 zurückdatiert.

In einem weiteren interpretatorischen Schritt verlängerte der Tübinger Historiker diese Konstellation bis in die frühe Neuzeit zurück. Eine Parallelepoche zur Gegenwart der „Zeitgeschichte" verortete er im konfessionellen Zeitalter. Hier waren es die religiösen Bewegungen und somit wiederum, ganz wie in der Gegenwart, „ideologische" Parteiungen, die die einzelnen Staaten gespalten und überstaatliche Solidaritäten hergestellt hatten. Eine zweite Analogie stellte das Zeitalter der Französischen Revolution dar, in dem eine revolutionäre „Querströmung" über die Staaten hinweggelaufen war und sie im Inneren polarisiert hatte. Durch diese Betrachtungen verschaffte Rothfels der Zeitgeschichte ein weit zurückreichendes Fundament, das aus einem System von Analogieepochen bestand.

Den weltpolitischen Bewegungen seit 1917 widmete der Historiker eine Reihe von Einzelanalysen. Dabei bestimmte er den Charakter der Epoche dadurch näher, daß er verschiedene Theoreme bildete, die er über die gesamte Zeitspanne verfolgte. Eines davon war der „Primat der Innenpolitik", in dem Rothfels ein Kennzeichen der Gegenwart seit 1917 erblickte. Damit war ein gesteigerter Einfluß innen- und gesellschaftspolitischer Konzeptionen auf die Außenpolitik gemeint – während im nationalstaatlichen 19. Jahrhundert der „Primat der Außenpolitik" geherrscht habe. Mit der Formel vom „Primat der Innenpolitik" brachte der Historiker das Phäno-

---

lum 19 (1968), S. 406–413; Sozialstruktur und Außenpolitik, in: Rudolf v. Thadden u.a. (Hrsg.), Das Vergangene und die Geschichte. Festschrift für Reinhard Wittram zum 70. Geburtstag, Göttingen 1973, S. 13–22.
[36] Rothfels, Gesellschaftsform und auswärtige Politik, S. 9.

men auf den Begriff, daß in der globalen Auseinandersetzung der Gegenwart sowohl der Westen als auch der Osten ihr jeweiliges Gesellschaftsmodell in der Welt durchzusetzen suchten. In diesem Sinne interpretierte Rothfels dann den Versailler Vertrag – als Versuch, eine bürgerlich-kapitalistische und demokratische Ordnung in Europa zu verankern – wie auch die sowjetische Außenpolitik der zwanziger und dreißiger Jahre. Die Einsicht in den „Primat der Innenpolitik" ermöglichte aber auch Ableitungen für die aktuelle politische Lage der Bundesrepublik, die ja dem zeitgeschichtlichen Ansatz gemäß unter den gleichen strukturellen Bedingungen stand, und bewies dabei insbesondere die Notwendigkeit einer Gesellschaftspolitik, die vor der Gefahr einer kommunistischen Penetration schützte.

Mit derartigen Denkfiguren interpretierte Rothfels die Epoche der „Zeitgeschichte" als einen in sich einheitlichen Zeitraum, in dem die weltpolitischen Vorgänge denselben Regeln gehorchten. Der Nationalsozialismus fiel als historisches Phänomen aus diesem epochalen Modell heraus. Für die Grundinterpretation einer globalen Zweiteilung seit 1917 war sein Erscheinen ein Irritationsfaktor, was Rothfels dadurch auffing, daß er für die dreißiger und vierziger Jahre die Ausnahmephase einer weltpolitischen „Dreiecks"-Konstellation einführte. Da der Nationalsozialismus dem Interpreten als eine Übersteigerung des Nationalstaatsgedankens galt, erschien er im ideologischen Zeitalter zudem als ein Anachronismus. Auf diese Weise entwickelte Rothfels in dem „zeitgeschichtlichen" Strang seiner Historiographie nach 1951 noch einmal ein umfassendes und kohärentes Geschichtsbild, wobei er wiederum eine aktuell erlebte historische Konstellation in die Geschichte zurückprojizierte. Es erfüllte erneut eine spezifische Sinnstiftungsfunktion, da in der Stringenz und Geschlossenheit der historischen Erklärungen die real erlebten Diskontinuitäten und Brüche des „Zeitalters der Extreme" praktisch zum Verschwinden gebracht waren.

Das Denkschema einer notwendigen staatlichen Stabilisierung nach innen und außen, das Rothfels' Historiographie in den vorherigen Phasen strukturiert hatte, wirkte auch in den fünfziger und sechziger Jahren fort, wobei sich das Schwergewicht auf die Innenseite verschob. Gerade angesichts der Bedrohungen im Systemkonflikt des Kalten Krieges erschien dem Tübinger Historiker das „In-Ordnung-Bringen eines erschütterten sozialen Gefüges" als besonders dringlich[37]. Die Außenseite dieser Denkfigur bezog sich nun nicht mehr auf ein deutsch geführtes „Mitteleuropa", sondern war auf ein „abendländisches", europäisch integriertes Ostmitteleuropa übertragen, das eine Verteidigungsgemeinschaft gegen den Sowjetkommunismus bilden sollte.

---

[37] Ders., Vom Primat der Außenpolitik, S. 283.

Resümee

Die intellektuelle Biographie von Hans Rothfels setzt sich aus einem Bündel paradigmatischer Erfahrungen des 20. Jahrhunderts zusammen, die in einer spezifischen Form verarbeitet und in wissenschaftliche Deutungen umgesetzt wurden. Die Entwicklung des politischen Profils dieses Historikers, die in diesem Beitrag nicht eingehend thematisiert wurde, ist dabei repräsentativ für die Transformationen eines breiten Segments des konservativen Denkens in Deutschland: von der Republikskepsis nach 1918 über die neokonservative Radikalisierung am Ende der zwanziger Jahre mit ihren Überschneidungsflächen zum Nationalsozialismus bis hin zur Integration in die Bundesrepublik, gegenüber deren Demokratieverständnis eine gewisse Distanz bestehen blieb, deren außenpolitische Positionierung insbesondere während der „Ära Adenauer" aber vorbehaltlos unterstützt wurde. Richtet man den Blick hingegen auf die Ausstrahlung von Rothfels' Figur, so treten die biographischen Spezifika hervor, die ihn von anderen Vertretern dieses politisch-weltanschaulichen Lagers unterscheiden. Infolge des lebensgeschichtlichen Bruchs von 1933/39 konnte der Historiker anders als andere rechtskonservative Denker nicht mit dem NS-Regime kollaborieren und mußte nach 1945 nicht aus der Defensive des kompromittierten Mitläufers argumentieren, sondern besaß vielmehr eine moralisch unanfechtbare Position[38]. Auf diese Weise wuchs ihm eine zentrale Rolle für die intellektuelle Rekonstruktion der Geschichtswissenschaft zu.

Wissenschaftlich reagierte Rothfels auf die rapide Abfolge lebensgeschichtlicher wie politisch-historischer Zäsuren und Katastrophen mit einer Serie historischer Reinterpretationen: zunächst eine Geschichtsschreibung der Niederlage als Verarbeitung der krisenhaften Erfahrungseinheit der Jahre von 1914 bis 1923; dann der Umschlag des fatalistisch-resignativen Geschichtsbildes in einen radikalen historiographischen Aufbruch, in dem die Geschichtsbetrachtung zum Medium für politische Zukunftslösungen wurde; nach dem Zweiten Weltkrieg die entlastende Umdeutung der jüngsten Vergangenheit, die den Nationalsozialismus aus den historischen Kontinuitäten der deutschen Geschichte verbannte; schließlich eine Historie des Kalten Krieges, indem die bipolare Konfrontation der beiden Weltideologien der „Zeitgeschichte" als Muster unterlegt wurde. Die Umdeutungsoperationen, die Rothfels' Geschichtsbilder stets aufs neue anschlußfähig machten, dienten dem Ziel, der jeweiligen Gegenwart einen Sinn zu geben, indem ihr immer wieder eine kohärente Vorgeschichte verschafft wurde.

---

[38] Vgl. als Kontrast: Jerry Z. Muller: The Other God that Failed. Hans Freyer and the Deradicalization of German Convervatism, Princeton 1987, sowie die Lebensläufe des klassischerweise in diesem Zusammenhang genannten „Dreigestirns" Martin Heidegger, Ernst Jünger und Carl Schmitt.

Getragen wurde dieser kontinuierliche Neuorientierungsprozeß von einem Denkschema, das über die Jahrzehnte hinweg konstant blieb und die Historiographie in allen Phasen prägte. Es bestand in einer spezifischen Perzeption der Bedrohung des Staates, deren Kehrseite ein Ordnungs- und Stabilisierungsdenken bildete. Die Genese dieses Denkmusters, das nicht auf Rothfels oder die Geschichtswissenschaft beschränkt war, läßt sich bis zur Jahrhundertwende und damit bis zum Durchbruch der Moderne zurückverfolgen, der im Deutschen Reich um diese Zeit einsetzte[39].

Der wissenschaftliche Lebensweg von Hans Rothfels ist folglich nicht so sehr repräsentativ für ein bestimmtes inhaltliches Konzept und dessen Veränderungen im Verlauf der Jahrzehnte oder für einen bestimmten inhaltlich definierbaren Intellektuellentypus. Sein Beispiel illustriert vielmehr ein spezifisches Verhältnis von gedanklicher Kontinuität und Transformation. Rothfels repräsentiert eine bestimmte Variante der intellektuellen Auseinandersetzung mit dem Zeitgeschehen des 20. Jahrhunderts, die in dem Prozeß der fortgesetzten Umdeutung von Geschichte bestand. An seiner akademischen Biographie läßt sich der Versuch exemplifizieren, gedanklich „auf der Höhe" zu bleiben und sich das aktuelle Geschehen (auf der Basis eines unveränderten Denkschemas) stets aufs Neue wissenschaftlich anzueignen. Dabei konnten zumindest einzelne inhaltliche Positionen und wissenschaftliche Analysekategorien aufgegeben werden, und kein Gegenstand avancierte zu einem dominierenden Lebensthema, dessen eigendynamische Beharrungskraft „zeitgemäße" Fortentwicklungen blockiert hätte.

Rothfels' wissenschaftliche Produktion weist, parallel dazu, auf das lebensgeschichtliche Substrat historiographischer Arbeit hin. Diese läßt sich nicht im Sinne eines biographischen Reduktionismus auf einzelne Erlebnisse zurückrechnen, in ihr wurden aber bestimmte Erfahrungen bewußt reflektiert und unbewußt in historische Deutungen überführt. Sie verdeutlicht damit auch die Sinngebungsfunktion, die der geschichtswissenschaftlichen Tätigkeit bei dem Bemühen zukommt, die historische Wahrnehmung gegen jede Art von Desorientierung abzusichern, die aus realgeschichtlichen wie subjektiv erfahrenen Brüchen und Diskontinuitäten resultiert.

---

[39] Vgl. zu diesen Überlegungen Gunther Mai, Europa 1918–1939. Mentalitäten, Lebensweisen, Politik zwischen den Weltkriegen, Stuttgart 2001, insbes. Kap. I und II; Ulrich Herbert, Liberalisierung als Lernprozeß. Die Bundesrepublik in der deutschen Geschichte – eine Skizze, in: Ders. (Hrsg.), Wandlungsprozesse, S. 7–49.

Wolfgang Neugebauer

Hans Rothfels und Ostmitteleuropa

Naturgemäß gehen Person und Werk von Hans Rothfels im besonderen Maße die Zeithistoriker an – aber doch nicht ausschließlich. Denn wenn auch wesentliche Schwerpunkte im Werk von Hans Rothfels der jüngsten Vergangenheit gewidmet sind und wenn auch Rothfels bekanntermaßen und bekennendermaßen[1] das war, was in jüngeren Zeiten wohl ein „engagierter" und elfenbeinturmabgewandter Wissenschaftler genannt worden wäre, so hat er doch in seiner Königsberger Phase auch die zeitlichen Dimensionen seiner Arbeiten erweitert. Deshalb mag es gerechtfertigt erscheinen, wenn die Debatte über Rothfels aus einem eigentlich frühneuzeitlichen Forschungsinteresse[2] heraus um eine – notwendigerweise knappe – Analyse derjenigen Forschungsstrategien, theoretischen Grundlagen und politisch-praktischen Resultate ergänzt wird, die die Beschäftigung mit demjenigen Teil Europas betreffen, welchen die internationale, gerade auch die deutsche und die polnische Forschung unter dem Begriff Ostmitteleuropa zu erfassen sucht[3].

---

[1] Siehe Hans Rothfels, Vorwort, in: Ders., Ostraum, Preußentum und Reichsgedanke. Historische Abhandlungen, Vorträge und Reden, Leipzig 1935, S. V-X, hier S. V; ders., Bismarck und die Nationalitätenfragen des Ostens. Ein Beitrag zur geschichtlichen Auffassung des Reichs. Vortrag auf dem deutschen Historikertag 1932, zuerst erschienen 1932/33, in: Ebenda, S. 65–92, hier S. 89; vgl. schon Werner Conze, Hans Rothfels, in: Historische Zeitschrift 237 (1983), S. 311–360, hier S. 317 („bleibende Verbindung von Geschichte und Gegenwartspolitik").

[2] Vgl. Wolfgang Neugebauer, Hans Rothfels' Weg zur vergleichenden Geschichte Ostmitteleuropas, besonders im Übergang von früher Neuzeit zur Moderne, in: Michael G. Müller (Hrsg.), Osteuropäische Geschichte in vergleichender Sicht, Berlin 1996, S. 333–378.

[3] Vgl. Klaus Zernack, Osteuropa. Eine Einführung in seine Geschichte, München 1977, bes. S. 33–41 u. S. 70–72; zur geographischen Eingrenzung siehe Oskar Halecki, Grenzraum des Abendlandes. Eine Geschichte Ostmitteleuropas, Salzburg 1956, S. 20–24 und passim; Jenö Szücs, Die drei historischen Regionen Europas, Frankfurt a.M. 1990, bes. S. 16 ff., Rußland in seinem Verhältnis zu Ostmitteleuropa S. 54–89, Stände und Absolutismus S. 79; vgl. auch das bis zur Wende vom 17. zum 18. Jahrhundert führende Nachlaßfragment von Werner Conze, Ostmitteleuropa von der Spätantike bis zum 18. Jahrhundert, München 1992, bes. S. 1–11; aus der speziellen Literatur sei verwiesen auf Orest Subtelny, Domination of Eastern Europe. Native Nobilities and Foreign Absolutism, 1500–1715, Kingston/Montreal 1986, S. 14–35, ferner auf den Sammelband, hervorgegangen aus einer Berliner Tagung einschlägig forschender Kollegen aus Polen, Tschechien, Ungarn und Deutschland; Joachim Bahlcke u. a. (Hrsg.), Ständefreiheit und Staatsgestaltung in Ostmitteleuropa. Übernationale Gemeinsamkeiten in der politischen Kultur vom 16.–18. Jahrhundert, Leipzig 1996, jeweils mit

Als Hans Rothfels 1926 im Alter von 35 Jahren auf den Königsberger Lehrstuhl kam, waren die Distanzen zu seinen liberaleren Lehrern Friedrich Meinecke und Hermann Oncken schon gewachsen[4], wenngleich Meineckes Ansatz, wie er in „Weltbürgertum und Nationalstaat" niedergelegt worden war, für Rothfels prägend blieb. Vielleicht ist Meineckes Differenzierung von Kulturnation und Staatsnation[5] auch noch in der Hochschätzung kulturnationaler Autonomiekonzepte wiederzufinden, mit denen sich Rothfels um 1930 beschäftigte. Bis dahin, bis zur Habilitation[6] und zum Ruf nach Königsberg[7], hatte Rothfels mehr nach dem Westen, etwa auf die Englandpolitik Bismarcks, als auf den Osten Europas geblickt. Nach Ostpreußen ist Rothfels nicht gerne gegangen[8].

Will man Inhalt und Stil der Arbeiten Rothfels' analysieren, so ist es nötig, einige Stichworte zum politischen Kontext seines Königsberger Amts zu geben, das er bis zu seiner – sagen wir – Abdrängung durch die Nationalsozialisten 1934/35 innehatte[9]. Denn seine in der Tat deutlichen politischen

Nachweis der spezifischen Literatur; in diesem Band auch Wolfgang Neugebauer, Raumtypologie und Ständeverfassung. Betrachtungen zur vergleichenden Verfassungsgeschichte am ostmitteleuropäischen Beispiel, S. 283–310; zum Ausgangsfeld des eigenen Forschungsinteresses vgl. noch Wolfgang Neugebauer, Standschaft als Verfassungsproblem. Die historischen Grundlagen ständischer Partizipation in ostmitteleuropäischen Regionen, Goldbach 1995.
[4] Soweit zustimmungsfähig Karl Heinz Roth, Hans Rothfels. Geschichtspolitische Doktrinen im Wandel der Zeiten. Weimar – NS-Diktatur – Bundesrepublik, in: Zeitschrift für Geschichtswissenschaft 49 (2001), S. 1061–1073, hier S. 1062; siehe weiter Hans Mommsen, Hans Rothfels, in: Hans-Ulrich Wehler (Hrsg.), Deutsche Historiker, Bd. IX, Göttingen 1982, S. 127–147, hier S. 130f.; Conze, Hans Rothfels, S. 313f.; Theodor Schieder, Hans Rothfels zum 70. Geburtstag am 12. April 1961, in: VfZ 9 (1961), S. 117–125, hier S. 117; Hans Mommsen, Geschichtsschreibung und Humanität. Zum Gedenken an Hans Rothfels, in: Wolfgang Benz/Hermann Graml (Hrsg.), Aspekte deutscher Außenpolitik im 20. Jahrhundert. Aufsätze Hans Rothfels zum Gedächtnis, Stuttgart 1976, S. 9–27, hier S. 9 – auch schon zu „sachlichen und politischen Meinungsverschiedenheiten" zwischen Rothfels und Meinecke in den zwanziger Jahren. Spannungen waren bereits 1919 und dann wieder 1924 und 1927 erkennbar: Geheimes Staatsarchiv Preußischer Kulturbesitz (künftig: GStAPK), I. Hauptabteilung (jetzt: VI. HA), Rep. 92, NL Meinecke, Nr. 39.
[5] Vgl. Friedrich Meinecke, Weltbürgertum und Nationalstaat. Studien zur Genesis des deutschen Nationalstaates, München 1908, S. 3.
[6] Vgl. Humboldt-Universität zu Berlin, Archiv, Habilitationen der Phil. Fak., Lit. H, Nr. 1, Vol. 43 (neue Nr. 1240); Hans Rothfels, Bismarcks englische Bündnispolitik, Berlin 1924, zu den Akten ebenso Klaus Hildebrand, Deutsche Außenpolitik 1871–1918, München 1989, S. 63, und das Register S. 150.
[7] Vgl. GStAPK, I. HA, Rep. 76 V², Sekt. 11, Tit. 4, Nr. 21, Bd. 31; Bundesarchiv (künftig: BA) Koblenz, NL 213, Nr. 20.
[8] Vgl. Conze, Hans Rothfels, S. 321 mit Anm. 30; Niedersächsische Staats- und Universitätsbibliothek Göttingen, Cod. Ms., S.A. Kaehler 1, 144a, zu 1926 und 1929 (Integrationsprobleme); Peter Thomas Walther, Von Meinecke zu Beard? Die nach 1933 in die USA emigrierten deutschen Neuhistoriker, Diss. Phil., Buffalo/NY 1989, S. 48f.
[9] Vgl. Neugebauer, Hans Rothfels' Weg, in: Müller (Hrsg.), Osteuropäische Geschichte, S. 340ff., mit den dort angegebenen Quellen; vgl. auch Karl Olaf Petters, Hans Rothfels. Ein Historiker zwischen Kaiserreich und Nationalsozialismus, Magisterarbeit Universität Hamburg 1994, Mikrofiche-Ausgabe: Egelsbach-Frankfurt a.M. 1995, S. 13; wichtige Ergänzungen jetzt aus den Akten bei Martin Burkert, Die Ostwissenschaften im Dritten Reich, Teil 1:

Aussagen gegen den Vertrag von Versailles und die aus ihm resultierenden ökonomischen Folgen und großflächigen Bevölkerungsverschiebungen[10], die Forderung, daß Versailles nicht das letzte Wort der Weltgeschichte sein dürfe, waren in den zwanziger Jahren – was heute nicht immer in Rechnung gestellt wird – denkbar weit verbreitet. Die Frontstellung gegen Versailles und alles, was damit zusammenhing, war kein Reservat der militanten deutschen Rechten[11], sie war fast ein politischer Gemeinplatz in den Weimarer Jahren. Sogar die KPD sprach vom „Raubfrieden", der Deutschland zu einem „unterdrückte[n]" Land gemacht habe. Die Forderung nach Grenzrevisionen im Osten gehörte selbst in den besten Weimarer Jahren zum Standardrepertoire politischer Zielvorstellungen, auch zu den Maximen eines Gustav Stresemann[12]. Daß der polnische Korridor nicht bleiben dürfe, war nicht allein Programm der Rechten, es war die Meinung der amtlichen Politik der Weimarer Reichskabinette, die freilich daran glaubten, daß man dazu auch auf nicht-militärischem Wege gelangen könne[13]. Der deutsche

Zwischen Verbot und Duldung. Die schwierige Gratwanderung der Ostwissenschaften zwischen 1933 und 1939, Wiesbaden 2000, S. 173, S. 285 u. S. 553.
[10] Vgl. z. B. Hans Rothfels, Der Vertrag von Versailles und der deutsche Osten. Sonderabdruck aus „Berliner Monatshefte" 12 (1934), Berlin 1934, S. 18 f., S. 21 f. u. S. 9, Anm. 14: großflächige „Austreibung der Deutschen in Westpreußen"; ders., Selbstbestimmungsrecht und Saarabstimmung, in: Berliner Monatshefte 13 (1935), S. 32–48, bes. S. 45–48; ders., Der Osten, Preußen und das Reich. Rede auf dem „Preußentag" der nationalen Verbände 1927, in: Ders., Ostraum, S. 1–14, hier S. 1 f. Zur politischen Position Rothfels' ist die Korrespondenz aus dem Jahre 1929 erhellend, die er mit Hans Delbrück geführt hat, in: Staatsbibliothek Berlin Preußischer Kulturbesitz, Handschriftenabteilung, NL Hans Delbrück; aus der sekundären Literatur vgl. Gottfried Niedhart, Deutsch-jüdische Neuhistoriker in der Weimarer Republik, in: Walter Grab (Hrsg.), Juden in der deutschen Wissenschaft. Internationales Symposium April 1985, Tel-Aviv 1986, S. 147–176, hier S. 161; Mommsen, Hans Rothfels, in: Wehler (Hrsg.), Deutsche Historiker, S. 137; Walther, Von Meinecke zu Beard?, S. 54–58, und auch schon Clarence W. Pate, The Historical Writing of Hans Rothfels from 1914 to 1945, Diss. Phil., Buffalo/NY 1973, S. 247 ff.; Wolfgang Benz, Hans Rothfels und das Problem der deutschen Ostgrenze nach dem Zweiten Weltkrieg, in: Ders. (Hrsg.), Miscellanea. Festschrift für Helmut Krausnick zum 75. Geburtstag, Stuttgart 1980, S. 192–213, hier S. 197.
[11] Vgl. Wolfgang Neugebauer, Wissenschaftskonkurrenz und politische Mission. Beziehungsgeschichtliche Konstellationen der Königsberger Geisteswissenschaften in der Zeit der Weimarer Republik, in: Bernhart Jähnig/Georg Michels (Hrsg.), Das Preußenland als Forschungsaufgabe. Eine europäische Region in ihren geschichtlichen Bezügen, Lüneburg 2000, S. 741–759, hier S. 744; vgl. jüngst Heinrich August Winkler, Hans Rothfels – Ein Lobredner Hitlers? Quellenkritische Bemerkungen zu Ingo Haars Buch „Historiker im Nationalsozialismus", in: VfZ 49 (2001), S. 643–652, hier S. 643 f.
[12] Aus der Literatur: Andreas Hillgruber, „Revisionismus" – Kontinuität und Wandel in der Außenpolitik der Weimarer Republik, in: HZ 237 (1983), S. 597–621, hier S. 611; Martin Broszat, Zweihundert Jahre deutsche Polenpolitik, München 1963, S. 177 f., S. 180; Ernst Rudolf Huber, Deutsche Verfassungsgeschichte seit 1789, Bd. 7: Ausbau, Schutz und Untergang der Weimarer Republik, Stuttgart u. a. 1984, S. 20 f. (Ebert), S. 552 f.; Wolfgang Wippermann, Der „deutsche Drang nach Osten". Ideologie und Wirklichkeit eines politischen Schlagwortes, Darmstadt 1981, S. 105 f. (u. a. zur SPD); siehe auch Eduard Mühle, „Ostforschung". Beobachtungen zu Aufstieg und Niedergang eines geschichtswissenschaftlichen Paradigmas, in: Zeitschrift für Ostmitteleuropaforschung 46 (1997), S. 317–350, hier S. 328 f.
[13] Siehe schon Ludwig Zimmermann, Deutsche Außenpolitik in der Ära der Weimarer Repu-

Revisionsvorbehalt hinsichtlich der Grenzen im Osten war schließlich auch eine gemeinsame Basis der deutsch-sowjetischen Beziehungen in dieser Zeit, wie denn ja auch Rußland die gemeinsame Grenze zu Polen in der damaligen Form nicht akzeptierte[14].

Der – um mit Klaus Zernack zu sprechen – „undifferenzierte, nationaldemokratische Integrationsnationalismus" des polnischen Staates brachte Polen in schärfste Konflikte mit seinen Nachbarn[15]. Die Kriege mit Rußland, aber auch mit dem jungen litauischen Staat (Überfall Polens auf Wilna) widerlegen das gängige Bild einer osteuropäischen Zwischenkriegsidylle, zunächst allein gestört von ein paar revisionswütigen Königsberger Geschichtsprofessoren. Die gegenseitigen Grenzforderungen und Gebietsansprüche – offizielle und halbamtliche – belegen, daß sich die Grenzlinien der Pariser Vorortverträge nicht jener selbstverständlichen Akzeptanz erfreuten, die man im Lichte folgender Katastrophen erwarten oder wünschen sollte[16]. Die osteuropahistorische Spezialforschung hat denn auch gezeigt, wie real die Hintergründe jener Bedrohungsängste waren, die auch die Arbeit an der „Grenzlanduniversität" Königsberg prägten. Daß ausgerechnet im „Kreis um Piłsudski Hitlers Machtergreifung als Chance eines Neubeginns im polnisch-deutschen Verhältnis begrüßt" worden ist, daß man auch in Warschau der Meinung war, mit einem gebürtigen Österreicher als deutschem Reichskanzler würde man politisch besser fahren, zeigt den Grad makabrer Verirrungen, zu der die Lage im Osten Mitteleuropas führte[17].

---

blik, Göttingen 1958, S. 337–341; und Herbert Helbig, Die Träger der Rapallo-Politik, Göttingen 1958, S. 166, S. 173f. u. S. 206.

[14] Vgl. Klaus Zernack, Polen in der Geschichte Preußens, in: Otto Büsch (Hrsg.), Handbuch der Preußischen Geschichte, Bd. 2: Das 19. Jahrhundert und große Themen der Geschichte Preußens, Berlin/New York 1992, S. 377–448, hier S. 442 u. S. 444 ff.; wichtig jetzt Martin Schulze Wessel, Die Epochen der russisch-preußischen Beziehungen, in: Wolfgang Neugebauer (Hrsg.), Handbuch der Preußischen Geschichte, Bd. 3: Vom Kaiserreich zum 20. Jahrhundert und große Themen der Geschichte Preußens, Berlin/New York 2001, S. 713–787, hier S. 783f.; Horst Günther Linke, Deutsch-sowjetische Beziehungen bis Rapallo, Köln 1972, S. 108 u. S. 113.

[15] Zernack, Polen, in: Büsch (Hrsg.), Handbuch der Preußischen Geschichte, Bd. 2, S. 446; Zum Thema Litauen vgl. Manfred Hellmann, Grundzüge der Geschichte Litauens und des litauischen Volkes, Darmstadt ³1986, S. 145 ff. u. S. 165.

[16] Vgl. Hellmann, Litauen, S. 157; Zernack, Polen, in: Büsch (Hrsg.), Handbuch der Preußischen Geschichte, Bd. 2, S. 446; Andreas Lawaty, Das Ende Preußens in polnischer Sicht. Zur Kontinuität negativer Wirkungen der preußischen Geschichte auf die deutsch-polnischen Beziehungen, Berlin/New York 1986, S. 74 ff.; Jörg Hackmann, Die Landesgeschichte Ostpreußens und Westpreußens in der deutschen und polnischen Geschichtswissenschaft als beziehungsgeschichtliches Problem, Diss. Phil., Berlin 1993, wichtig in der maschinenschriftlichen Version: Bd. 2, S. 277; vgl. ders., Ostpreußen und Westpreußen in deutscher und polnischer Sicht. Landeshistorie als beziehungsgeschichtliches Problem, Wiesbaden 1996, S. 12, S. 226 u. S. 245 f.

[17] Vgl. Zernack, Polen, in: Büsch (Hrsg.), Handbuch der Preußischen Geschichte, Bd. 2, S. 446, zu offensiven polnischen Planungen in den frühen dreißiger Jahren in Ausnutzung der Krise des Deutschen Reiches; vgl. auch Hans Roos, Polen und Europa. Studien zur polnischen Außenpolitik 1931-1939, Tübingen 1965, S. 37–44.

Die Akten des preußischen Kultusministeriums beweisen, daß Rothfels 1926 gerade deshalb nach Königsberg berufen worden ist, weil man sich von ihm „die Verstärkung der geistigen Zusammenhänge mit dem Mutterlande" versprach[18]. Das Programm engagiert-kämpferischer Wissenschaftspraxis in den verschiedensten Fächern und Disziplinen an der Albertus-Universität entsprach lange vor 1933 der Politik der Weimarer Reichskabinette; Stresemann wird im Kontext dieser Politik ausdrücklich in den Akten erwähnt, ebenso der sozialdemokratische Ministerpräsident von Preußen Otto Braun[19]. Will man der Versuchung entgehen, von der bekannten nationalkonservativen[20] Position Rothfels' im Kontext seines Königsberger Engagements zu plakativen, aber schon seit sieben Jahrzehnten beliebten Verortungen zu gelangen, ist eine Analyse des ostmitteleuropäischen Schwerpunkts

[18] Marginal des Universitäts-Kurators Hofmann am Bericht des Dekans vom 9. März 1925, in: GStAPK, I. HA, Rep. 76 Vª, Sekt. 11, Tit. 4, Nr. 21, Bd. 31.
[19] Vgl. Neugebauer, Wissenschaftskonkurrenz, in: Jähnig/Michels (Hrsg.), Das Preußenland, S. 754f.; wichtige Quellenmitteilungen zur Königsberger Wissenschaftsgeschichte in der Folgezeit bei Christian Tilitzki, Von der Grenzland-Universität zum Zentrum der nationalsozialistischen „Neuordnung des Ostraums"? Aspekte der Königsberger Universitätsgeschichte im Dritten Reich, in: Jahrbuch für die Geschichte Mittel- und Ostdeutschlands 46 (2000), S. 233-269, hier S. 236ff. u. S. 247ff., mit kräftigen Korrekturen am – nicht erst neuerdings! – in Umlauf gesetzten Bild der Albertina als einer „betont nationalsozialistischen Universität", so etwa schon Wilhelm Treue, Entwurf zu einem Nekrolog oder Materialien für eine gute wissenschaftliche Nachrede, in: Kurt Mauel (Hrsg.), Wege zur Wissenschaftsgeschichte, Bd. 2, Wiesbaden 1982, S. 111-139, hier S. 120. Wäre es so gewesen, wäre dies gleichwohl heute eben keine neue Entdeckung.
[20] So schon die ältere Literatur, siehe Schieder, Rothfels, S. 121; übrigens auch ganz klar der informative Artikel des Rothfels-Schülers aus Königsberger Tagen Roland Seeberg-Elverfeldt, Rothfels, Hans, in: Altpreußische Biographie, Bd. 4, 3. Lieferung, hrsg. von Ernst Bahr u. a., Marburg/Lahn 1995, S. 1479f.; Mommsen, Geschichtsschreibung, in: Benz/Graml (Hrsg.), Aspekte deutscher Außenpolitik, S. 11 u. S. 18; Winkler, Lobredner, S. 643: „bekennender Konservativer"; vgl. dann in radikalisierter Kritik Ingo Haar, „Revisionistische" Historiker und Jugendbewegung: Das Königsberger Beispiel, in: Peter Schöttler (Hrsg.), Geschichtsschreibung als Legitimationswissenschaft 1918-1945, Frankfurt a.M. 1997, S. 52-103, hier S. 53 (zum Ansatz dieser Argumentation vgl. Neugebauer, Wissenschaftskonkurrenz, in: Jähnig/Michels (Hrsg.), Das Preußenland, S. 759, Anm. 76); Michael H. Kater, Refugee Historians in America: Preemigration Germany to 1939, in: Hartmut Lehmann/James J. Sheehan (Hrsg.), An Interrupted Past. German-Speaking Refugee Historians in the United States after 1933, Washington/DC 1991, S. 73-93, hier S. 87f.; und natürlich Hans Schleier, Die bürgerliche deutsche Geschichtsschreibung der Weimarer Republik, Berlin 1975, S. 526, Anm. 146: „profaschistisch"; freilich war nicht einmal diese Klassifikation ganz originell, siehe schon um 1933 Eckart Kehr, Neuere deutsche Geschichtsschreibung, in: Ders., Der Primat der Innenpolitik. Gesammelte Aufsätze zur preußisch-deutschen Sozialgeschichte im 19. und 20. Jahrhundert, hrsg. von Hans-Ulrich Wehler, mit einem Vorwort von Hans Herzfeld, Berlin ²1970, S. 254-268 u. S. 266: Rothfels versuche, eine „neue faschistische Geschichtsinterpretation zu schaffen". Deshalb auch nicht originell, aber gewiß nützlich Peter Thomas Walther, Die deutschen Historiker in der Emigration und ihr Einfluß in der Nachkriegszeit, in: Heinz Duchhardt/Gerhard May (Hrsg.), Geschichtswissenschaft um 1950, Mainz 2002, S. 37-47, hier S. 47: Rothfels als „Möchtegern-Nazi". – Verwunderung erregte es, als bei der Diskussion im Institut für Zeitgeschichte die Exponenten einer Maximal-Kritik sich auf die Aussage zurückzogen, daß es auf das Verhältnis von Rothfels zum Nationalsozialismus eigentlich gar nicht ankomme!

in seinem Werk geboten, den er in seinen acht Königsberger Jahren entwikkelt hat. Zu fragen ist nach dem Forschungsprofil jenseits des Engagements von „Frontgesinnung" und universitärer „Vorposten"-Mission mit überstark akzentuiertem Kampfcharakter[21], der sich freilich aus dem politischen Umfeld der zwanziger Jahre ergab.

Das Problem des Verhältnisses von Westen und Osten in der deutschen[22] – und nicht nur in der deutschen[23] – Geschichte rückte in Königsberg in das Zentrum der Arbeit von Rothfels. Er konnte dabei an die Bismarck-Studien seiner jüngeren Jahre anknüpfen. Mit seiner Schilderung der Osteuropa-Politik Bismarcks und ihrer Konzeptionen verwob sich aktuelle Zeitkritik, vor allem Kritik am Diktat-Vertrag und „Schuldspruch" von Versailles[24], indem die prinzipielle Unvereinbarkeit westeuropäischer Nationenvorstellungen mit den Strukturen im östlichen (Mittel-) Europa in den Mittelpunkt der Betrachtung gerückt wurde. Gegen die damals dominante nationalliberale Bismarck-Interpretation[25] betonte Rothfels die Staatsfixierung von Bismarcks Politik, in der die Nation nicht die primäre programmatische Kategorie gewesen sei[26]. Die Politik Bismarcks gegenüber dem europäischen Nordosten, da, „wo der ‚Nationalstaat', nicht mehr fortschrittliches Prinzip, sondern reaktionäre Theorie ist"[27], sei eigenen Gesetzen gefolgt. Rothfels faßte diese These in der Formel von der „autonomen Ostseite des Rei-

---

[21] Vgl. etwa Hans Rothfels, Die historische und politische Bedeutung Ost- und Westpreußens in Vergangenheit und Gegenwart, in: Ostpreußen – was es leidet, was es leistet. Ansprachen, Reden und Vorträge auf der Ostpreußen-Ausstellung in Berlin vom 8. bis 16. Januar 1933, hrsg. vom Reichsverband der heimattreuen Ost- und Westpreußen e.V., o.O. 1933, S. 13–21, hier S. 19; Hans Rothfels, Über die Aufgaben Ostpreußens in Vergangenheit und Gegenwart, Leipzig 1930, S. 4, S. 7 f. u. S. 12.

[22] Vgl. Benz, Rothfels, in: Ders. (Hrsg.), Miscellanea, S. 198.

[23] Vgl. Anm. 39.

[24] Hans Rothfels, Der Osten, in: Ders., Ostraum, S. 12 f.; ders., Versailles, S. 1 f.; ders., Probleme einer Bismarck-Biographie, zuerst engl. 1947, dt. in: Hans Hallmann (Hrsg.), Revision des Bismarckbildes. Die Diskussion der deutschen Fachhistoriker 1945-1955, Darmstadt 1972, S. 45–72, hier S. 48; vgl. Walther, Von Meinecke zu Beard?, S. 50 ff.

[25] Vgl. Anm. 27 und 28; Näheres bei Conze, Hans Rothfels, S. 321 u. S. 326 f.; vgl. schon Hans Rothfels, Bismarcks Staatsanschauung, in: Otto von Bismarck, Deutscher Staat. Ausgewählte Dokumente, eingel. von Hans Rothfels, München 1925, S. XV–XLVII, hier S. XLIII – wohl in Grundzügen schon in seinem Habilitationsvortrag von 1924; ders., in: Sitzungsberichte der Heidelberger Akademie der Wissenschaften. Jahresheft 1958/59, Heidelberg 1960, S. 27–30, hier S. 29; ders., Zum Geleit, in: Arnold Oskar Meyer, Bismarck. Der Mensch und der Staatsmann, Stuttgart 1949, S. 3–6, hier S. 5 f.; Peter Schumann, Die deutschen Historikertage von 1893 bis 1937. Die Geschichte einer fachhistorischen Institution im Spiegel der Presse, Göttingen 1975, S. 402 f.; Theodor Schieder, Die deutsche Geschichtswissenschaft im Spiegel der Historischen Zeitschrift, in: HZ 189 (1959), S. 1–104, hier S. 61.

[26] Zusammenfassend Hans Rothfels, Bismarck und das neunzehnte Jahrhundert, in: Walther Hubatsch (Hrsg.), Schicksalswege deutscher Vergangenheit. Beiträge zur geschichtlichen Deutung der letzten hundertfünfzig Jahre, Düsseldorf 1950, S. 233–248, hier S. 243 f. (gegen A. O. Meyer).

[27] Hans Rothfels, Bismarck und die Nationalitätenfragen des Ostens, in: Historische Zeitschrift 147 (1933), S. 89–103, hier S. 89 f., in Auseinandersetzung mit Meineckes „Weltbürgertum".

ches"[28]; Bismarcks Politik sei nur zu verstehen, wenn man die spezifischen politischen Traditionsbestände des „deutschkolonialen Raumes" im Auge behalte[29], worunter er unter anderem die Strukturen der (ostelbischen) Gutsherrschaft verstand[30].

Nicht die Nation, der von östlichen Traditionen geprägte Staat bestimmte Bismarcks Politik. Er war es, der Rothfels' Interesse fesselte. Etatismus, so hat er 1947 die argumentativen Linien fortgezogen, stand bei Bismarck strikt gegen „Pangermanismus"[31]. Die konsequente Enthaltsamkeit Bismarcks, den unter immer stärkerem Russifizierungsdruck stehenden Baltendeutschen in irgendeiner Weise zu Hilfe zu kommen, galt als Beleg dafür, daß sich Bismarck im Osten Europas der (westeuropäisch geprägten) Nationenkonzeption entzog[32]. Seit längerem ist freilich bekannt, daß Rothfels' These, Bismarck habe eine „planmäßige Germanisierung" prinzipiell abgelehnt, die Position des Reichskanzlers doch verzerrte. Jedenfalls lagen schon um 1930 Quellenstücke vor, die dieser Interpretation widersprachen[33]. Rothfels faßte die Bismarckschen Maßnahmen – etwa im Kulturkampf – allein als Ausdruck der politischen, der nationalpolitischen Defensive auf[34]; auch die berüchtigte Ausweisungspolitik war in den Augen Rothfels' nur eine Reaktion auf die akute Gefährdung für „Preußen-Deutschland". Daß die spätere Schulpolitik freilich sehr wohl „germanisierende" Ziele ver-

---

[28] Ebenda, S. 89; vgl. ders., Bismarck und die Nationalitätenfragen, in: Ders., Ostraum, S. 65–92, hier S. 68, und ders., Bismarck und der Osten. Eine Studie zum Problem des deutschen Nationalstaats, Leipzig 1934, S. III.

[29] Rothfels, Bismarck und die Nationalitätenfragen, in: Ders., Ostraum, S. 68.

[30] Vgl. ebenda, S. 87 f.; vgl. auch die Arbeit seines Schülers Konrad Hoffmann, Volkstum und ständische Ordnung in Livland. Die Tätigkeit des Generalsuperintendenten Sonntag zur Zeit der ersten Bauernreformen, Königsberg (Pr.) 1939, S. 11.

[31] Rothfels, Probleme, in: Hallmann (Hrsg.), Revision des Bismarckbildes, S. 68 (1947); siehe auch ders., Der Osten, in: Ders., Ostraum, S. 10.

[32] Vgl. Rothfels, Bismarck und der Osten, S. 70, in der Neuauflage, in: Ders., Bismarck, der Osten und das Reich, Darmstadt ²1962, S. 1–116, S. 291–293, hier S. 115 (dazu Pate, The Historical Writing, S. 71 f.); Hans Rothfels, The Baltic Provinces. Some Historic Aspects and Perspectives, in: Journal of Central European Affairs 4 (1944), S. 117–146, hier S. 131 (kein Pangermanismus); vgl. ders., Bismarcks Staatsanschauung, in: Bismarck, Deutscher Staat, S. XXXI–XXXIV; ders., Einleitung, in: Ders. (Hrsg.), Bismarck und der Staat. Ausgewählte Dokumente, Darmstadt 1969, S. XL; vgl. auch die Arbeit seines (baltischen Lieblings-) Schülers Heinrich Schaudinn, Das baltische Deutschtum und Bismarcks Reichsgründung, Leipzig 1932, S. 67 f., S. 128–136 u. S. 201.

[33] Vgl. zunächst Rothfels, Bismarck und der Osten (1934), S. 70; ders., Bismarck und die Nationalitätenfragen, in: Ders., Ostraum, S. 70 ff. u. S. 75 f.; ders., Das Problem des Nationalismus im Osten, in: Albert Brackmann (Hrsg.), Deutschland und Polen. Beiträge zu ihren geschichtlichen Beziehungen, München/Berlin 1933, S. 259–270, hier S. 265 f.; dagegen Neugebauer, Hans Rothfels' Weg, in: Müller (Hrsg.), Osteuropäische Geschichte, S. 355, und Wolfgang Neugebauer, Das Bildungswesen in Preußen seit der Mitte des 17. Jahrhunderts, in: Büsch (Hrsg.), Handbuch der Preußischen Geschichte, Bd. 2, S. 605–798, hier S. 742; nicht originell: Roth, Hans Rothfels, S. 1067.

[34] Vgl. Rothfels, Problem des Nationalismus, in: Brackmann (Hrsg.), Deutschland, S. 266; ders., Bismarck und die Nationalitätenfragen, in: Ders., Ostraum, S. 80–83.

folgte, hat Rothfels nicht verschwiegen[35], aber er unterschätzte den Erosionsprozeß einer übernationalen preußischen Staatsidentität[36] nach 1871.
Wichtiger aber scheint ein anderer Aspekt zu sein: die Erweiterung des Themenspektrums über die Epoche und den geographischen Bezugsraum des Bismarckreiches hinaus, unter Beibehaltung der Fragestellung nach den spezifischen Bedingungen solcher Regionen Europas, die anderen als westeuropäischen Verlaufstypen folgten. Die Arbeit in Königsberg legte daher eine Konzentration auf diejenigen Teile Europas nahe, die von der jüngeren Osteuropaforschung als Ostmitteleuropa[37] gefaßt werden, wobei hier besonders auf die Namen von Klaus Zernack und Oskar Halecki verwiesen werden kann. Aber Rothfels bezog die Frage nach eigenen politischen Traditionen, Strukturen und – wie heute ergänzt werden könnte – politischen Kulturen durchaus nicht nur auf Europa. In Vortragsreihen an der Albertus-Universität wurde neben der europäischen Welt auch der „vordere Orient" behandelt[38], wobei Rothfels hier ebenfalls nach den besonderen Charakteristika etwa des „vorderen Orients als eines eigenen politisch-kulturellen Raumes" fragte. Dort faszinierten ihn 1929 vor allem die „Selbständigkeitsbewegung[en]" in Ägypten und überhaupt in der „jüdisch-arabische[n] Welt". „Dieser Drang zur Autonomie gipfelt", so schreibt er weiter, „in der modernen Türkei. Sie hat in erstaunlichem Maße sich gegenüber den Diktaten Westeuropas zu behaupten gewußt, wenn auch freilich im Wege stärkster zivilisatorischer Angleichung"[39].
Der starke anti-westliche Aspekt bei Rothfels[40] war also nicht ausschließlich auf Europa beschränkt und begrenzt. Da, wo er aber in der Königsberger Zeit und auch danach von den spezifischen Verhältnissen des Ostens

---

[35] Vgl. ebenda, S. 85; ders., Bismarck, der Osten und das Reich, S. 88, 1960/62 und in der Erstauflage von 1934: ders., Bismarck und der Osten, S. 52: „Verdeutschungspolitik" im Kulturkampf.
[36] Rothfels, Problem des Nationalismus, in: Brackmann (Hrsg.), Deutschland, S. 267: „Wohl aber erwuchs, sei es aus gemeinsamem Erleben, aus dem Dienst am Staat und Heer und namentlich aus dem heimatlichen Zusammenhang ein wurzelhaft deutsches (!) Bewußtsein". Als Beleg verwies er auf den Kampf westpreußischer Regimenter im Ersten Weltkrieg.
[37] Vgl. Anm. 3; Kritik Haleckis: Übersetzung der Dahlemer Publikationsstelle in: BA Koblenz, NL 213, Nr. 66, gegen Rothfels.
[38] Vgl. z. B.: Auslandsstudien, hrsg. vom Arbeitsausschuß zur Förderung des Auslandsstudiums an der Albertina, 1. Bd.: Die romanischen Völker, Königsberg i. Pr. 1925; 2. Bd.: Rußland, Königsberg i. Pr. 1926 (mit Beiträgen u. a. von Karl Stählin, Otto Krauske); 3. Bd.: Die nordischen Länder und Völker, Königsberg i. Pr. 1928; von Hans Rothfels, Staat und Nation in der Geschichte Dänemarks, in: Auslandsstudien, Bd. 3, S. 96–117, vgl. Anm. 39.
[39] Hans Rothfels, Zur Einführung, in: Auslandsstudien, Bd. 4: Der vordere Orient, Königsberg i. Pr. 1929, S. 5–8, das Zitat S. 7; Rothfels unterzeichnet seine Ausführungen als Vorsitzender für den „Arbeitsausschuß für das Auslandsstudium an der Albertus-Universität" (S. 8).
[40] Vgl. z. B. Willi Oberkrome, Volksgeschichte. Methodische Innovation und völkische Ideologisierung in der deutschen Geschichtswissenschaft 1918–1945, Göttingen 1993, S. 134; Karen Schönwälder, Historiker und Politik. Geschichtswissenschaft im Nationalsozialismus, Frankfurt a. M./New York 1992, S. 56.

sprach, da meinte er diejenigen Räume, die vor allem im hohen und späten Mittelalter im Zuge von Kolonisation bzw. Ostbewegung[41] vom deutschen Element (mit) geprägt worden waren[42], was freilich – eine Binsenweisheit der auf diesem Gebiet intensiven Spezialforschung – in Ostmittel- und Osteuropa in sehr verschiedener Intensität der Fall war. Jedenfalls war Rothfels damit in zeittypischer Weise einer dezidiert deutschtumszentrierten Definition seines Forschungsobjektes verhaftet, die hierzulande erst nach dem Zweiten Weltkrieg von der mediävistischen Forschung zurückgedrängt wurde[43].

In der Deutschtumszentrierung – die die deutsche Forschung der zwanziger und frühen dreißiger Jahre überhaupt charakterisierte – lag also eine programmatische Grenze, die auch Rothfels nicht überwand. Unter dieser Prämisse ging er dann allerdings von seinen ostpreußischen Forschungen – seinen eigenen und denen seiner Schüler, von denen z.B. grundlegende und aus den Akten gearbeitete Monographien zur preußischen Reformzeit, zur Entwicklung der Städteordnungen und der städtischen Partizipation z.T. in Anlehnung an die nordostdeutsche Forschungsgemeinschaft erarbeitet wurden[44], – zu weiteren Problemen in Ostmitteleuropa über. Aber immer, auch nach 1945, war der Raum zwischen Reval und Hermannstadt für ihn „in erheblichem Maße durch deutsche Lebensformen bestimmt". „In der

---

[41] Aus der Literatur vgl. insbesondere Walter Schlesinger, Die geschichtliche Stellung der mittelalterlichen deutschen Ostbewegung, wieder in: Ders., Mitteldeutsche Beiträge zur deutschen Verfassungsgeschichte des Mittelalters, Göttingen 1961, S. 447–469, bes. S. 450ff. u. S. 458ff.; wichtige internationale Forschungsbilanz: Ders. (Hrsg.), Die deutsche Ostsiedlung des Mittelalters als Problem der europäischen Geschichte. Reichenau-Vorträge 1970–1972, Sigmaringen 1975, mit der Einleitung des Herausgebers: Zur Problematik der Erforschung der deutschen Ostsiedlung, S. 11–30, bes. S. 14, S. 16 u. S. 22ff.; Walter Schlesinger, Die mittelalterliche deutsche Ostbewegung und die deutsche Ostforschung, zuerst 1963/64, publiziert in: Zeitschrift für Ostmitteleuropaforschung 46 (1997), S. 427–457, ein Text, der auch zwischen Entstehung, Vortrag und Vollpublikation die Diskussionen entscheidend geprägt hat und in dem – schon in den frühen 60er Jahren – die Diskussionen eröffnet worden sind, die seit Mitte der neunziger Jahre als ganz neu kredenzt werden, etwa S. 432–436, zur „Volksgeschichte" S. 441 ff., mit schroffer Kritik S. 443 ff. Vgl. dazu auch Anm. 46, Boockmann – dessen historiographische Einleitung überhaupt für das Umfeld dieses Themas in hohem Grade einschlägig ist!

[42] Vgl. Rothfels, Versailles, S. 3; ders., Der Osten, in: Ders., Ostraum, S. 14; ders., Bismarck und der Osten (1934), S. 7 u. S. 10f., und in der 2. Aufl. (1960/62), S. 26 u. S. 40–43, S. 78; Schaudinn, Das baltische Deutschtum, S. 35 u. S. 42; Benz, Rothfels, in: Ders. (Hrsg.), Miscellanea, S. 197f.

[43] Vgl. z.B. die Literatur in Anm. 41; Neugebauer, Hans Rothfels' Weg, in: Müller (Hrsg.), Osteuropäische Geschichte, S. 357 mit Anm. 89.

[44] Dazu alles weitere bei Neugebauer, Hans Rothfels' Weg, in: Müller (Hrsg.), Osteuropäische Geschichte, S. 362–370; vgl. die Projektübersicht von 1934, in: BA Koblenz, NL 213, Nr. 66; vgl. Conze, Hans Rothfels, S. 323f., und Oberkrome, Volksgeschichte, S. 172; Klaus Zernack, Preußen als Problem der osteuropäischen Geschichte, zuerst 1965, in: Ders., Preußen – Deutschland – Polen. Aufsätze zur Geschichte der deutsch-polnischen Beziehungen, Berlin 1991, S. 87–104, hier S. 101; zusammenfassend Rothfels, Bedeutung, in: Ostpreußen – was es leidet, was es leistet, S. 17f.; und seine Vorlesung (1968) in: BA Koblenz, NL 213, Nr. 120, S. 14.

Durchsetzung", so Rothfels 1955, „mit einem deutsch-kolonisatorischen Element, teils dichter, teils lockerer, aber überall vorhanden, spricht sich bis in unsere Tage die Einheit Ostmitteleuropas historisch bedeutsam und höchst sinnfällig aus" – auch dies im Unterschied zu den westeuropäischen Strukturen. Es war nach Rothfels (und der älteren Ostforschung) bei aller „innere[n] Vielfalt" in Ostmitteleuropa jeweils das deutsch-westslawische oder auch das deutsch-magyarische Verhältnis, das diese Regionen, ohne Rücksicht auf Grenzen, charakterisierte[45]. Darin lag – und auch das ist nicht erst in den letzten Jahren von der Spezialforschung gerügt worden – eine für die spezifischen Probleme Ostmitteleuropas unangemessene perspektivische, deutsch-zentristische Verengung, was zur Unterschätzung des slawischen Elements im preußischen Osten beitrug[46].

Die neuere Ostmitteleuropaforschung, die deutsche wie auch die in Polen und Ungarn, hebt die Bedeutung ständischer und überhaupt aristokratisch-korporativer Träger für den historischen Wandel stark hervor[47]. Das Interesse an der spezifisch ostmitteleuropäischen Libertaskultur hat sich vor und nach 1933/45 als fruchtbarer Ansatz bewährt und z.B. das deutsch-polnische Wissenschaftsgespräch ungemein befruchtet. Rothfels ist schon in seinen Studien zur (ost-)preußischen Geschichte auf das Gewicht ständischer Traditionen und Innovationen aufmerksam geworden, nicht zuletzt in seiner wichtigen Monographie zu Theodor von Schön und die frühe Zeit Friedrich Wilhelms IV[48]. Neben der siedlungsgeschichtlich bedingten spe-

---

[45] Hans Rothfels, Zur Einführung. Eröffnungsansprache, in: Ders./Werner Markert (Hrsg.), Deutscher Osten und slawischer Westen, Tübingen 1955, S. 1–4, hier S. 2.

[46] Vgl. Hartmut Boockmann, Ostpreußen und Westpreußen, Berlin 1992, S. 60 f., mit dem Vorwurf „völkischer Geschichtsauffassung"; Traditionen polnischer Historiographie im Sinne eines Volkstumskampfes, S. 67 f.; scharfe Abrechnung mit älteren historiographischen Positionen, S. 71 ff., auch zum in Anm. 41 nachgewiesenen Vortrag Schlesingers. – Zur Position Rothfels' vgl. noch dessen Essay: Ostdeutschland und die abendländische politische Tradition. (Eine Antwort an Prof. Toynbee), in: Hermann Aubin (Hrsg.), Der deutsche Osten und das Abendland, München 1953, S. 193–208, hier S. 206, wo er das slawische Element für die „Untertanengesinnung" in „Ostdeutschland" verantwortlich machen will.

[47] Vgl. schon Zernack, Osteuropa, S. 38 ff. u. S. 71 f., ferner seinen Aufsatzband in Anm. 44 sowie Klaus Zernack, Nordosteuropa. Skizzen und Beiträge zu einer Geschichte der Ostseeländer, Lüneburg 1993, darin insbesondere: Ständeausgleich und Adelskonservatismus in Nordosteuropa, S. 245–256; ferner die oben in Anm. 2 und 3 zitierten Sammelbände; außerdem z.B. Hugo Weczerka (Hrsg.), Stände und Landesherrschaft in Ostmitteleuropa in der frühen Neuzeit, Marburg 1995, dazu meine Rezension in: Zeitschrift für Neuere Rechtsgeschichte 20 (1998), S. 311–314. In der polnischen Historiographie insbesondere der Nachkriegszeit spielt die Rolle ständischer Partizipation in großen Editionen, Gesamtdarstellungen und Spezialmonographien eine wesentliche Rolle. Als ein Beispiel sei auf das Werk von Janusz Małłek verwiesen, etwa seine Sammlung: Dwie części Prus. Studia z dziejów Prus Książęcych i Prus Królewskich w XVI i XVII wieku, Olsztyn 1987, etwa S. 67–81; wichtige Studien zur bäuerlichen Partizipation in Nord- und Ostmitteleuropa in Antoni Czacharowski (Red.), Samorządy i reprezentacje chłopskie w Europie północnej u progu nowożytności (XV–XVIII wiek), Toruń 1990; vgl. schon Halecki, Grenzraum, etwa S. 242 ff.

[48] Vgl. 1958/60 Rothfels, in: Sitzungsberichte der Heidelberger Akademie der Wissenschaften, S. 28; Hans Rothfels, Theodor v. Schön, Friedrich Wilhelm IV. und die Revolution von 1848

zifischen Struktur Ostmitteleuropas, die Rothfels im „Durcheinanderwohnen von Völkern" in der „östlichen Randzone" Europas erkannte[49], war es dieses ständisch-korporative, nicht völkische, sondern aristokratische Element, das den ostmitteleuropäischen Geschichtsraum als strukturelle Einheit konstituierte. Allerdings engte er diesen erst später erschlossenen, gerade für die Frühe Neuzeit interessanten Zugang in der Forschungspraxis dadurch ein, daß er ihn als „ostdeutsch-mitteleuropäischen" Zusammenhang akzentuierte und dabei insbesondere die Beziehungen der jeweiligen deutschen Volksgruppen beachtete[50]. Erst im Gegensatz zu diesen hätten sich dann seit dem 13. und 14. Jahrhundert das polnische und das tschechische Nationenbewußtsein entwickelt.

Strukturelle Gemeinsamkeiten im europäischen Osten haben nicht nur Rothfels interessiert. Auch in den Monographien seiner Schülerinnen und Schüler gibt es Belege für diesen Ansatz, etwa zu einer Zusammenschau Preußens, Polens und gar Rußlands, wie etwa Konrad Hoffmann sie geboten hat[51]. Selten, aber immerhin noch 1933, hat Rothfels auch gesehen, daß ständische Schichtungen sehr wohl nationale Gliederungen zu scheiden vermochten, beide also nicht deckungsgleich sein mußten. Die Struktur des böhmischen Adels bis – wie er meinte – 1620 war ihm dafür ein Exempel[52].

Wenn es darum geht zu rekonstruieren, wie Rothfels seine Konzeption ostmitteleuropäischer Geschichte entworfen hat, die es ihm dann erlaubte, die östlichen „Adelsnationen"[53], die ungarische und auch die polnische, als

(Schriften der Königsberger Gelehrten Gesellschaft, 13. Jahr, Geisteswissenschaftliche Klasse, Heft 2), Halle (Saale) 1937, S. 62 (152); vgl. S. 5 (95) zu den Königsberger Arbeitsplänen; Hans Brinkmann, Die ostpreußischen Liberalen im Vormärz 1840–1848, Diss. Phil., Graz 1969 (Masch.), Vorwort (unpag.); wichtiges Arbeitsmaterial des Königsberger Rothfels-Kreises zu diesem Forschungsschwerpunkt in: GStAPK, XX. HA, NL Lotte Esau; von Rothfels selbst noch: Ein auslandsdeutsches Glückwunschschreiben an Theodor von Schön aus dem Jahre 1844, in: Altpreußische Forschungen 12 (1935), S. 87–92, hier S. 87; ders., Ost- und Westpreußen zur Zeit der Reform und Erhebung, zuerst 1931, wieder in: Ders., Bismarck, der Osten und das Reich, S. 223–254, hier S. 236f., vgl. S. 18f.; ders., Siebenhundert Jahre Königsberg, in: Ders., Zeitgeschichtliche Betrachtungen. Vorträge und Aufsätze, Göttingen 1959, S. 17–39, hier S. 32f.

[49] Z. B. Hans Rothfels, Das Auslandsdeutschtum des Ostens. Eine Begrüßungsansprache 1931, in: Ders., Ostraum, S. 121–123, hier S. 122; ders., Bismarck und die Nationalitätenfragen, in: Ebenda, S. 66; ders., Problem des Nationalismus, in: Brackmann (Hrsg.), Deutschland, S. 264; Pate, The Historical Writing, S. 152–212: als großdeutsche Konzeption.

[50] Vgl. Rothfels, Ostraum, S. V u. S. X; 1933 ders., Problem des Nationalismus, in: Brackmann (Hrsg.), Deutschland, S. 259f., mit der Aussage eines west-östlichen „Kulturgefälles".

[51] Vgl. Hoffmann, Volkstum, S. 11.

[52] Vgl. Rothfels, Problem des Nationalismus, in: Brackmann (Hrsg.), Deutschland, S. 263.

[53] Vgl. Hans Rothfels, Nationalität und Grenze im späten 19. und frühen 20. Jahrhundert, in: VfZ 9 (1961), S. 225–233, hier S. 227; enger ders., Ostdeutschland, in: Aubin (Hrsg.), Der deutsche Osten, S. 205 (einschließlich des preußischen Adels); ders., Bedeutung, in: Ostpreußen – was es leidet, was es leistet, S. 18 (Selbstverwaltung erklärt aus dem „Druck fremden Volkstums"), was späteren Thesen Theodor Schieders schon unangenehm nahe kommt. Für Polen, Ungarn und auch den westpreußischen Adel greift diese Erklärung auf keinen Fall.

einen Typus zu betrachten (so 1961), dann reicht der Hinweis auf das Erbe seiner unmittelbaren akademischen Väter nicht mehr aus. Man wird überhaupt sehr viel stärker als bisher diejenigen Hinweise beachten müssen, die von einer offenbar recht ausgreifenden Theoriearbeit und -rezeption Rothfels' zeugen, und zwar jenseits aktueller Lesefunde aus jungkonservativer Tagesproduktion. Die Aussagen aus dem Schülerkreis, daß Rothfels sich mit Ferdinand Lassalle beschäftigt habe, daß für die Seminarbibliothek die „sozialistische und marxistische Literatur angeschafft" worden sei, sind sehr plausibel. Er befaßte sich auch mit Franz Mehring und äußerte sich durchaus positiv zu seiner Geschichte der Sozialdemokratie; es steht fest, daß er sich mit Max Weber und Robert Michels auseinandersetzte, mit Eduard Bernstein und mit „Geschichte und Klassenbewußtsein" von Georg Lucasz, ferner sowohl mit Carl Schmitt als auch mit Rudolf Smend[54]. Wenn also behauptet worden ist, daß etwa „soziologische" Fragestellungen bei Rothfels keine Rolle gespielt hätten, so gehört auch das in den Blütenkranz von Behauptungen, mit denen man das Thema seit gut einem Jahrzehnt dominieren möchte[55].

War diese Theoriearbeit in der Königsberger Zeit dem Interesse an der Sozialpolitik der Bismarckzeit und an der jüngeren Parteiengeschichte geschuldet, so sind für die Analyse der „östlichen Randzone" Europas[56] neben Indizien auch positive Zeugnisse vorhanden, daß Rothfels hier auf die in Bruchstücken vorhandenen Ergebnisse aufbaute, die Otto Hintze gerade um 1930 nach jahrzehntelanger Arbeit an einer allgemeinen und vergleichenden Verfassungsgeschichte der neueren Staaten vorlegte. Die ersten Kontakte zwischen Rothfels und Hintze datierten aus der Zeit vor dem Ersten Weltkrieg; Rothfels hatte bei Hintze studiert. Er saß noch 1918 in einem der letzten Seminare des soziologisch-staatswissenschaftlich geschulten Komparatisten und gehörte auch zu den Teilnehmern der legendären Teenachmittage in der Wohnung von Otto und Hedwig Hintze. Im Hause Friedrich Meineckes am Dahlemer Hirschsprung wurden diese Beziehun-

---

[54] BA Koblenz, NL 213, Rothfels, Nr. 142, S. 55; Mehring, Hans Rothfels, Ideengeschichte und Parteigeschichte. Ein Forschungsbericht, in: Deutsche Vierteljahrsschrift für Literaturwissenschaft und Geistesgeschichte 8 (1930), S. 753–786, hier S. 756, zur marxistischen Literatur weiter S. 768f., S. 770f.: Smend und Schmitt; zu Weber noch Rothfels, Bismarck und der Osten (1934), S. 60; ders., Bismarck und die Nationalitätenfragen, in: Ders., Ostraum, S. 86 u. S. 91; Marx: (1925) Rothfels, Bismarcks Staatsanschauung, in: Bismarck, Deutscher Staat, S. XXVIII f. u. S. XXXII.
[55] Vgl. Petters, Hans Rothfels, S. 27.
[56] Zitat von Rothfels wie Anm. 49; zur Herkunft des Begriffs der europäischen Randzone(n) (Hintze, Ratzel) sei nur verwiesen auf Wolfgang Neugebauer, Otto Hintze und seine Konzeption der „Allgemeinen Verfassungsgeschichte der neueren Staaten", zuerst 1993, erweitert in: Otto Hintze, Allgemeine Verfassungs- und Verwaltungsgeschichte der neueren Staaten. Fragmente, Bd. 1, hrsg. von Giuseppe Di Costanzo/Michael Erbe/Wolfgang Neugebauer, Neapel 1998, S. 35–83, hier S. 45f. u. S. 71 ff., zur Kategorie der Zone: S. 73 Anm. 66.

gen vertieft⁵⁷, ehe sie 1939 abgebrochen werden mußten. Hintze hatte, etwa in seinen Studien zum Feudalismus und zur ständischen Struktur Alteuropas, ein raumtypologisches Zonenmodell entworfen⁵⁸, das, wiewohl strittig diskutiert, an Faszination bis heute nicht verloren hat, weil in ihm europäische Geschichte nicht aus Normal- und Sonderfällen konstruiert wird, sondern als gefügtes großregionales Ganzes⁵⁹. Es erlaubt die Einfügung und den Abgleich der einzelnen Quellenbefunde in eine europäische Typologie der „Zonen" und Regionen, grob gegliedert in ein vormals karolingisches Kerneuropa und große, darum herumgelagerte Zonen mit auffälligen strukturellen Parallelen. Diese Typologie hat Rothfels als einer der ersten nicht nur rezipiert, sondern auch vorsichtig weiterentwickelt und modifiziert.

Nicht zufällig griff Rothfels sie 1930 in seiner Abhandlung über „Reich, Staat und Nation im deutsch-baltischen Denken" auf⁶⁰, einem Büchlein, das zugleich als Bogenschlag von Meinecke zu Hintze gelesen werden kann.

⁵⁷ Siehe Hans Rothfels, „Erinnerungen an Otto Hintze", Manuskript, Juli 1965 (gerichtet an Gerhard Oestreich), in: BA Koblenz, NL 1213, Nr. 36; zum persönlichen Umgang von Rothfels und Hintze in den Jahren vor 1930 vgl. noch Friedrich Meinecke, Ausgewählter Briefwechsel, hrsg. und eingel. von Ludwig Dehio und Peter Classen, Stuttgart 1962, S. 392f.; Siegfried A. Kaehler, Briefe 1900–1963, hrsg. von Walter Bußmann und Günther Grünthal, Boppard am Rhein 1993, S. 178 (1926), dazu S. 64; vgl. auch Rothfels in den Sitzungsberichten der Heidelberger Akademie der Wissenschaften 1958/60, S. 27.
⁵⁸ Vgl. schon Otto Hintze, Wesen und Verbreitung des Feudalismus, zuerst 1929, in: Ders., Staat und Verfassung. Gesammelte Abhandlungen zur allgemeinen Verfassungsgeschichte, hrsg. von Gerhard Oestreich, Göttingen ³1970, S. 84–119, hier S. 102; ders., Typologie der ständischen Verfassungen des Abendlandes, zuerst 1930, in: Ebenda., S. 120–139, hier bes. S. 124 u. S. 135f.; vgl. auch aus dem Jahre 1931 ders., Weltgeschichtliche Bedingungen der Repräsentativverfassung, in: Ebenda., S. 140–185, hier S. 184f.; aus der Literatur vgl. Volker Press, Formen des Ständewesens in den deutschen Territorialstaaten des 16. und 17. Jahrhunderts, in: Peter Baumgart/Jürgen Schmädeke (Hrsg.), Ständetum und Staatsbildung in Brandenburg-Preußen. Ergebnisse einer internationalen Fachtagung, Berlin/New York 1983, S. 280–318, hier S. 284f.; Émile Lousse, Assemblées d'états, in: L'Organisation corporative du Moyen Age à la fin de l'Ancien Régime, (Vol. 3), Louvain 1943, S. 231–266, hier S. 255 u. S. 265; zur Kritik vgl. Helmut G. Koenigsberger, Dominium regale or dominium politicum et regale? Monarchies and Parliaments in Early Modern Europe, in: Karl Bosl (Hrsg.), Der moderne Parlamentarismus und seine Grundlagen in der ständischen Repräsentation, Berlin 1977, S. 43–68, hier S. 49f., und dazu Richard Löwenthal, Kontinuität und Diskontinuität, in: Ebenda, S. 341–356, hier S. 343; zur raumtypologischen Unterscheidung in Zonen vgl. noch Otto Hintze, Wesen und Wandlung des modernen Staats, zuerst 1931, in: Ders., Staat, S. 470–496, hier S. 492; vgl. schon ders., Die schwedische Verfassung und das Problem der konstitutionellen Regierung, in: Zeitschrift für Politik 6 (1913), S. 483–497, hier S. 486f. (Schweden, Polen, Ungarn).
⁵⁹ Vgl. neben den Studien in Anm. 3 Wolfgang Neugebauer, Landstände im Heiligen Römischen Reich an der Schwelle der Moderne. Zum Problem von Kontinuität und Diskontinuität um 1800, in: Heinz Duchhardt/Andreas Kunz (Hrsg.), Reich oder Nation? Mitteleuropa 1780–1815, Mainz 1998, S. 51–86.
⁶⁰ Hans Rothfels, Reich, Staat und Nation im deutsch-baltischen Denken. Vortrag bei der öffentlichen Sitzung der Gelehrten Gesellschaft zu Königsberg am 12. Januar 1930 (Schriften der Königsberger Gelehrten Gesellschaft, 7. Jahr, Geisteswissenschaftliche Klasse, Heft 4), Halle (Saale) 1930, S. 5 (223); ders., Bismarck, der Osten und das Reich, S. 186 u. S. 190; ders., Ostraum, S. 104; ferner der Verweis auf Otto Hintze in der 1. Aufl. von Rothfels' Schrift, Reich, Staat und Nation, S. 8 (226): „extensive staatliche Betriebsform".

Rothfels weist darin den livländischen „Staatsbegriff" einer größeren europäischen Raumtypologie zu: Er gehe „zurück in ungebrochener Tradition auf das 15. und 16. Jahrhundert, auf den selbständigen livländischen ‚Föderativstaat' und seine Verfassungseinrichtungen. Diese tragen ein Gepräge, das im Spätmittelalter gemeineuropäisch ist, sie gehören zum Typus der landständischen Verfassung, jener Vorform der modernen Verfassungen, die sich dadurch charakterisiert, daß die politisch und wirtschaftlich leistungsfähigsten Schichten das Land vertreten oder gar das Land ‚sind', daß der Staat einen dualistischen Aufbau zeigt, daß er förmlich in Fürst und Land, in eine fürstliche und eine ständische Hälfte zerfällt. Aber diese gemeinsame Durchgangsform der abendländischen Staatenwelt teilt sich in zwei speziellere Typen: die dualistische Verfassung gravitiert entweder zum herrschaftlichen oder zum genossenschaftlichen Pol, sie ist je nachdem Vorstufe des Absolutismus oder des Parlamentarismus. In sehr präziser Weise hat neuerdings Otto Hintze gezeigt, daß diese begriffliche Scheidung institutionell bis ins einzelne geht und einen bestimmten zeitlichen und örtlichen Charakter trägt. Geographisch gesehen findet sich der genossenschaftliche Spezialtypus im wesentlichen an der Peripherie, d.h. außerhalb der Grenzen des alten Karolingerreiches: so in England, in Skandinavien, im ostelbischen Deutschland und in der östlichen Randzone, in Böhmen, Polen und Ungarn. Auch der livländische Föderativstaat gehört hierher,"[61] freilich mit einigen charakteristischen Abweichungen.

Dieses aufschlußreiche Beispiel zeigt, daß sich Rothfels in diesen Jahren – übrigens auch da, wo er keine Nachweise seiner Referenzen gab – der Hintzeschen Instrumente komparatistischer Praxis bediente. Dies gilt nicht nur für die Differenzierung der randzonalen Regionen bzw. Staaten, sondern auch für die typologischen Analysen in Rothfels' Abhandlung über „Staat und Nation in der Geschichte Dänemarks", die 1928 unmittelbar nach den intensiven persönlichen Kontakten zu Hintze erschien[62]. Die Anregungen und Einflüsse aus dieser Richtung sind nicht zu übersehen, offenbar hat Rothfels von einer der großen vergleichenden Abhandlungen Hintzes schon vor deren Veröffentlichung Gebrauch machen können[63].

---

[61] Rothfels, Reich, Staat und Nation, 1. Aufl., S. 5, mit Verweis auf zwei Abhandlungen Hintzes von 1930 und 1931.
[62] Zum typologischen Verfahren bei Hintze sei nur verwiesen auf Neugebauer, Otto Hintze, S. 44f. u. S. 70 mit den dort gegebenen weiterführenden Nachweisen; Rothfels, Geschichte Dänemarks, S. 98, S. 100; zur (rand-)zonalen Einordnung der ostmitteleuropäischen Phänomene bei Rothfels (vgl. Anm. 56 und 59 zu Hintze), außer Anm. 49 und der dortigen Quellenstelle z. B. Rothfels, Auslandsdeutschtum, in: Ders., Ostraum, S. 122; ders., Bismarck und die Nationalitätenfragen, in: Ebenda, S. 66; ders., Bismarck und der Osten (1960), S. 68; vgl. auch S. 16; vgl. Anm. 57.
[63] Vgl. die Erscheinungsdaten seiner Abhandlung in Anm. 60 mit dem Nachweis bei Hintze, Staat, Bd. 1, S. 573 (Nr. 111). Nach alledem scheint mir nicht mehr bestritten werden zu können, daß in der Theoriearbeit von Rothfels vor und nach 1930 auch Hintze eine Rolle spielt; zu den persönlichen, offenbar sehr intensiven Kontakten bei den Teenachmittagen bei Hint-

Die in diesen weiteren Kontexten stehende Detailarbeit der Schüler Rothfels', vor allem derjenigen, die sich in einem eigenen baltischen Arbeitskreis im Hause Rothfels' versammelten, kann hier nicht in allen Einzelheiten geschildert werden[64]. Rothfels selbst hat die Archivalien- und Nachlaßbestände in Mitau und Riga verwendet; eine Kooperation mit dem Herder-Institut in Riga und der Universität Dorpat schuf für Studenten institutionelle Möglichkeiten der Vertiefung. In diesem Arbeitskreis sind eine ganze Serie, z. T. inzwischen nachgedruckter Monographien entstanden[65], die u. a. das Ziel verfolgten, den „Nationalismus des Westens zu überwinden", wie ein Rothfels-Schüler aus diesen Jahren 1951 notierte[66]. Auch Werner Conze gehörte zu diesem Arbeitskreis, der in Verbindung zum Herderinstitut in Riga und zur Universität Dorpat stand. Freilich war auch im Rothfels-Kreis die Bereitschaft, die nichtdeutsche Umgebung wahrzunehmen, begrenzt. Baltische Sprachkenntnisse waren immerhin vorhanden, ein jüdisch-litauisches Seminarmitglied war jedoch das einzige, das des Polnischen mächtig war. Russisch-Kurse wurden an der Universität angeboten. Die ständischen Grundlagen livländischer Landesstaatlichkeit, die hier in der Tat an die deutschen Führungsschichten gebunden waren, spielten auch bei Studien zu baltischen Literaten oder zur Bildungsgeschichte eine mehr als nebensächliche Rolle, wobei Rothfels den Bezug, sei es zu Danziger Verfassungskämpfen oder sei es zur Holsteinischen Ritterschaft, als „Kampf für das Volks-

---

zes, und zwar in den Jahren 1920 bis 1926, also unmittelbar vor dem Königsberger Ruf, siehe expressis verbis die in Anm. 57 nachgewiesene Niederschrift in: BA Koblenz, NL 1213, Nr. 36. Vielleicht darf aus der vorzeitigen Kenntnis Rothfels' von der erst 1931 erschienenen Abhandlung Hintzes zur Repräsentativverfassung (s. o.) auf einen Kontakt auch in den Königsberger Jahren geschlossen werden.

[64] Dazu muß verwiesen werden auf Neugebauer, Hans Rothfels' Weg, in: Müller (Hrsg.), Osteuropäische Geschichte, S. 370–375.

[65] Zum baltischen Arbeitskreis habe ich 1996 Rothfels' Schüler Konrad Hoffmann sprechen können; Briefe Hoffmanns aus den Jahren 1996 und 1997 an den Verfasser; wichtig die Materialien in: BA Koblenz, NL 213, Nr. 39 und Nr. 142; in Nr. 39 eine maschinenschriftliche Aufzeichnung über eine Exkursion nach Polen, „um den großen und mächtigsten Nachbarn Ostpreußens kennen zu lernen". Aus der Literatur vgl. Conze, Hans Rothfels, S. 325f. u. S. 329f.; ders., Nationalstaat oder Mitteleuropa? Die Deutschen des Reichs und die Nationalitätenfragen Ostmitteleuropas im ersten Weltkrieg, in: Ders. (Hrsg.), Deutschland und Europa. Historische Studien zur Völker- und Staatenordnung des Abendlandes. Festschrift für Hans Rothfels, Düsseldorf 1951, S. 201–230, hier S. 201 f.; Rothfels, Reich, Staat und Nation, S. 1, Anm. 1; ferner Oberkrome, Volksgeschichte, S. 137 ff.; wichtig Georg von Rauch, Vorwort, in: Heinrich Schaudinn, Deutsche Bildungsarbeit am lettischen Volkstum des 18. Jahrhunderts, Hannover 1975, S. 3f., zuerst München 1937; Georg von Rauch, Die deutschbaltische Geschichtsschreibung nach 1945, in: Ders. (Hrsg.), Geschichte der deutschbaltischen Geschichtsschreibung, Köln/Wien 1986, S. 399–435, hier S. 402. Zum Herderinstitut in Riga vgl. jetzt abgewogen und gegen vorschnelle Etikettierungen nützlich Roland Gehrke, Deutschbalten an der Reichsuniversität Posen, in: Michael Garleff (Hrsg.), Deutschbalten, Weimarer Republik und Drittes Reich, Köln/Weimar/Wien 2001, S. 389–426, hier S. 394f.

[66] BA Koblenz, NL 213, Nr. 142, S. 61 (Heidenreich). Zum Folgenden die in Anm. 65 erwähnten brieflichen Mitteilungen von Konrad Hoffmann. Zu den Grenzen der Sicht Rothfels' vgl. Mommsen, Hans Rothfels, in: Wehler (Hrsg.), Deutsche Historiker, S. 136.

tum" interpretierte und verengte⁶⁷. Daß es sich dabei in den baltischen Landesstaaten um eine herrschende deutsche „Minorität" handelte, wurde nicht verschwiegen⁶⁸.

Die politische Mission dieser Forschungen ist durchaus greifbar, etwa wenn in einer bei Rothfels entstandenen, aber erst nach seiner Entlassung in Riga publizierten Dissertation über den Kampf um die Verfassung eben dieser Stadt im 19. Jahrhundert die „national-politische" und die „ideengeschichtliche" Dimension des Themas betont wurde, ein Thema, bei dem es um die „ständische aristokratische Verfassung" und deren Liberalisierung im städtischen Zusammenhang ging⁶⁹, und zwar unter teilweiser Anlehnung an die preußische Städteordnung von 1808. Die Grenzen des „Volkstums"-Bezugs sind von den Schülern Rothfels', wenn der Aktenbefund es gebot, aber durchaus betont und herausgearbeitet worden⁷⁰. Noch 1935 bezeugte Jürgen von Hehn das Anliegen des Rothfels-Kreises, „zu einer Verständigung zweier Völker in dem ihnen von der Vorsehung angewiesenen Raum" zu kommen, und zwar in einer Dissertation über die lettische Nationalbewegung im 19. Jahrhundert⁷¹, die nicht einmal Spuren der Idyllisierung aufweist. Auch die Leibeigenschaft in den baltischen Landesstaaten wurde in die Analysen einbezogen, ebenso die Folgen der Agrarreformen für die politischen Strukturen⁷².

Das zeigt: Jede Analyse des ostmitteleuropäischen Schwerpunkts, den Rothfels in seinen Königsberger Jahren setzte, greift zu kurz, solange sie in diesen Arbeiten nicht mehr als einen Reflex politischen Engagements ver-

---

67 Vgl. Rothfels, Der Osten, in: Ders., Ostraum, S. 3; das Zitat: ders., Reich, Staat und Nation, S. 14 f.; Schaudinn, Bildungsarbeit, S. 11; ders., Das baltische Deutschtum, S. 2; Hoffmann, Volkstum, S. 19.
68 Hans Rothfels, Die preußisch-deutsche Geschichte des Ostens, in: Werner-Rades (Hrsg.), Der Riß im Osten. Stimmen zur Korridorfrage. The Rent in the East, Berlin 1930, S. 3–8, hier S. 3.
69 Gerhard Masing, Der Kampf um die Reform der Rigaer Stadtverfassung 1860–1870, Riga 1936, Vorwort und S. 11, S. 17, S. 34 f. u. S. 119 f.
70 Vgl. Hoffmann, Volkstum, S. 10; Volkstums-Frage: Jürgen von Hehn, Die lettisch-literärische Gesellschaft und das Lettentum, Diss. phil., Königsberg (Pr.) (1935), bes. S. V (Zitat), Archivbasis: S. 5 u. S. 157; ders., Die deutschbaltische Geschichtsschreibung 1918–1939/45 in Lettland, in: Rauch (Hrsg.), Geschichte der deutschbaltischen Geschichtsschreibung, S. 371–398, hier S. 378 f. u. S. 394.
71 Hehn, Gesellschaft, S. 147–151 u. S. 153, zur Rolle deutscher Pastoren; gerade diese Arbeit belegt aber die erstaunliche Distanz zu völkischen Interpretationen und zur Gefahr aggressiver Aktualisierung.
72 Vgl. Hehn, Gesellschaft, S. 1 ff.; ferner die in Anm. 65 nachgewiesenen Akten; zu weiteren baltischen Schülerarbeiten vgl. Anm. 64, besonders Karl Christoph von Stritzky, Garlieb Merkel und „Die Letten am Ende des philosophischen Jahrhunderts", Riga 1939 (Nachdruck Hannover 1975), bes. S. 1–9, (diese Arbeit zuletzt betreut von R. Wittram: S. III f.); Rothfels, Baltic Provinces, S. 123 f.; ders., Reich, Staat und Nation, S. 9 f.; ders., Das baltische Deutschtum in Vergangenheit und Gegenwart, in: Auslandsstudien, Bd. 7: Das Auslandsdeutschtum des Ostens, hrsg. vom Arbeitsausschuß zur Förderung des Auslandsstudiums an der Albertus-Universität Königsberg, Königsberg 1932, S. 37–61, hier S. 41–43; BA Koblenz, NL 213, Nr. 39 (aus der Königsberger Zeit).

mutet. Das gilt auch dann, wenn die „Entstehung und Art der nationalen Ideologie im 19. Jahrhundert" und die „geistigen Zusammenhänge mit Deutschland" sehr entschieden im Zentrum der Arbeit standen[73]. In der Emigration hat Rothfels dann auch Werke polnischer Autoren, etwa die Arbeiten Oskar Haleckis, beachtet[74]. Er hat später die Perspektive weiter europäisiert[75], was ihm aus der DDR den Vorwurf einbrachte, ein „antinationales Geschichtsbild" zu propagieren[76]. Die politische Mission war für den Professor Hans Rothfels in Königsberg und Riga jedenfalls nicht der alleinige Bezugspunkt[77]. Dennoch hat er aus der reichlich naiven Absicht, die deutsche Kultur im Baltikum auf diese Weise stärken zu wollen, kein Geheimnis gemacht[78]. Das, was ihm als praktische Lösung der Probleme vorschwebte[79], hat er – noch 1932 – mit Hinweis auf die in Estland seit 1925 gut verankerte Kulturautonomie der dortigen Minderheiten angedeutet, die auf bestimmten Feldern sehr weitgehende Selbstverwaltungsrechte hatten. Diese basierten auf dem „Personalitätsprinzip", das schon im Mährischen Ausgleich von 1905, einige Jahre später, 1910, in der Bukowina und sodann in der Ukraine, dort zugunsten der jüdischen Minorität, in Anwendung gekommen war. Diejenigen Menschen, die von bestimmten Autonomierechten Gebrauch machen wollten, konnten sich in Kataster eintragen lassen. Vor allem handelte es sich dabei um Sonderrechte im Sinne einer Kulturautonomie. Diese sollte durch eigene Verwaltungsorgane getragen und gewährleistet werden; in Estland wurde in den zwanziger Jahren sogar die Kirche in diese Regelungen einbezogen. Dort ergaben sich aus diesen Problemlösungen auch Effekte der Stabilisierung und der produktiven Integration der verschiedenen ethnisch-kulturellen Gruppen, die dort seit Jahrhunderten miteinander und nebeneinander lebten, in den neuen Staat. Auch andere Bereiche des Wohlfahrtswesens wurden in die Hände der Volksgrup-

---

[73] Notiz Rothfels' zu seinen baltischen Übungen (aus den Königsberger Jahren stammend), in: Ebenda.
[74] BA Koblenz, NL 213, Nr. 62; vgl. Hans Rothfels, Frontiers and Mass Migrations in Eastern Central Europa, in: The Review of Politics 8 (1946), S. 37–67, hier S. 58.
[75] Z. B. Hans Rothfels, Das Baltikum als Problem internationaler Politik, in: Ders., Zeitgeschichtliche Betrachtungen, S. 217–235 u. S. 260–263, hier S. 219 ff.; BA Koblenz, NL 213, Nr. 62; Mommsen, Geschichtsschreibung, in: Benz/Graml (Hrsg.), Aspekte deutscher Außenpolitik, S. 26.
[76] Horst Syrbe, Revanchismus unter dem Banner der Europaideologie. Hans Rothfels und die „abendländische Neuordnung Europas", in: Zeitschrift für Geschichtswissenschaft 11 (1963), S. 679–703, hier S. 681 f.; in dieser Arbeit aus bester DDR-Produktion sind schon alle wesentlichen Elemente der radikalen Kritik an Rothfels enthalten, die späterhin als neu in Umlauf gebracht worden sind.
[77] Zum Herderinstitut siehe Anm. 65; zur Gastprofessur in Riga vgl. Rauch, Vorwort, in: Schaudinn, Bildungsarbeit, S. 3.
[78] Vgl. Hans Rothfels, Universität und Auslandsdeutschtum. Eine akademische Rede 1932, in: Ders., Ostraum, S. 124–128, hier S. 124 f.; ders., Bismarck, der Osten und das Reich, S. VII f.
[79] Näheres bei Neugebauer, Hans Rothfels' Weg, in: Müller (Hrsg.), Osteuropäische Geschichte, S. 374 f., mit Literatur.

pen gelegt, die aus denen bestanden, die zu den jeweiligen nationalen Sondergemeinschaften im Staat gezählt werden wollten. Für diese Gruppen, etwa für die Deutschen in Estland, wurde ein eigenes „Kulturparlament" geschaffen, das vor allem in der Bildungspolitik beträchtliche Kompetenzen besaß.

Diese Kulturautonomie reduzierte Spannungen, die sonst einige Sprengkraft hätten gewinnen können, und sie bot den Gruppen im ethnisch inhomogenen Ostmitteleuropa potentiellen Bestandsschutz gegen befürchtete oder drohende Zwangsassimilation. Eine solche Lösung beruhte auf öffentlich-rechtlichen Grundlagen, aus denen sich bestimmte Besteuerungs- und Verordnungsrechte ergaben[80]. Die Deutschen waren – nach Rothfels – eine der Gruppen[81], die auf der Basis eines „Erbe(s) an Qualitäten"[82] und von „geistigen und kulturellen Werten" diese Politik kulturautonomer Integration in den neuen Staaten tragen und dort vorantreiben müßten. Die „baltischen Deutschen" seien „die Vorstreiter eines Prinzips [...], das auch dem Interesse des Mehrheitsvolkes und des Staates", also doch wohl der neuen baltischen Nachkriegsstaaten, „entspricht"; von deren Existenz ging Rothfels 1932 ganz selbstverständlich aus. Ausdrücklich hat er den Verzicht auf jede „Germanisierungspolitik" als integralen Bestandteil dieser Konzeption bezeichnet. Eine solche Politik beruhte für ihn auf „gemeinbaltische(r) Tra-

---

[80] Vgl. Michael Garleff, Deutschbaltische Politik zwischen den Weltkriegen. Die parlamentarische Tätigkeit der deutschbaltischen Parteien in Lettland und Estland, Bonn-Bad Godesberg 1976, S. 104 („Personalitätsprinzip", Kataster), auch zu den (österreichischen) Vorbildern, S. 106–113; Jürgen von Hehn, Die Umsiedlung der baltischen Deutschen – das letzte Kapitel baltischdeutscher Geschichte, Marburg/Lahn 1984, S. 11 f.; Michael Garleff, Die kulturelle Selbstverwaltung der nationalen Minderheiten im baltischen Staaten, in: Boris Meissner (Hrsg.), Die baltischen Nationen. Estland, Lettland, Litauen, Köln ²1991, S. 87–107, hier S. 94 f. u. S. 99 f.; Michael Garleff, Die Baltendeutschen als nationale Minderheit in den unabhängigen Staaten Estland und Lettland, in: Werner Conze u.a. (Hrsg.), Deutsche Geschichte im Osten Europas, Bd. 4: Baltische Länder, hrsg. von Gert von Pistohlkors, Berlin 1994, S. 451–550 u. S. 564–566 – mit den dortigen Belegen, hier S. 498 f.; vgl. noch verschiedene Beiträge in: Nordost-Archiv. Zeitschrift für Regionalgeschichte 5 (1996), Heft 2: Von der Oberschicht zur Minderheit. Die deutsche Minderheit in Lettland 1917–1940; Dietrich A. Loeber, Die Minderheitenschutzverträge – Entstehung, Inhalt und Wirkung, in: Ostmitteleuropa zwischen den beiden Weltkriegen (1918–1939). Stärke und Schwäche der neuen Staaten, nationale Minderheiten, hrsg. von Hans Lemberg, Marburg 1997, S. 189–200, hier: S. 195 ff. Vgl. jetzt auch Klaus Hornung, Hans Rothfels und die Nationalitätenfragen in Ostmitteleuropa 1926–1934, Bonn 2001, S. 39.

[81] Die Kategorie der Qualität ist bei Rothfels, der sich freilich, wie erwähnt, primär dem deutschen Element in Ostmitteleuropa zuwandte, nicht auf dieses beschränkt. Die Kategorie der Qualität ist prinzipiell plural gedacht, wie auch im folgenden Zitat („Fülle" der ethnischkulturellen Elemente als zu konservierendem Zustand) erkennbar ist. Noch 1933 spricht Rothfels von der „Anerkennung eines qualitativen und selbstverantwortlichen Nebeneinanders der Volkstümer im Staat", ders., Problem des Nationalismus, in: Brackmann (Hrsg.), Deutschland, S. 264.

[82] Hans Rothfels, Das baltische Deutschtum, in: Auslandsstudien, Bd. 7, Zitat S. 57, die folgenden Zitate S. 57 f.

dition", die "die Grundlage abgegeben hat zur Verständigung über die sogenannte Kulturautonomie".

Diese Verwurzelung der korporativ fundierten Autonomiepolitik in der historischen Tradition war es nun, die Rothfels ex professio thematisierte und die ihn auch politisch faszinierte. "Man könnte die Vorgeschichte dieses Gedankens grundsätzlicher nationaler Toleranz", so Rothfels 1932, "weit zurückverfolgen. Man könnte erinnern an die Zeit, da in Frankreich die religiöse Toleranz zuerst errungen wurde, an jene Edikte, die den Hugenotten Sicherheitsplätze gewährten, in denen sie aus staatlich übertragenem Recht ihrem Glauben leben durften. Wie damals das cuius regio eius religio durchbrochen wurde, so heute das cuius regio eius natio. Nur daß es dazu keines Staates mehr bedarf. Träger der Kulturautonomie ist keine Gebietskörperschaft, sondern ein reiner Personalverband mit öffentlich-rechtlichem Charakter", umgrenzt in einem Nationalitäten-Kataster. In Estland ruhte diese, in Europa also durchaus schon erprobte Lösung zudem auf eigenen historischen Fundamenten: "Die kulturelle Autonomie ist nahe verwandt mit dem ständischen Prinzip der baltischen Vergangenheit. Auch sie stellt Qualitätsunterschied gegen Einerleiheit, eigene Entfaltung gegen künstliches Machen, auch sie will gestufte Fülle und organische Gliederung. Ihr Funktionieren hängt ab von jenem Geist genossenschaftlicher Solidarität, wie er in Jahrhunderten erwachsen ist. So handelt es sich hier gewiß nicht um ein beliebig übertragbares Schema." Rothfels wollte also die kulturell-ethnische "Fülle" bewußt konservieren und nicht eliminieren. Er verwies dabei auf die jeweiligen Landestraditionen, die – wie er es in weiteren Details beschrieb – schon im Vergleich zwischen Estland und Lettland zu Differenzierungen führten. Mag dieser Gedanke, auf den Rothfels um 1930 und später immer wieder Bezug nahm[83] und der auf die korporativen Landestraditio-

---

[83] Vgl. auch Rothfels, Reich, Staat und Nation, S. 22; ders., Problem des Nationalismus, in: Brackmann (Hrsg.), Deutschland, S. 264; ders., Das Werden des Mitteleuropagedankens. Ein Vortrag 1933, in: Ders., Ostraum, S. 228–248, hier S. 245 f.; allgemeiner ders., Universität, in: Ebenda, S. 128. In seiner Vorlesung aus den sechziger Jahren: BA Koblenz, NL 213, Nr. 120, S. 12, S. 25 f. (auch zur Rolle des österreichischen Marxismus); ders., Grundsätzliches zum Problem der Nationalität, in: Historische Zeitschrift 174 (1952/53), S. 339–358, hier S. 349, vgl. auch S. 340 f.; ders., Die Nationsidee in westlicher und östlicher Sicht, Köln-Braunsfeld 1956, S. 7–18, hier S. 17; schon 1944 ders., Baltic Provinces, S. 138. Vgl. auch ders., Das erste Scheitern des Nationalstaats in Ost-Mittel-Europa 1848/49, in: Ders./Markert (Hrsg.), Deutscher Osten, S. 5–16, hier S. 15. In den Arbeiten des Königsberger Rothfels-Kreises ist dieser programmatische Hintergrund bisweilen drastisch zu spüren. Es sei die letzte Seite aus der Dissertation des (neben Schaudinn) engsten Mitarbeiters von Rothfels aus diesen Jahren, Konrad Hoffmann, zitiert, aus seiner noch 1939 in Königsberg erschienenen Schrift: Volkstum und ständische Ordnung, s. o. Anm. 30, S. 150: "Es liegt uns nicht ob, Vermutungen über die Haltbarkeit der so gestalteten Gemeinschaft der Volksgruppen bei einem anderen Gang der Dinge aufzustellen, aber die Arbeit sollte zeigen, daß in dem Landesstaat und unter seinen Menschen Prinzipien lebendig waren, die über eine begrenzte Zeitspanne hinaus geeignet waren, das Zusammenleben von Volksgruppen in einer festen Ordnung fruchtbar zu gestalten und so dem Chaos zu wehren, in dem wir sie heute in der Gemengelage Ostmitteleuropas sehen. Sie verbanden sich mit einer Gesinnung, die sich an überdauernde

nen und praktische Erfahrungen aus der Habsburgermonarchie (und dort auf sozialdemokratische Entwürfe) zurückging[84], aus der Perspektive kommender Entwicklungen geradezu naiv, ja vielleicht hilflos erscheinen, so war damit doch ein von Deutschbalten und Juden – Russen und Schweden machten keinen Gebrauch von diesem Instrument – bereits praktiziertes Modell aufgezeigt, in dessen Rahmen Bestandsschutz für die eigene Minorität gewonnen und neue Wege friedlicher Integration beschritten werden konnten. Die aktuelle völkerrechtliche Entwicklung des Instruments der Kulturautonomie verweist auch heute noch auf Aktualität und Realitätsgehalt solcher Konzeptionen[85].

Allerdings: So wie der ostmitteleuropäisch-korporatistische Ansatz Rothfels' in Spannung stand zu seiner letztlich stark deutschtumszentrierten Perspektive, so kollidierte die Suche nach praktischen Lösungen mit eskalierender Kampfesrhetorik und dem wachsendem Einfluß national-nationalistischer Denkformen, die auch Rothfels erfaßten. Bekanntlich hat der Historiker aus gutbürgerlich-jüdischem Haus 1965 selbst zugegeben, daß er „eine Zeitlang mitbefangen" gewesen sei in Affinitäten zum – wie er sagte – „Rassegedanken"[86]. Manche „Entdeckungen" der letzten Zeit sind also keine. In der Tat hat Rothfels in den Jahren 1931 bis 1934 nicht nur die Aufgabe deutscher Kultur, „Sperre gegen den barbarischen Osten" zu sein, in immer neuen Wendungen stark akzentuiert, sondern auch von der „Überlegenheit der wirtschaftlichen, der geistigen und religiösen Kultur" der Deutschen gesprochen[87]. Freilich hat er auch hinzugefügt, daß im preußischen Osten gerade nicht die „völkische Zugehörigkeit" für politisches Handeln

Werte gebunden glaubte, und die nicht daran dachte, sich den bequemsten, den kampflosen Weg auszusuchen, wie es in den Worten des uns bekannten Landrats L. A. Graf Mellin, eines führenden und deutsch bewußten Edelmannes, zum Ausdruck kommt: ‚Ich muß mich mit Bestimmtheit gegen alles erklären, was dazu beitragen kann, der lettischen Sprache Eindrang zu tun […] Ich halte dafür, daß keine Sprache ausgerottet werden darf, um es dem herrschenden Teil kommode zu machen, oder um die Beherrschten zu heben oder zu veredlen.' ‚Für die Sprache und das Eigentümliche jeder Nation hege ich große Achtung, insofern nichts offenbar Schädliches darin liegt.' ‚Man begegne unsre Ernährer, die Bauern, nur mit gebührendem Anstande und Achtung, so werden sie auch Achtung für sich selbst fassen, und keine Deutschen zu werden verlangen. Die germanisierten Letten kommen mir vor, wie die unter der französischen Anmaßlichkeit sich schmiegenden französischen Deutschen.'" Und er schließt mit der Aufforderung: „Der Lette bleibe also ein Lette, und der Este ein Este und werde in keinen Zwitter umgeschaffen."

[84] Vgl. Garleff, Deutschbaltische Politik, S. 104, auch zu den österreichischen Sozialdemokraten und Kautsky.
[85] Vgl. Dieter Blumenwitz, Volksgruppen und Minderheiten. Politische Vertretung und Kulturautonomie, Berlin 1995, S. 41.
[86] Hans Rothfels, Die Geschichtswissenschaft in den dreißiger Jahren, in: Andreas Flitner (Hrsg.), Deutsches Geistesleben und Nationalsozialismus. Eine Vortragsreihe der Universität Tübingen, Tübingen 1965, S. 90–107, hier S. 95 f.
[87] Rothfels, Die preußisch-deutsche Geschichte, in: Werner-Rades (Hrsg.), Der Riß, S. 3, S. 7 u. S. 5: „Eine Germanisierung im rassischen Sinne hat nirgends stattgefunden"; zur Zeit nach 1772 ders., Der Osten, in: Ders., Ostraum, S. 6 f.; Mission der Abwehr des Kommunismus: ders., Das baltische Deutschtum, in: Auslandsstudien, Bd. 7, S. 54.

bestimmend sei. In dem berühmten Band, den deutsche Historiker zum Warschauer Historikertag des Jahres 1933 lieferten und der in sicherer Erwartung polnisch-französischer Schriften mit polnischen Ansprüchen sowohl auf Schlesien als auch auf Pommern abgefaßt wurde[88], hat Rothfels dann seinerseits mit der besonderen „Qualität" und der Arbeit eines Volkes argumentiert, die Ansprüche auf Land begründeten[89]. Schon 1996 habe ich auf den Text einer Rede hingewiesen, die Rothfels am 8. Januar 1933 gehalten hat, in der er nicht nur die „Beseitigung der widernatürlichen Grenzen" forderte, sondern dem „Deutschtum" Aufgaben auch gegenüber den „kleinen östlichen Völkern" zuwies. „Lokale Grenzrevisionen" allein reichten in seinen Augen nicht aus; das „deutsche Volk" sei aufgerufen zur „Ordnung zwischen den Völkern" und zur Erhaltung des „bäuerlichen Siedlungsraumes bis nach Sowjetrußland", auch gegen den „kurzsichtigen Egoismus Polens"[90].

Was sollte das heißen? Manche Autoren haben daraus die Propagierung von „Zugriffsrechten" Deutschlands auf die Staaten in Osteuropa gemacht, was durchaus nicht zwingend ist[91]. Rothfels habe Polen demnach ein eigenes Staatsgebiet überhaupt bestritten[92]. Die fast gleichzeitigen und die etwas späteren Postulate Rothfels', die nahezu unlösbaren Nationalitätenprobleme in Ostmitteleuropa mit den Mitteln korporativ angelegter Autonomiemodelle zu entschärfen[93], deuten aber in eine andere Richtung. Am 15. Januar 1933 hat Rothfels jedenfalls mit Blick auf die im „Wesen national

---

[88] Worauf die wichtige Studie von Burkert, Ostwissenschaften, S. 106f. u. S. 138, Anm. 98, hingewiesen hat; danach haben die Arbeiten an dem von Albert Brackmann herausgegebenen Band (vgl. Anm. 33) schon 1931 begonnen; zur Haltung von Rothfels bemerkenswert Burkert, Ostwissenschaften, S. 107ff. u. S. 137f., worauf hier nur summarisch verwiesen werden kann. Deshalb überholt Ingo Haar, Historiker im Nationalsozialismus. Deutsche Geschichtswissenschaft und der „Volkstumskampf" im Osten, Göttingen 2000, S. 116ff., S. 145f.; Michael Burleigh, Germany turns eastwards. A Study of Ostforschung in the Third Reich, Cambridge 1988, S. 62ff.; Kater, Refugee Historians, in: Lehmann/Sheehan (Hrsg.), Interrupted Past, S. 88f.; bemerkenswert auch das Material in der Niedersächsischen Staats- und Universitäts-Bibliothek Göttingen, Cod. Ms. K. Brandi, 2 b.
[89] Vgl. Anm. 81 und 82; Rothfels, Problem des Nationalismus, in: Brackmann (Hrsg.), Deutschland, S. 268f.: es stelle sich „die tiefer greifende Frage, ob nicht ein Volk über die arithmetischen Verhältnisse hinaus auf Grund von Leistung und Qualität Anspruch auf ein Land besitzt, das durch seine Arbeit vor allem zur Blüte gebracht worden ist." Kritische Reaktionen der polnischen Historiographie (Halecki, J. Feldmann) in Übersetzungen in: BA Koblenz, NL 213, Nr. 66, u. a. mit dem Vorwurf der Vernachlässigung des polnischen Elements in der preußischen Geschichte. Vgl. auch Rothfels, Versailles, S. 11 (Zitat wie oben!).
[90] Vgl. Neugebauer, Hans Rothfels' Weg, in: Müller (Hrsg.), Osteuropäische Geschichte, S. 348 ff.; Rothfels, Bedeutung, in: Ostpreußen – was es leidet, was es leistet, bes. S. 20; dazu das Vorwort, S. 3; vgl. zu dieser Schrift Anm. 21.
[91] Haar, Historiker, S. 124, vgl. S. 200; vgl. ders., Quellenkritik oder Kritik der Quellen? Replik auf Heinrich August Winkler, in: VfZ 50 (2002), S. 497–505, hier S. 502f.; dagegen Heinrich August Winkler, Geschichtswissenschaft oder Geschichtsklitterung? Ingo Haar und Hans Rothfels: Eine Erwiderung, in: Ebenda, S. 635–652, bes. S. 643ff.
[92] Vgl. Petters, Hans Rothfels, S. 55.
[93] Vgl. Anm. 80–84.

gemischte[n] Gebiete" von der „berechtigten Selbständigkeit der Völker" gesprochen[94]. Diejenigen Aufgaben in Osteuropa, die er dem „deutschen Volke" bzw. unscharf „Deutschland" – nicht einem großdeutschen Staat – zuschrieb, ließen also noch Platz für die „Selbständigkeit" der anderen Völker. Der Hinweis auf Rothfels' Revisionismus und Expansionismus hilft also noch nicht weiter[95]. Die Frage ist, ob mit der offensiv begründeten Ostmission die Schwelle von der Weimarer zur nationalsozialistischen Programmatik überschritten wurde. Dafür ist der Befund entscheidend, daß Rothfels noch in der Hochphase seiner argumentativen Radikalisierung, selbst 1934, die Existenz eines polnischen Staates, wohlgemerkt eines selbständigen Staates, nicht negierte. Die Wiederherstellung Polens nach dem Ersten Weltkrieg war seiner Einschätzung nach das Ergebnis anerkennenswerter und ausdrücklich anerkannter „Zähigkeit und Opferbereitschaft", die das polnische Volk durch eineinhalb Jahrhunderte bewiesen habe. „Eine ganz andere Frage aber ist", so Rothfels weiter, ob die gegenwärtige „Ausdehnung" des polnischen Staates erforderlich sei[96]. Damit war die polnische Eigenstaatlichkeit nicht bestritten; es ging auch Rothfels um die Revision derjenigen Grenzen, die in dieser Sicht zu einer „Zerreißung des ganzen östlichen Raumes" geführt hatten. In den dortigen Staaten bedürfe es eines geordneten „Nebeneinanders der Volkstümer" mit gesichertem Minoritätenschutz[97]. Rothfels' Forderung nach einer politischen Neuordnung[98] in Ostmitteleuropa – der nach Jörg Hackmann[99] auch parallele polnische Forderungen entsprachen – ging von einer ostmitteleuropäischen Staatenvielfalt bei revidierten Grenzen aus, wobei die „Prinzipien des Zusammenwohnens mit anderen Völkern im Osten" durchaus gewahrt werden sollten (1932/35)[100]. Ganz ausdrücklich verwarf er deshalb – noch 1933 und an exponierter Stelle – jede „gewalttätige Ausdehnungs- und Verdrängungspolitik"[101]. Von Lust auf Vertreibungen war nicht die Rede, auch nicht von

---

[94] Rothfels, Mitteleuropagedanke, in: Ders., Ostraum, S. 232. (S. 256: Vortrag vom 15. Januar 1933, wenige Tage später wiederholt).
[95] Vgl. Roth, Hans Rothfels, S. 1066 ff.
[96] Rothfels, Versailles, S. 4; vgl. ders., „Korridorhistorie". Einige Glossen zu dem Buch „La Pologne et la Baltique", in: Historische Zeitschrift 148 (1933), S. 294–300, hier S. 294.
[97] So 1933 Rothfels, Problem des Nationalismus, in: Brackmann (Hrsg.), Deutschland, S. 264; daß Rothfels nie einer Vertreibung der polnischen Bevölkerung das Wort geredet hat, betont ganz zu Recht Winkler, Lobredner, S. 649 f., ebenso wie den Unterschied des staatsbezogen argumentierenden Rothfels' zu den Positionen Schieders und Conzes.
[98] Vgl. Rothfels, Ostraum, S. X; ders., Problem des Nationalismus, in: Brackmann (Hrsg.), Deutschland, S. 269 f.; Neuordnung nach „Grad kultureller Leistung" der Völker – was freilich eine Radikalisierung in der Argumentation Rothfels' in Richtung einer Hierarchisierung anzeigt; ders., Universität, in: Ders., Ostraum, S. 128: Neuordnung, die „jedem Volke das seine gibt"; vgl. Anm. 101.
[99] Vgl. Hackmann, Landesgeschichte, (Manuskript, wie Anm. 16), S. 324 f.
[100] Rothfels, Bismarck und die Nationalitätenfragen, in: Ders., Ostraum, S. 89 f.
[101] So Rothfels, Problem des Nationalismus, in: Brackmann (Hrsg.), Deutschland, S. 269, im Jahre 1933: „Nicht eine gewalttätige Ausdehnungs- und Verdrängungspolitik oder ein na-

einer Negation der neuen Eigenstaatlichkeiten in Ostmitteleuropa, die mit korporativen, traditionsgestützten Verfassungselementen unter den spezifischen ethnischen Verhältnissen – eben ohne Vertreibungen – erst möglich gemacht werden sollten. Die Suche nach Lösungen in Anlehnung an das estländische Gesetzeswerk von 1925[102] bedeutete zugleich die explizite Anerkennung auch der neuen Staaten im baltischen Raum. So hielt sich Rothfels auch nach 1931 noch innerhalb traditioneller Grenzen politischer Programme, Grenzen der Staatlichkeit und ständischer Korporationen. Aber der verbale Radikalismus kam diesen Grenzen gefährlich nahe, gefährlich für den Überschritt hin zu neuen, zu katastrophal „modernen" Wegen.

tionaler Partikularismus und Autarkismus [...], sondern nur eine organische Neuordnung nach der Reife der Volkskräfte und nach dem Grad kultureller Leistung kann den östlichen Raum vor dem Chaos bewahren, das in ihm selbst lauert und das ihm von außen droht." In diesem Text (S. 264) zu den Autonomiemodellen, von denen die Rede war. Organische Neuordnung war also durch eine gewalt- und vertreibungslose Politik gekennzeichnet. Diese Politik war in besonderem Maße Aufgabe des deutschen „Volkes" (vgl. die Andeutung S. 290). Die betreffenden nationalen Gruppen (nicht nur eine!) waren durch historische Qualität dazu prädestiniert. Wie Rothfels sich diese Neuordnung dachte und woran er bis in die Forschungen seiner Schüler hinein arbeitete, wird bei Anm. 80–84 gezeigt.
[102] Dazu besonders die Studien von Garleff in Anm. 80.

Ingo Haar

Anpassung und Versuchung

Hans Rothfels und der Nationalsozialismus

Hans Rothfels zählte 1965 in seiner Schrift über die „Geschichtswissenschaft in den dreißiger Jahren" die politischen Dispositionen auf, die seiner Meinung nach eine Verständigung von bürgerlichen Eliten und dem Nationalsozialismus ermöglicht hatten: der Großdeutsche Gedanke, der die Vereinigung von Deutschland und Österreich forderte, die Jugendbewegung und ihr Engagement für die deutschen Volksgruppen jenseits der Reichsgrenzen, der Mitteleuropagedanke, der eine Integration der Staaten Ostmitteleuropas in den deutschen Wirtschaftsraum anstrebte, und die Erinnerung an die Kriegsziele des Ersten Weltkrieges. Als letzten „Brückenschlag" nannte er den „Rassegedanken". Dabei räumte er ein, dass er „eine Zeitlang mitbefangen" gewesen sei[1], was sich auch daran zeigte, dass er Kontakte zu Hermann Rauschning, dem NS-Senatspräsidenten unterhielt.

Hans Rothfels wies aber auch auf eine Minderheit unter den deutschen Historikern hin, die vor 1933 dem neuen Geschichtsverständnis entgegentrat, das Konservative und Nationalsozialisten einte. Er nannte Friedrich Meinecke und seine Historische Reichskommission. Da Rothfels, selbst ein Schüler Meineckes, der Kommission angehört hatte, ergeben sich Widersprüche. Ist Rothfels zusammen mit Meinecke dem völkisch-nationalistischen Geschichtsverständnis entgegengetreten und hat danach zugleich mit einem NS-Vertreter kooperiert? Gab es einen „Brückenschlag" zwischen ihm und den Nationalsozialisten, der im Widerspruch zu Rothfels' Verfolgtenschicksal steht?

Rothfels war kein Freund der Nationalsozialisten. Seine anscheinend widersprüchliche Haltung regt aber einige Fragen über die Kooperation von konservativen und nationalsozialistischen Eliten an: Welche Position nahm er ein, als sein Lehrer Friedrich Meinecke ab 1930 als Präsident der Historischen Reichskommission dem Rechtsruck in der „Zunft" entgegentrat? Wie dachte Rothfels im Wendejahr 1932/33 über eine Kooperation von Jung-

[1] Hans Rothfels, Die Geschichtswissenschaft in den dreißiger Jahren, in: Andreas Flitner (Hrsg.), Deutsches Geistesleben und Nationalsozialismus. Eine Vortragsreihe der Universität Tübingen, Tübingen 1965, S. 90–107, besonders S. 93 f., Zitate S. 95.

konservativen und Nationalsozialisten? Welche Ordnungsvorstellungen leiteten ihn in der deutsch-polnischen Grenz- und Minderheitenpolitik? Und schließlich: Welche Handlungsspielräume nutzte er im NS-Regime, um seine Emigration vorzubereiten?

Hans Rothfels und die Geschichtswissenschaft in der Weimarer Republik

Es ist bekannt, dass die Weimarer Republik von den alten akademischen Eliten und den politischen Akteuren der Rechtsparteien mehr als Not denn als Notwendigkeit begriffen wurde[2]. Nur wenige Historiker, die sich der Mitarbeit an der neuen Reichsverfassung und in demokratischen Gremien nicht versagten, begriffen sich wie Friedrich Meinecke als „Vernunftrepublikaner", obwohl auch sie dem preußischen Machtstaat nachtrauerten[3]. Es war Meineckes Absicht, dem neuen sozialdemokratischen und liberalen akademischen Nachwuchs den Weg in die Historikerkommission des Reiches und auf die Lehrstühle zu bahnen. Demokratische oder liberale Historiker wie Wilhelm Mommsen in Marburg, Walter Goetz in Leipzig oder Otto Hoetzsch in Berlin waren bis dahin Ausnahmen gewesen. Ihnen stand eine Mehrheit von Historikern gegenüber, der es um zweierlei ging: das Ende des Parlamentarismus und machtpolitische Handlungsfreiheit nach außen.

Unter den Nachwuchshistorikern, die von Meinecke gefördert und in der Weimarer Republik tonangebend wurden, nahm Hans Rothfels eine Position am rechten Rand ein. Das zeigt auch seine Themenwahl. Er arbeitete weder wie Hajo Holborn an einer Geschichte der Weimarer Reichsverfassung, noch ging er wie Hans Rosenberg der Frage nach dem frühzeitigen Scheitern des deutschen Liberalismus nach. Einer Aufarbeitung der Sozialistengesetze durch Gustav Mayer stand er nicht nur ablehnend gegenüber[4], sondern er verhinderte 1930 sogar dessen Vorhaben einer Geschichte der Verfolgung der Sozialdemokratie im Kaiserreich, obwohl es sich um ein Projekt handelte, das die kurz zuvor gescheiterte Regierung der Großen Koalition der Historischen Kommission für das Reichsarchiv, einer Unter-

---

[2] Vgl. Bernd Faulenbach, Nach der Niederlage. Zeitgeschichtliche Fragen und apologetische Tendenzen in der Historiographie der Weimarer Zeit, in: Peter Schöttler (Hrsg.), Geschichtsschreibung als Legitimationswissenschaft 1918–1945, Frankfurt a. M. 1997, S. 31–51, bes. S. 44.
[3] Friedrich Meinecke, Verfassung und Verwaltung der deutschen Republik (Januar 1919), in: Ders., Werke, Bd. 2: Politische Schriften und Reden, hrsg. und eingel. von Georg Kotowski, Darmstadt 1958, S. 280–298, hier S. 281.
[4] Vgl. Lothar Machtan, Hans Rothfels und die sozialpolitische Geschichtsschreibung in der Weimarer Republik, in: Ders., Bismarcks Sozialstaat. Beiträge zur Geschichte der Sozialpolitik und zur sozialpolitischen Geschichtsschreibung, Frankfurt a. M. 1994, S. 310–384, bes. S. 366 ff.

kommission der Historischen Reichskommission, übertragen hatte. Als ordentliches Mitglied der Unterkommission behielt Rothfels sich das Recht auf Akteneinsicht für sein eigenes Forschungsvorhaben vor, das die Geschichte des Bismarckschen Sozialstaates behandelte. An Mayers Projekt, das der sozialdemokratische preußische Ministerpräsident Otto Braun persönlich protegierte, bemängelte er den „parteipolitischen Zweckcharakter"[5]. Auch die kulturpolitischen Versöhnungsgesten von Außenminister Gustav Stresemann gegenüber der Sowjetunion lehnte er ab, obwohl der deutsch-sowjetische Kulturaustausch ein wichtiges Instrument der damaligen Außenpolitik war, um die Isolation gegenüber Westeuropa zu durchbrechen und Polen im Bündnis mit der Sowjetunion einzukreisen. So feindete Rothfels beispielsweise die Initiative des Berliner Osteuropahistorikers Otto Hoetzsch an, sowjetischen Historikern den Zugang zu den Akten über die Sozialistenverfolgung zu ermöglichen, die im Geheimen Preußischen Staatsarchiv aufbewahrt wurden. Den damaligen Generaldirektor der Preußischen Staatsarchive, Albert Brackmann, bezeichnete er als „Verwaltungsmann und Braunianer", obwohl dieser die Politik Stresemanns selbst nur widerwillig unterstützte[6].

Rothfels' Oppositionsrolle in der Historischen Kommission für das Reichsarchiv war ungewöhnlich, weil sie in erster Linie seine beiden Lehrer traf, nämlich Friedrich Meinecke und Hermann Oncken. Als erklärte „Vernunftrepublikaner" standen beide der 1930 erfolgten Berufung von Rothfels in die Historische Kommission für das Reichsarchiv skeptisch gegenüber. Hans Rothfels verdankte seine Aufnahme ausschließlich dem Zentrumsabgeordneten Georg Schreiber, der den jungen Historiker aus Königsberg unterstützte. Schreiber übte als Mitglied im Hauptausschuss der Notgemeinschaft der Deutschen Wissenschaft und als Vertreter der Budgetkommission des Reichsinnenministeriums größten Einfluss auf die Besetzungen der Historischen Reichskommission aus[7]. Außerdem zählte er zu den einflussreichsten Unterstützern der neuen Subdisziplin der Volksgeschichte, die Rothfels in Königsberg vertrat[8]. Als Rothfels sich weigerte, sein Recht auf Aktennutzung mit Mayer zu teilen, eskalierte der Streit, der schließlich zugunsten Rothfels' entschieden wurde. Dem sozialdemokratischen Histori-

---

[5] Rothfels an Siegfried A. Kaehler vom 5. 3. 1930, in: Niedersächsische Staats- und Universitätsbibliothek (künftig: SUB) Göttingen, NL Siegfried A. Kaehler, Nr. 144b, Brief 147, fol. 36r.
[6] Rothfels an Kaehler vom 8. 6. 1930, in: Ebenda, Brief 154, fol. 53r.
[7] Vgl. Rudolf Morsey, Georg Schreiber, in: Wolfgang Ribbe u. a. (Hrsg), Berlinische Lebensbilder, Bd. 3: Wissenschaftspolitik in Berlin. Minister, Beamte, Ratgeber, Berlin 1987, S. 269–284, hier S. 276 ff.
[8] Vgl. Ingo Haar, Historiker im Nationalsozialismus. Deutsche Geschichtswissenschaft und der „Volkstumskampf" im Osten, 2. durchges. und verbesserte Ausgabe, Göttingen 2002, S. 128.

ker Gustav Mayer den Aktenzugang verwehrt zu haben, rechnete er sich als persönliches Verdienst an.

Rothfels erklärte am 5. März 1930 seinem Freund Siegfried A. Kaehler, der in Breslau lehrte, dass er sich für den Geist der Wissenschaft im Sinne Meineckes nicht interessiere. Er sprach von einer „Lust zur historia militans"[9]. Wohin Rothfels strebte und welchen Disput er mit Meinecke austrug, geht aus dem Brief an Kaehler vom 21. Dezember 1930 hervor. Demzufolge diskutierten Rothfels und Meinecke unter vier Augen in Berlin die zwei wichtigsten Ereignisse vor und nach Brünings Regierungsantritt am 30. März 1930. Das eine war die Kampagne gegen den Young-Plan, der auf eine Neuregelung der deutschen Reparationslasten zielte[10]. Im November 1929 hatten 53 von 72 Abgeordneten der DNVP für den „Zuchthausparagraph" gestimmt, womit sie Reichspräsident Hindenburg Haft androhten, falls er weitere „Tributverträge" abzeichnen sollte. Das Bündnis aus Stahlhelm, NSDAP und den studentischen Rechtsbünden denunzierte die Sozialdemokratie und Außenminister Stresemann als Volksverräter[11]. Das zweite Ereignis war der Wahlerfolg der NSDAP vom 14. September 1930. Die NSDAP erhielt damals 18,3 Prozent der Stimmen und steigerte ihre Präsenz im Reichstag von 12 auf 107 Abgeordnete, wovon das Kabinett Brüning indirekt profitierte, weil dieses Ergebnis das parlamentarische System destabilisierte. Während Rothfels seinen Lehrer als resignierten Historiker wahrnahm, der sich für den Aufklärer Montesquieu interessierte und verpassten Chancen nachtrauerte, kritisierte Meinecke Rothfels' Sympathie für den Präsidialkurs Brünings als politische Romantik[12].

Die distanzierte Haltung Meineckes war begründet: Rothfels hatte sich längst abgenabelt und unterstützte fortan, zu Meineckes Ärger, die Berufungspolitik der Historikergruppe um Siegfried A. Kaehler und Hans Herzfeld, Gustaf Adolf Rein und Percy E. Schramm, die zwischen 1931 und 1932 alle Bestrebungen abwehrten, sozialdemokratische oder linksliberale Nachwuchshistoriker auf Lehrstühle zu berufen oder auch nur in ihre Gremienarbeit einzubeziehen. Wie sich Rothfels die Zukunft der Geschichtswissenschaft vorstellte, geht aus dem Sitzungsprotokoll des Historikerverbandes hervor, der sich im Juni 1931 traf, um die Teilnahme der deutschen Delegation für den Internationalen Historikertag in Warschau im August 1933 zu planen. Hans Rothfels war der Meinung, dass allen „Mitläufern, Eigenbrötlern [und] Kongresswanzen" der Zugang zum Kongress zu untersagen sei.

---

[9] Rothfels an Kaehler vom 5. 3. 1930, in: SUB Göttingen, NL Kaehler, Nr. 144b, Brief 147, fol. 36v.
[10] Rothfels an Kaehler vom 21. 12. 1930, in: SUB Göttingen, NL Kaehler, Nr. 144b, Brief 158, fol. 59v.
[11] Vgl. Heinrich August Winkler, Weimar 1918–1933. Die Geschichte der ersten deutschen Demokratie, München 1993, S. 346–355.
[12] Rothfels an Kaehler vom 21. 12. 1930, in: SUB Göttingen, NL Kaehler, Nr. 144b, Brief 158, fol. 60r.

Innerhalb des Verbandes setzte er sich dafür ein, der deutschen Gruppe den Charakter „einer geschlossenen Delegation [zu geben] – vergleichbar der faschistischen Organisation der Italiener"[13]. Wer ausgeschlossen werden sollte, zeigten der misslungene Versuch von Eckart Kehr, sich 1931 in Königsberg zu habilitieren, und die vergeblichen Bemühungen von Hajo Holborn, 1932 eine Professur in Halle zu erhalten[14]. Beide waren Meinecke-Schüler und erklärte Demokraten. Für das Scheitern Kehrs übernahm Rothfels die Verantwortung[15].

Das Zerwürfnis mit Meinecke ging so weit, dass Rothfels am 2. März 1932 die Mitarbeit in der Historischen Reichskommission mit der Begründung aufkündigte, es gebe wichtigere Aufgaben als eine Geschichte der Weimarer Republik, an der Meineckes Schüler schrieben. Er denunzierte Veit Valentin als Historiker mit mangelnder Qualifikation und protestierte dagegen, dass es „fast unmöglich" sei, „diejenigen Probleme in Angriff zu nehmen [...], die von aktueller außenpolitischer Bedeutung im Sinne des geistigen Abwehrkampfes sind und nationaleinigende Funktion haben", nämlich Auslandsdeutschtum und neue Kolonisationsgeschichte des Ostens[16]. Rothfels' Austritt aus der Historischen Reichskommission war nicht nur ein Fanal gegen die republikanische Geschichtswissenschaft. Das Paradigma, für das er sich auf dem Göttinger Historikertag von 1932 – in Vorbereitung auf den Internationalen Historikertag von 1933 – einsetzte, rückte das „Volk" in den Mittelpunkt der Geschichtsbetrachtung. Darunter verstand Rothfels die Aktivierung der Auslandsdeutschen, um der slawischen Vorherrschaft in Ostmitteleuropa entgegenzuwirken und diesen Raum für deutsche Interessen zu öffnen[17]. Rothfels war überzeugt davon, dass Deutsche und Slawen unterschiedlichen Rassen angehörten und einen „Kampf der Völker" austrügen. Allerdings glaubte er an die sittliche Aufgabe des Staates, diese Nationalitätenkonflikte zu bändigen, wofür sein Idealbild des Bismarck-Staates stand. Sein erklärter Feind war das Nationalstaatsprojekt Polens, das die Selbstverwaltung der deutschen Minderheit verhinderte und

---

[13] H. Oncken, Bericht vom 19./20. 6. 1931, in: Geheimes Staatsarchiv Preußischer Kulturbesitz Berlin (künftig: GStAPK), Rep. 76 Vc, Sekt. 1, Tit. XII, Teil 14, Nr. 13, Bd. 3, Bl. 2ff.
[14] Kaehler an Rothfels vom 24. 4. 1932, in: SUB Göttingen, NL Kaehler, Nr. 144b, Brief 176, fol. 100v. In diesem Brief legte Kaehler die negative Haltung der Hallenser Fakultät gegenüber Holborn dar. Hans Herzfeld erhielt den Zuschlag.
[15] Vgl. Gerhard Ritter. Ein politischer Historiker in seinen Briefen, hrsg. von Klaus Schwabe, Boppard 1984, S. 236; George W. F. Hallgarten, Das Schicksal des Imperialismus im 20. Jahrhundert. Drei Abhandlungen über Kriegsursachen in Vergangenheit und Gegenwart, Frankfurt a.M. 1969, S. 93f., und Eckart Kehr, Der Primat der Innenpolitik. Gesammelte Aufsätze zur preußisch-deutschen Sozialgeschichte im 19. und 20. Jahrhundert, hrsg. und eingel. von Hans-Ulrich Wehler, Berlin 1965, S. 11ff. Siehe auch Hans-Ulrich Wehler, Eckart Kehr, in: Ders. (Hrsg.), Deutsche Historiker, Bd. I, Göttingen 1971, S. 100–113, bes. S. 104.
[16] Rothfels an Meinecke vom 2. 3. 1932, in: Bundesarchiv (künftig: BA) Koblenz, R 15.06, 249, 68.
[17] Vgl. Willi Oberkrome, Volksgeschichte. Methodische Innovation und völkische Ideologisierung in der deutschen Geschichtswissenschaft 1918–1945, Göttingen 1993, S. 96f.

Ostpreußen vom Reich abschnitt.[18] Aus diesem Grund unterstützte er 1932 die Bestrebungen von Hermann Rauschning, dem 1926 von Posen nach Danzig geflüchteten nationalsozialistischen Minderheitenpolitiker, und von Erich Keyser, dem Stadt- und Landeshistoriker für Danzig und Westpreußen, neue Forschungsstellen für die Geschichte des Grenzkampfes aufzubauen. Dieser Kreis nutzte die historiographische Konstruktion von „völkisch" begründeten Gruppenzugehörigkeiten für den Zweck, das wirtschaftliche Autarkiestreben und die kulturellen Abschottungstendenzen der deutschen Minderheiten gegenüber ihrer slawischen Nachbarschaft zu stärken. Außerdem richtete er sich darauf ein, die polnischen und litauischen Gebietsansprüche auf Westpreußen und Danzig, Oberschlesien und Memel mit historiographischen Argumenten zurückzuweisen[19]. Rothfels nahm das Projekt von Ostpreußen aus in Angriff, indem er am 23. Juni 1932 das Protektorat der Akademischen Ortsgruppe des Vereins für das Deutschtum im Ausland übernahm. Er berief sich ausdrücklich auf den „stärksten Aktivposten unserer Weltkriegsbilanz", womit er das Bewusstsein um die „verschüttete Gemeinschaft" von Reichsdeutschen und „Auslandsdeutschen" meinte. Gleichzeitig setzte er sich für das Ende der „wilden" Forschungsreisen seiner Schüler nach Polen und in die baltischen Staaten ein, wo diese ohne jede amtliche Unterstützung damit begonnen hatten, eigene Feldforschungen zu betreiben. Rothfels wollte diese jungen Historiker lenken und ihre Arbeit institutionalisieren[20]. Es handelte sich bei den Studenten und Dozenten, die Rothfels protegierte, um hoch motivierte Aktivisten aus dem Milieu der rechtsradikalen Jugend- und Studentenbewegung.

Hans Rothfels und der Kampf gegen die Weimarer Republik

Rothfels stimmte der Kampfansage der „nationalen Opposition" gegen Sozialdemokratie und Parlamentarismus zwar zu, teilte aber den elitären Vorbehalt gegenüber Massenbewegungen. Studentischen Aktivitäten stand er bis 1929 daher fern. Sein Engagement galt dem „Deutschen Herrenklub", der ihn 1925 dazu einlud, sein historisch-politisches Grundverständnis in einer eigenen Schrift darzulegen. Dem Herrenklub gehörten einflussreiche

---

[18] Vgl. Hans Rothfels, Bismarck und die Nationalitätenfragen des Ostens, in: Historische Zeitschrift 147 (1933), S. 89–105, bes. S. 92, S. 97 u. S. 104; vgl. auch Ingo Haar, „Volksgeschichte" und Königsberger Milieu. Forschungsprogramme zwischen Weimarer Revisionspolitik und nationalsozialistischer Vernichtungsplanung, in: Hartmut Lehmann/Otto Gerhard Oexle (Hrsg.), Nationalsozialismus in den Kulturwissenschaften, Bd. 1: Fächer – Milieus – Karrieren, Göttingen 2004, S. 170–209, bes. S. 187 ff.
[19] Vgl. Haar, Historiker im Nationalsozialismus, S. 97 ff. u. S. 103.
[20] Hans Rothfels, Universität und Auslandsdeutschtum, in: Ders., Ostraum, Preußentum und Reichsgedanke. Historische Abhandlungen, Vorträge und Reden, Leipzig 1935, S. 124–128, insbes. S. 125 f., und Punkt 9 auf S. 259.

Abgeordnete der bürgerlich-nationalistischen Rechtsopposition wie Freiherr Wilhelm von Gayl, Franz von Papen und Martin Spahn, aber auch die Vordenker der jungkonservativen Bewegung Arthur Moeller van den Bruck, Max Hildebert Boehm und Heinrich von Gleichen an[21]. Rothfels suchte nach einem Gegenmodell zur parlamentarischen Demokratie. Sein Idealbild war der Bismarck-Staat. Er schwärmte davon, wie dieser die Macht der Arbeiterbewegung durch soziale Reformen gebrochen und dadurch die alte Ordnung stabilisiert habe. Die Sozialdemokratie, das parlamentarische System und europäische Verständigungsbestrebungen lehnte er unisono ab: „Parlamentarismus und Unitarismus sind Fiktionen". Statt dessen plädierte er für eine Sammlungsbewegung der bürgerlichen Rechten, „um die Spannung auf ein im Staat geeinigtes und nach außen autonom dargestelltes Volkstum zu erhalten"[22]. Rothfels setzte außerdem auf eine föderative Reichsidee, welche die neuen osteuropäischen Nationalstaaten unter deutscher Führung zusammenschließen sollte, und auf das neu geordnete deutsche „Volkstum", das den Befreiungskampf gegen die Versailler Nachkriegsordnung anführte. Rothfels wurde 1927 im Herrenklub selbst aktiv, indem er der „jungpreußischen Bewegung" in Königsberg beitrat. In diesem Milieu trat Rothfels, wie er Siegfried A. Kaehler schrieb, als „commis voyageur in geistigen Kurzwaren" auf. Ironisch skizzierte er sein Zielpublikum als „*die* Großagrarier, die im Stande sind mit Hilfe eines bequemen Sofas und einer guten Zigarre zwei Vorträge am Tag ohne ernsten Schaden über sich ergehen zu lassen"[23].

Als die Machtprobe zwischen der nationalen Bewegung und den demokratischen Regierungen unter Otto Braun in Preußen und Hermann Müller im Reich nahte, ging Rothfels' Engagement über Salonreden hinaus. Wofür er sich begeisterte, war die Gemeinschaft von alten Frontkämpfern und studentischer Protestgeneration. Rothfels, selbst hochdekorierter Frontoffizier, hielt am 28. Juni 1929 in Königsberg den Festvortrag zum 10. Jahrestag der Unterzeichung des Versailler Vertrags. Seine Rede war ein Bestandteil der Kampagne der „nationalen Opposition" gegen den Young-Plan. Zu Recht stufte die preußische Sozialdemokratie die Anti-Versailles-Kundgebung, zu der in Königsberg der „Stahlhelm", der „Jungdeutsche Orden" und die Studentenschaft aufriefen, als Bedrohung für die Demokratie ein. Tatsächlich kam es an den großen Universitätsstandorten, so etwa in Berlin, wo die Rechtsverbände die Studenten zu Tausenden mobilisierten, zu Straßenkrawallen. Das Kabinett Hermann Müller und die preußische Regierung

---

21 Vgl. Yuji Ishida, Jungkonservative in der Weimarer Republik. Der Ring-Kreis 1928–1933, Frankfurt a.M. 1988, S. 155.
22 Hans Rothfels, Deutschlands Krise, in: Alfred Bozi/Alfred Niemann (Hrsg.), Die Einheit der Nationalen Politik, Stuttgart 1925, S. 1–15, S. 6, S. 10 f. und Zitate S. 14 f.
23 Rothfels an Kaehler vom 12. 11. 1927, in: SUB Göttingen, NL Kaehler, Nr. 144b, Brief 115, fol. 158v.

verboten daraufhin alle weiteren geplanten Kundgebungen an den preußischen Universitäten[24]. Obwohl es Beamten untersagt war, an den nationalistischen Aktionen teilzunehmen, sprach Rothfels über den „Schuldspruch im Versailler Frieden". Er stimmte dem Tenor der Rechtsbünde zu, wies die Alleinkriegsschuldthese zurück und trat für die nationale Einheit ein[25].

Als die „nationale Opposition" im März 1931 das zweite Volksbegehren zur Auflösung des Preußischen Landtages ankündigte, marschierten die Königsberger Studenten erneut auf. Hinter dieser Initiative standen zahlreiche bürgerliche Vereine, Bünde und Parteien, darunter die DNVP und die DVP[26]. Obwohl auch diese Kampagne scheiterte, bildete sie den Auftakt für erbitterte Auseinandersetzungen mit der Polizei. Diese verbot die Anti-Versailles-Kundgebung vom 7. Juli 1931, welche die „Verneinung des Staates" symbolisierte[27]. Als die Kundgebung trotzdem stattfand, kam es zu Ausschreitungen auf dem Campus der Universität, bei denen sozialdemokratische und jüdische Studentenvereine dem Zorn rechter Studenten ausgeliefert waren. Zu diesem Zeitpunkt unterstützte der Rektor der Königsberger Universität bereits die illegalen Wehrübungen von Studentenbünden und Schwarzer Reichswehr[28], während der republikanische Studentenbund vor den Rechtsbünden warnte und sich präventiv mit dem Reichsbanner zusammenschloss[29].

Rothfels ergriff dabei für die militanten Rechtsbünde Partei. Als die Polizei am 7. Juli 1931 den Campus unter Einsatz von Knüppeln räumte[30], stellte er sich demonstrativ zwischen die Gewalttäter und die Polizei, worauf sich der NS-Studentenführer und Initiator des Protestes, Horst Krutschinna, zwischen Rothfels und die Gendarmen warf und dafür einen Straf-

---

[24] „An das deutsche Volk" von „Reichspräsident und Reichsregierung zum Zehnjahrestag von Versailles" und „Der Trauertag von Versailles, Kundgebung des deutschen Volkes", in: Königsberger Allgemeine Zeitung vom 28. 6. 1929.
[25] Hans Rothfels, Der Schuldspruch im Versailler Frieden, in: Königsberger Allgemeine Zeitung vom 28. 6. 1929; ders., Die Universitäten und der Schuldspruch von Versailles. Eine ungehaltene akademische Rede (Königsberger Universitätsreden V), Königsberg 1929.
[26] Vgl. Volksbegehren „Landtagsauflösung" vom 13. März 1931, in: GStAPK, Rep. 77, Abt. 4043, Nr. 9. Zu den Unterstützern zählten u. a. Alldeutsche, Ostmarkenverein, Deutsche Adelsgenossenschaft, Turnerbund, Heimatbund Ostpreußen, Werwolf, Bismarck-Gesellschaft, NSDAP, DNVP, DVP, Reichslandbund, Arbeitsausschuß deutschnationaler Industrieller, Reichsgrundbesitzerverband und Deutsche Studentenschaft.
[27] Vgl. „Studentenkundgebung in der Stadthalle", in: Königsberger Hartungsche Zeitung vom 9. 7. 1931.
[28] Vgl. Alfred E. Mitscherlich, Über 35 Jahre Professor (1906–1941), in: BA Koblenz, NL Schieder, Nr. 88.
[29] Vgl. „Studentischer Aufruf zur Vernunft. Gegen verantwortungslose Demagogie und Katastrophenpolitik", in: Berliner Tageblatt vom 17. 11. 1930, und etwas später „Studenten und Reichsbanner", in: GStAPK, Rep. 77, Tit. 4043, Nr. 9, Bl. 167.
[30] Vgl. „Die Polizei zu der Studentenkundgebung", in: Königsberger Allgemeine Zeitung vom 18. 11. 1930, und „Der Protest der Studentenschaft vor der Universität. Zusammenstöße auf dem Paradeplatz. Vier Bereitschaften der Polizei gegen die Demonstranten", in: Ebenda vom 21. 11. 1930.

befehl bekam. Rothfels bezeugte später, dass nicht Krutschinna die berittene Polizei angegriffen habe, sondern die Polizei ihn, den Kriegsversehrten[31]. Krutschinna habe nur versucht, ihn zu schützen, indem er dem attackierenden Polizisten in die Zügel griff. „[M]angels hinreichender Beweise" wurde Krutschinna dann freigesprochen[32].

Kurz bevor das zweite Kabinett Brüning am 9. Oktober 1931 die Regierungsgeschäfte übernahm, waren Rothfels und seine beiden Assistenten, Erich Maschke und Rudolf Craemer, der Ringbewegung beigetreten. Diese Bewegung verstand sich als Nachfolgerin des Herrenklubs und war zu diesem Zeitpunkt in ein jungkonservatives und ein nationalsozialistisches Lager gespalten. Rothfels nannte als weitere Unterstützer den Ostpreußischen Heimatbund[33], der in Königsberg eng mit Freiherr von Gayl und dem Großgrundbesitz kooperierte. Die Universität Leipzig war mit Gunther Ipsen und Hans Freyer vertreten[34]. Beide setzten sich für eine „Revolution von Rechts" ein. Die Gruppe der Ringbewegung, die sich an Hans Rothfels mit der Bitte um aktive Unterstützung wandte, suchte den „Rückfall in das System der Parlamentsregierung" zu verhindern. Sie warb um „Verständnis für Möglichkeit und Notwendigkeit autoritärer Staatsführung" und um Mitstreiter, die für dieses Ziel öffentlich eintraten. Das Strategiepapier, das im Oktober 1931 neben Hans Rothfels auch Arnold Bergstraesser, Ernst Rudolf Huber und Max Hildebert Boehm, Karl Thieme, Hans Grimm und Carl Schmitt zuging, erläuterte die Frage, wie die bürgerliche Rechtsbewegung – analog zur NSDAP – eine eigene Massenbasis erlangen könnte. Die Ringbewegung plante ein plebiszitär gestütztes Präsidialregime – unter Ausschluss des Parlaments. Letztlich verließ sie sich aber auf die radikalen Bünde der nationalen Opposition, quasi als Substitut für eine breite Massenbasis. Ihre Absage an den Parteienstaat begründete die Ringbewegung so: „Schon heute leben die überhaupt noch ernstzunehmenden Parteien aus anderen als eigentlich parteilichen Kräften, wie vor allem das Beispiel der NSDAP deutlich zeigt. Diese bewegungsmäßigen Kräfte müssen in die Front des Politischen geführt werden."[35]

Um den Pakt von „Frontkämpfern" und „Jugendbewegung", also zwischen alten und jungen Rechten, zu festigen, kam Hochschulprofessoren wie Hans Rothfels, die zwar parteilich noch nicht hervorgetreten waren,

---

[31] Der Rektor und Senat der Albertus-Universität an den Polizeipräsidenten Königsbergs vom 8. 7. 1931, in: GStAPK, Rep. 77, Tit. 4043, Nr. 9, Bl. 138.
[32] Der Königsberger Regierungspräsident an den Preußischen Minister des Innern vom 27. 5. 1932, in: Ebenda, Bl. 210.
[33] Rothfels an Morsbach vom 4. 11. 1931, in: Stadtarchiv Mönchengladbach (künftig: StaMgl), NL Brauweiler, 101.
[34] Exposé für die Zeitschrift „Das Deutsche Reich" vom 20. 9. 1931, in: StaMgl, NL Brauweiler, 151.
[35] Programm zur Gründung der außerparlamentarischen Bewegung von Oktober 1931, in: StaMgl, NL Brauweiler, 101.

aber unter den rechtsradikalen Studenten großes Ansehen genossen, eine wichtige Funktion zu. Mit seinem 1931 publizierten Artikel über den „deutsche[n] Staatsgedanke[n] von Friedrich dem Großen bis zur Gegenwart" lieferte Rothfels der Rechtsopposition willkommene Argumente, die beweisen sollten, dass der republikanische Verfassungsstaat dem Ende entgegenging. In Rothfels' Augen war weder durch die Ausrufung der Republik noch durch die Weimarer Nationalversammlung eine ernstzunehmende staatliche Autorität konstituiert worden. Als Garanten staatlicher Ordnung stellten sich ihm lediglich das „Beamtentum und die Freikorps" dar. Er lobte zwar Friedrich Eberts Einsatz, die innere Ordnung nach dem Chaos von 1918 wiederhergestellt zu haben. Letztlich ging es ihm aber darum, Reichspräsident Hindenburg als „Brücke" von der Vergangenheit in die Zukunft zu stärken[36]. Zu den grundlegenden Voraussetzungen einer besseren Zukunft jenseits des Weimarer „Notstaat[es]" gehörte für ihn auch die „Abwehr der slawischen Gefahr" und – in Abgrenzung zum westlichen Parlamentarismus – der Aufbau einer Ständeordnung in einem starken Staat[37]. Rothfels' dezidierter Ablehnung der Republik lag ein autoritäres Ordnungsverständnis zugrunde, das keineswegs neu war. Rothfels war zwar kein Sympathisant rechter Putschisten, aber er lehnte die Verfassungsordnung der Weimarer Republik ab. Das kam bereits 1922 zum Ausdruck, als er Wolfgang Kapp und dessen politische Ziele würdigte: „K. hat nie hinter Fiktionen sich versteckt, er hat nie behauptet, die Verfassung bloß ‚ausführen' zu wollen, sondern sich unverhohlen zu ihrem Sturze bekannt."[38]
Mit welcher Gruppierung innerhalb der Ringbewegung Rothfels sympathisierte, geht aus der Korrespondenz mit Heinz Brauweiler hervor. Rothfels wurde im Oktober 1931 angeworben, um die „Bildung einer überparteilichen nationalen Bewegung" zu unterstützen[39]. Er reagierte zunächst abwartend, weil ihm die Absichten der Ringbewegung zu wenig korrekt waren[40]. Erst nachdem er am 4. November 1931 den programmatischen Text von Johann Wilhelm Mannhardt gelesen hatte, erklärte er sich „weitgehend d'accord"[41]. Mannhardt, Direktor des Instituts für Grenz- und Auslandsdeutschtum in Marburg, war auf Distanz zu Heinrich Brüning gegan-

[36] Vgl. Hans Rothfels, Der deutsche Staatsgedanke von Friedrich dem Großen bis zur Gegenwart, in: Arbeitsgemeinschaft Hochschule und höhere Schule für Niederschlesien und Oberschlesien (Hrsg.), Staatsbürgerkunde und höhere Schule. Eine Vortragsreihe, Breslau 1931, S. 87–103 u. S. 103.
[37] Ebenda, S. 87 u. S. 99. Rothfels erkannte als Notwendigkeit des Reiches die „Bildung einer Schranke gegen die slawische Völkerflut" ebenso an wie die „Durchgliederung des Volkes, ein Ersatz, oder eine Ergänzung des Reichstages mit seinem allgemeinen Stimmrecht durch eine pyramidenförmig aufsteigende berufsständige Vertretung".
[38] Hans Rothfels, Wolfgang Kapp, in: Deutsches Biographisches Jahrbuch, Bd. 4, Stuttgart 1922, S. 132–143, S. 142.
[39] J. M. Wehner an Friedrich Vorwerk vom 27. 10. 1931, in: StaMgl, NL Brauweiler, 101.
[40] Rothfels an Dr. Haupt vom 29. 10. 1931, in: Ebenda.
[41] Rothfels an Brauweiler vom 6. 11. 1931, in: Ebenda.

gen, den er offen als „Fehlschlag" bezeichnete[42]. Ihm erschien stattdessen der Artikel 48 der Reichsverfassung als das eigentliche Instrument, die Macht innerhalb des Reiches zugunsten eines autoritären Regimes zu verschieben. Diese Vorstellung wurde auf Initiative von Carl Schmitt im Ring-Kreis diskutiert. Hindenburg sollte ein Präsidialregime gegen das Veto des Parlaments durchsetzen und sich auf eine Massenbasis aus bündischer Bewegung und Heimatverbänden stützen[43].

Aber welche Rolle fiel dabei der NSDAP zu? Die Ringbewegung stand den Nationalsozialisten zwischen Januar und Mai 1932 zwar nicht ablehnend, im Grundsatz aber skeptisch gegenüber. Umgekehrt nahm die NSDAP die Ringbewegung nicht ernst, weil ihr die entscheidende Basis fehlte. Aufs Ganze gesehen aber hat die bürgerliche radikale Rechte, als deren Sprachrohr die Ringbewegung sich verstand, die parlamentarische Demokratie ausgehöhlt, was Brauweiler und andere als Erfolg verbuchten. Nicht wenige Anhänger der „Konservativen Revolution", wozu die Mitglieder der Ringbewegung ebenso wie die des Tat-Kreises gehörten, übersahen dabei den Preis des Erfolgs, den sie im Kampf gegen den Parlamentarismus und die Versailler Nachkriegsordnung erzielten, nämlich den Aufstieg der NSDAP[44]. Dieses Problem erkannte Siegfried A. Kaehler viel früher als Rothfels. Kaehler identifizierte sich zwar mit dem Erfolg der „nationalen Opposition", sah aber auch die Gefahren. So distanzierte er sich ausdrücklich von der „Anschauung vom Volkstum", wie sie Mannhardt, Friedrich Weber und Karl Haushofer im „Bund Oberland" propagierten[45].

Als Reichskanzler Franz von Papen im Juli 1932 die preußische Regierung staatsstreichartig absetzte, vollzog sich im politischen Denken der Ringbewegung ein Wandel; sie akzeptierte nun die NSDAP als Massenbasis für die Durchsetzung des Präsidialregimes. Die alte Strategie, sich im Kampf gegen die preußische Sozialdemokratie allein auf die bürgerliche Jugendbewegung und militant rechte Kampfbünde zu verlassen, hatte sich als illusionär erwiesen. Während ein Teil der Ringbewegung offen für ein Bündnis zwischen Hitler und Papen eintrat, unterstützte der andere Teil Kurt von

---

[42] Johann Wilhelm Mannhardt, Drei Gruppen mühen sich um den Staat, in: Deutsche Allgemeine Zeitung vom 4. 11. 1931.
[43] Rundbrief vom 21. 11. 1931. Die Ringbewegung wollte die Stellung des Reichspräsidenten nicht von der Verfassung, sondern von der konkreten Lage aus neu bestimmen. Danach bliebe „von der ganzen Weimarer Verfassung anscheinend nur der Artikel 48 übrig", weshalb die „Anschauung, die dem Reichspräsidenten auf Grund dieses Artikels die Befugnis zur ‚Diktatur' zuspricht", sich „weitgehend durchgesetzt" habe, in: StaMgl, NL Brauweiler, 101.
[44] Hans Mommsen, Regierung ohne Parteien. Konservative Pläne zum Verfassungsumbau am Ende der Weimarer Republik, in: Heinrich August Winkler (Hrsg.), Die deutsche Staatskrise 1930–1933. Handlungsspielräume und Alternativen, München 1992, S. 1–18, besonders S. 16f.
[45] Kaehler an Mannhardt vom 7. 7. 1932, in: Siegfried A. Kaehler, Briefe 1900–1963, hrsg. von Walter Bußmann und Günther Grünthal, Boppard 1993, S. 206.

Schleicher⁴⁶. In dieser Situation plädierte Hans Rothfels im Januar 1933 dafür, die Nationalsozialisten in die Regierung einzubeziehen, und zwar unter der Kuratel eines starken Reichspräsidenten. In seiner Radiorede über den „Staatsgedanken von Friedrich d[em] Großen bis zur Gegenwart" hielt Rothfels im Januar 1933 folgendes fest: „Das Notverordnungsregiment ist in seiner Weise eine Wiederbelebung des alten Obrigkeitsstaates, der Ministerialbürokratie, die gewiß nur Übergang sein kann, aber zunächst einmal den Staat vom Regiment der Interessenten löst und ihn fähig macht, die nationale Bewegung, die gegen ihn läuft, in sich aufzunehmen. Wir hoffen, dass das geschieht und daß die Opfer, die täglich gebracht werden, eine Bürgschaft dafür sind."⁴⁷ Dieser Appell zielte eindeutig darauf ab, die Nationalsozialisten nicht zu zähmen, wie das Kurt von Schleicher vorhatte, sondern „aufzunehmen", also zu integrieren.

Hans Rothfels und der Nationalsozialismus nach 1933

Als Siegfried A. Kaehler seinem Freund Rothfels am 22. Februar 1933 schrieb, ahnte er bereits, dass man sich, falls die Nationalsozialisten die Märzwahl gewinnen sollten, „ja wohl auf einen stattlichen Verbrauch von Maulkörben gefaßt" machen könne. Kaehler zweifelte inzwischen daran, ob der „Gedanke der autoritären Staatsregierung, für den wir uns erwärmt haben", noch immer gelte. Er erwog sogar, im März für eine bürgerlich-sozialdemokratische Alternative zu votieren⁴⁸. Rothfels reagierte auf diesen Brief erst zwei Monate später, weil er bereits im März 1933 mit den Problemen zu kämpfen hatte, vor denen Kaehler im Februar gewarnt hatte. Nachdem in Königsberg bekannt geworden war, dass Rothfels aus einer zum Protestantismus konvertierten jüdischen Familie kam, denunzierten ihn die NS-Studenten als Sohn eines „Oberrabbiners" und warfen ihm vor, seinen Militärdienst im „Proviantamt" abgeleistet zu haben⁴⁹. Tatsächlich war Rothfels aber – wie erwähnt – ein dekorierter Frontoffizier, der im Krieg ein Bein verloren hatte. Als seine beiden Assistenten öffentlich erklärten, dass ihr Lehrer ein „Vorkämpfer für den neuen Geist" sei und die Studentenbewegung an „sämtliche Volkstumsfragen des Volks- und Reichsdeutschen Gebietes" herangeführt habe, beruhigte sich die Lage⁵⁰. In eine ähnliche Kerbe

---

⁴⁶ Bericht der Politischen Gesellschaft vom 14. und 28. 1. 1933, in: StaMgl, NL Brauweiler, Nr. 100.
⁴⁷ Hans Rothfels, Der deutsche Staatsgedanke von Friedrich dem Großen bis zur Gegenwart, [Januar] 1933, in: BA Koblenz, NL Rothfels, 12.
⁴⁸ Kaehler an Rothfels vom 22. 2. 1933, in: Kaehler, Briefe, S. 224.
⁴⁹ Rothfels an Hoffmann vom 4. 4. 1933, in: GStAPK, Rep. 76 Va, Sekt. 11, Tit. IV, Nr. 21, Bd. XXXIV, Bl. 100.
⁵⁰ Resolution von Craemer und Maschke an die Deutsche Studentenschaft vom 3. 4. 1933, in: Ebenda, Bl. 117 ff.

schlug Friedrich Hoffmann, der Universitätskurator. Er bezeichnete Rothfels gegenüber dem nationalsozialistischen Wissenschaftsminister Preußens, Bernhard Rust, als „Wegbereiter des neuen Deutschland[s]"[51].

Was Rothfels über die studentischen Denunziationen und die nach dem Erlass des „Gesetzes zur Wiederherstellung des Berufsbeamtentums" vom 7. April 1933 drohende Amtsenthebung dachte, geht aus dem Brief an Kaehler vom 22. April 1933 hervor. Demzufolge lehnte er den Weg des Göttinger Physikprofessors und Nobelpreisträgers James Franck ab, der 1933 aus Prostest gegen die Diskriminierung jüdischer Beamter seinen Lehrstuhl aufgab und emigrierte. Rothfels wollte stattdessen zeigen, „daß es das Prinzip des willens- und leistungsmäßigen (wenn auch nicht blutsmäßigen) Deutschen gibt". Er räumte ein, dass für ihn ein Verbleib an der Universität erst dann unmöglich sei, wenn seine „Kinder von der Schule flögen" oder ihnen der Zugang zur Universität verboten werde, und äußerte zugleich die Hoffnung, dass die Diskriminierung seiner Person nur ein vorübergehendes, der nationalen Revolution geschuldetes Phänomen sei: „Der doktrinäre Antisemitismus (den realen teile ich weiterhin) ist nun mal der äußerste Vorposten all der Züge, die als trüber Bodensatz in den unzweifelhaft [...] idealistischen Aufbruch sich mischen." Rothfels gab sich der Illusion hin, dass der Staat, der ihm als „ordnender und objektiver Geist" erschien, den Terror der NS-Bewegung bändigen werde[52].

Rothfels' Chance, seine Position grundlegend zu verbessern, kam mit dem Internationalen Historikertag in Warschau. Da er seit 1931 in die Planungen der deutschen Delegation eingebunden war, befand er sich in keiner schlechten Verhandlungsposition. Er bot Rust von sich aus an, seine jüdische Herkunft auf dem Kongress für Propagandazwecke zu funktionalisieren. Seine Strategie zielte darauf ab, dem Wissenschaftsminister im Gegenzug das Zugeständnis abzuringen, ihn im Amt zu belassen. Karl Brandi, dem Leiter der Delegation und Vorsitzenden des Historikerverbandes, teilte er mit: „M[eines] E[rachtens] beruht die Legirimation in Warschau zu sprechen, auf der Qualifikation als ‚deutscher Historiker'. Wird diese durch Beurlaubung aufgehoben, so entfällt jene. Damit komme ich zu meiner Person. Mir ist die Legitimation bisher ja nur theoretisch bestritten, praktisch bin ich unangefochten geblieben. [...] Ich könnte mir auch durchaus denken, daß es außenpolitisch erwünscht ist, mich in Warschau zu zeigen, weil mein Fehlen etwas auffallen könnte und umgekehrt mein Erscheinen als Beleg dienen würde, daß es ‚ja gar nicht so schlimm ist'. Ich würde um deutscher Interessen bereit sein, die etwaige Schiefheit einer solchen Stellung und die Kongreßbelastung auf mich zu nehmen, nur muß man mir das amt-

---

51 Hoffmann an Rust vom 8. 4. 1933, in: Ebenda, Bl. 112.
52 Rothfels an Kaehler vom 22. 4. 1933, in: SUB Göttingen, NL Kaehler, Nr. 144b, Brief 191, fol. 131r–134r.

lich sagen und mich dabei amtlich decken."⁵³ Rothfels' Strategie ging auf. Nachdem Albert Brackmann, inzwischen graue Eminenz der neu institutionalisierten NS-Ostforschung, Rothfels zum Gebietsführer für Ostpreußen ernannt hatte, zog Karl Brandi als „Reichsbeauftragter" der Historikerkommission nach: Rothfels durfte reisen⁵⁴.

Warum das so war, lag auf der Hand. Rothfels hatte sich bereits Anfang 1933 in enger Kooperation mit österreichischen Historikern für den Mitteleuropagedanken und dessen Verbreitung unter den deutschen Eliten in Ostpreußen und den baltischen Staaten eingesetzt⁵⁵. Während er auf dem Göttinger Historikertag von 1932 Bismarck noch dafür gelobt hatte, dass er die Reichseinigung auf Kosten der großdeutschen Lösung forciert und damit den Ausschluss der Baltendeutschen besiegelt habe⁵⁶, kritisierte er im Januar 1933 diese Lösung der deutschen Frage. Nun erschien ihm die kleindeutsche Lösung als Verzicht auf eine grundsätzliche Neugestaltung Europas. Diese Neuordnung sollte nun von den zwei Krisenzonen des künftigen Reiches ausgehen, nämlich von Österreich und Ostpreußen: „Beide sind als rein deutsche Außenposten weit vorgeschoben in eine gemischt-nationale oder fremd-nationale Umwelt hinein; beiden ist daher nicht mit lokalen Grenzrevisionen oder provinziellen Lösungen gedient, so notwendig die Bereinigung der Anschluß- wie der Korridorfrage an und für sich auch sein mag. Zusammen weisen sie auf neue politische Lebensformen hin. D.h. die wirkliche Not und die wirkliche Aufgabe der Grenzmarken kann nur gelöst werden im Zuge einer sinnvollen Neuordnung des östlichen Europa überhaupt; für sie zu kämpfen, darin liegt die österreichische und ostpreußische Sendung."⁵⁷

In seiner Schrift über die „Geschichtswissenschaft in den dreißiger Jahren" sprach Hans Rothfels gerade in der Frage der „Reichsidee" das Problem der mangelnden Abgrenzung zwischen autoritär-konservativem und nationalsozialistischem Denken sehr offen an. Seiner Selbstkritik von 1965 fügte er aber noch einen weiteren Aspekt hinzu. Er rechnete sich selbst der Mehrheit der Historiker zu, die 1933/34 mit dem NS-Regime sympathisierte. Er meinte damit auch die partielle Übereinstimmung in grundlegenden Axiomen wie dem „Rassengedanken"⁵⁸. Was Rothfels in dieser Hinsicht bewegte, war ein Paradigma, das Max Hildebert Boehm 1933 anlässlich des europäischen Nationalitätenkongresses in Bern vorstellte. Dort sag-

---

53 Rothfels an Brandi vom 4. 7. 1933, in: SUB Göttingen, NL Karl Brandi, Nr. 44, Brief 89.
54 Haar, Historiker im Nationalsozialismus, S. 139 u. S. 200.
55 Hans Rothfels, Deutschland und der Donauraum, in: Königsberger Allgemeine Zeitung vom 13. 1. 1933.
56 Vgl. Rothfels, Bismarck und die Nationalitätenfragen des Ostens, S. 90f.
57 Hans Rothfels, Deutschland und der Donauraum, in: Ders., Ostraum, S. 223–227, hier S. 227.
58 Rothfels, Geschichtswissenschaft in den dreißiger Jahren, in: Flitner (Hrsg.), Deutsches Geistesleben, S. 95.

ten die jüdischen Abgeordneten im Sommer 1933 ihre Teilnahme ab, um gegen die Judenverfolgung im Deutschen Reich zu protestieren[59]. Bereits vor dem Skandal feierte Max Hildebert Boehm die nationalsozialistische Judenpolitik nicht nur als positives Ergebnis der deutschen „Revolution", sondern auch als Resultat einer neuen Minderheitentheorie. Er erklärte den jüdischen Minderheitenvertretern, sie könnten sich gar nicht auf Minderheitenschutzrechte berufen, wenn es um judenfeindliche Maßnahmen des Dritten Reiches gehe. Schließlich handele es sich bei den deutschen Juden nicht um ein „eigenständiges Volk", sondern um eine fremde Bevölkerungsgruppe, die sich dem deutschen Volkstum nur assimiliert habe[60]. In Anlehnung an Boehm nutzte auch Werner Hasselblatt die Denkfigur der Dissimilation, um als Rechtsvertreter der deutschen Volksgruppen in Europa den Nationalitätenkongress dazu aufzustacheln, die jüdische Bevölkerung auszugrenzen. Diese Aufrufe dienten dem Zweck, die Assimilation der jüdischen Bevölkerungsgruppen innerhalb der jeweiligen Mehrheitsvölker Ostmitteleuropas rückgängig zu machen, und zwar durch die Renationalisierung der einzelnen Volksgruppen[61]. Gewiss, in der „Vielvölkerzone Ostmitteleuropas", auf die Hans Rothfels 1933 das Szenario der Denationalisierung bezog, ging es nicht um die Juden, sondern um die Trennung von deutschem und polnischem „Volkstum". Die auf Andersartigkeit beruhende Differenz zwischen Deutschen und Polen sollte in den strittigen Minderheitengebieten entweder durch zwischenstaatliche Verträge oder, unter Wegfall des polnischen Staates, durch einen föderalen Ausgleich von deutschen und polnischen Interessen von Volk zu Volk geregelt werden. Natürlich stand Rothfels dem Theorem vom „eigenständigen Volk" mit Blick auf die „Judenfrage" ablehnend gegenüber[62]. Was allerdings die Trennung zwischen Deutschen und Slawen sowie ihre Segregation untereinander anbelangte, stimmte Rothfels mit den Dissimilationstheoretikern überein.

Tatsächlich war Rothfels der einzige, der in dem offiziellen Sammelband der deutschen Historikerdelegation „Deutschland und Polen" direkt und unverblümt für eine Neuordnung Ostmitteleuropas plädierte[63]. Der fragliche Band unterlag in Polen der Zensur. Die stärkste Kritik, die der polnische Historiker Jósef Feldman gegen solche Überlegungen erhob, traf Rothfels. Feldmans Vorwurf lautete, Rothfels plane eine Germanisierung Polens. Tat-

---

[59] Vgl. Sabine Bamberger-Stemmann, Der Europäische Nationalitätenkongreß 1925 bis 1938. Nationale Minderheiten zwischen Lobbyistentum und Großmachtinteressen, Marburg 2000, S. 274 ff.
[60] Max Hildebert Boehm, Minderheiten, Judenfrage und das neue Deutschland, in: Der Ring, H. 17 (1933), S. 270–271, zur kritischen Rezeption Boehms vgl. die „Central-Vereins-Zeitung", Bd. 12 (1933), S. 169.
[61] Vgl. Haar, Historiker im Nationalsozialismus, S. 209–213.
[62] Hans Rothfels, Der deutsche Staatsgedanke von Friedrich dem Großen bis zur Gegenwart. [Januar] 1933, in: BA Koblenz, NL Rothfels, 12.
[63] Vgl. Haar, Historiker im Nationalsozialismus, S. 124 f.

sächlich forderte Rothfels aber etwas anderes als die Assimilation von Slawen an das deutsche Volk, nämlich die „organische Neuordnung nach der Reife der Volkskräfte und nach dem Grad kultureller Leistung"[64]. Was er damit meinte, legte er im Januar 1934 in seinem Artikel über „Versailles und die Ehre der Nation" in den Berliner Monatsheften dar. Nach dem Vorwort des Herausgebers geschah dies ganz in Übereinstimmung mit der Regierung Hitlers[65]. Es komme darauf an, schrieb Rothfels, die Kräfte „zu einer Ordnung zwischen den Völkern" zu mobilisieren. An welche Ordnungskräfte unter den Entente-Mächten sich der Artikel richtete, sagte Rothfels klar und deutlich. Er berief sich auf die Position des englischen Premiers Lloyd George, der dem polnischen Staat, entgegen den Plänen von Woodrow Wilson, weder große Teile des Korridors noch Oberschlesien und Danzig zuordnen wollte. Rothfels hob insbesondere auf das Zitat von Lloyd George ab, einem Staat wie Polen, der wiederholt seine Unfähigkeit zur staatlichen Selbstorganisation bewiesen habe, eine dominante Position auf Kosten Deutschlands zuzubilligen, führe geradewegs in einen Krieg. Weiterhin vertrat Rothfels die Meinung, dass nicht England, sondern Frankreich und Polen einer Neuordnung im Osten entgegenstünden[66].

Hans Rothfels begriff das Modell der Sonderung konkurrierender Bevölkerungsgruppen prinzipiell als eine Alternative zur Nationalstaatsbildung nach westlichem Vorbild. Dieser Weg musste nicht notwendig nationalsozialistisch sein, weil das Ordnungsmodell theoretischer Provenienz war. Rothfels plädierte, in Anlehnung an Boehm, für die Verwirklichung des Ziels einer „völkischen" Eigenständigkeit der großen Völker. Indem er sich für den Weg einer „Fruchtbarmachung der Spannungen, die zwischen Staatsangehörigkeit und Volkszugehörigkeit liegen", entschied, wies Rothfels einen neuen Weg jenseits des westeuropäischen Nationalstaatgedankens und des alten deutschen Nationalismus[67]. Es war ganz selbstverständlich, dass, wenn Rothfels von Polen redete, hauptsächlich die ehemaligen preußischen Provinzen und Regionen gemeint waren, die Polen nach dem Versailler Vertrag erhalten hatte. An dem Modell der polnischen Nationalstaatsbildung kritisierte er vor allem, dass es nur auf die Assimilationen von Fremden abziele, um latente oder offene ethnische Konflikte beizulegen. Im Fall Polens sprach Rothfels der dortigen Mehrheitsbevölkerung ferner die Fähigkeit ab, die notwendigen Strukturreformen in der Siedlungs- und

---

[64] Hans Rothfels, Das Problem des Nationalismus im Osten, in: Albert Brackmann (Hrsg.), Deutschland und Polen. Beiträge zu ihren geschichtlichen Beziehungen, München/Berlin 1933, S. 259–270, hier S. 269.
[65] Vgl. Alfred von Wegerer, Versailles und die Ehre der Nation, in: Berliner Monatshefte 12 (1934), S. 1–2.
[66] Hans Rothfels, Der Vertrag von Versailles und der deutsche Osten, in: Ebenda, S. 3–24, bes. S. 15–17, Zitat S. 24.
[67] Hans Rothfels, Bismarck, das Ansiedlungsgesetz und die deutsch-polnische Gegenwartslage, in: Deutsche Monatshefte in Polen 11 (1934/35), S. 214–218, hier S. 218.

Agrarpolitik durchführen zu können. Er kam in diesem Zusammenhang auch auf das „Kulturgefälle" zwischen Deutschen und Polen zu sprechen. So griff er im Rekurs auf die Agrar- und Siedlungspolitik im Bismarck-Staat zwar die alte Idee auf, ethnische Konflikte durch eine Modernisierung der Landwirtschaft zu bereinigen, fügte dem aber die Idee einer Sonderung der verschiedenen Bevölkerungsgruppen hinzu. Deshalb plädierte er im Rahmen der Siedlungspolitik für die Gründung staatlicher Domänen, also agrarischer Großbetriebe, welche die Integration der polnischen Landarbeiter fördern sollten. Dieses Modell implizierte sowohl die Zurückdrängung des polnischen Nationalstaates in den strittigen Grenzregionen als auch den Verzicht der Polen auf eine Selbstbestimmung in Minderheitenfragen.

Rothfels wollte mit seinen provokativen Polen- und Mitteleuropa-Schriften nicht in die Debatte um den deutsch-polnischen Freundschaftsvertrag eingreifen, der im September 1934 von Hitler und Pilsudski unterzeichnet wurde. Weil er aber auf langfristige Lösungen in der „Neuordnungsfrage" abzielte, gewann er letztlich doch nicht allein die Unterstützung von Nationalsozialisten wie Hermann Rauschning, der im November 1934 als NS-Senatspräsident von Danzig scheiterte. Auch Joachim von Ribbentrop, der im Namen Hitlers in London über Abrüstungsfragen verhandelte und Rudolf Heß in Minderheitenfragen beriet, gab Rothfels bis 1936 Rückendeckung gegenüber den letztlich doch erfolgreichen Versuchen anderer NS-Parteistellen, ihn aus dem Amt zu verjagen[68]. Ribbentrop sprach sich für Rothfels' Versetzung nach Berlin aus, nachdem dessen Lehrbefugnis für Königsberg zurückgezogen worden war[69]; damit konnte immerhin das noch immer drohende Amtsenthebungsverfahren abgewendet werden. Bernhard Rust schließlich befürwortete das Angebot aus Historikerkreisen, Rothfels „mit Wirkung vom 1. April 1935 ab einen Forschungsauftrag [...] an der Preußischen Staatsbibliothek Berlin" zu erteilen, damit er wenigstens wissenschaftlich arbeiten konnte[70]. Erst später, nämlich am 18. Februar 1936, wurde Rothfels aufgrund von § 3 des Reichsbürgergesetzes die für Berlin bereits bewilligte Lehrbefugnis entzogen. Dass Rothfels nicht aufgab, eine Sonderstellung zu erhalten, zeigt sein gescheiterter „Antrag auf Befreiung vom Ausschluß vom Reichsbürgerrecht" von 1936[71]. Nach diesem misslungenen Versuch betrieb Rothfels im Geheimen Staatsarchiv Quellenstudien,

---

[68] Ribbentrop an Rust am 25. 2. 1935, in: BA Koblenz, ZB II 4538 A.1.
[69] Rothfels an Ribbentrop vom 23. 2. 1933, und Ribbentrop an Rust vom 25. 2. 1935, in: BA Koblenz, ZB II 4538 A.1., Bl. 10f.
[70] Rust an Rothfels vom 21. 3. 1935, in: BA Koblenz, NL Rothfels, 20.
[71] Der Landeshauptmann der Provinz Ostpreußen, Friedrich Blunk, an den Regierungspräsidenten vom Ostpreußen vom 7. 1. 1936, und der Kurator der Albertus-Universität an Rothfels vom 18. 2. 1936, in: Ebenda; sowie Reichs- und Preußisches Ministerium des Innern, Wilhelm Stuckart, an Rothfels vom 12. 9. 1936, in: BA Koblenz, ZB II 4538 A.1., Bl. 58, 69.

mit denen er sich auf eine geplante Englandreise vorbereitete[72]. Auch dabei war ihm Ribbentrop behilflich.

Rothfels verdankte Ribbentrop den Kontakt zu T. P. Conwell-Evans. Dieser war 1924 in der ersten Labour-Regierung als Privatsekretär des Agrarministers tätig gewesen; später hatte er mit den englischen Faschisten sympathisiert. Als Ribbentrops persönlicher Verbindungsmann zu den britischen „Appeasern" fädelte Conwell-Evans nicht nur den Besuch von Lloyd George bei Hitler in Berchtesgaden 1935 ein. Er beriet zudem Lord Lothian dahingehend, Hitlers Griff nach Osten zu tolerieren[73]. Rothfels soll sogar einen Besuch englischer Faschisten erhalten und ihnen, sehr zum nachträglichen Ärger Alfred Rosenbergs, die Ostpolitik des Dritten Reiches erklärt haben[74]. Welche Funktion Rothfels für Ribbentrop hatte und was dieser für Rothfels tat, geht aus zwei Briefen an Bernhard Rust hervor: Ribbentrop setzte sich im Februar 1935 in einer „Besprechung neulich in der Wohnung des Führers" für Rothfels ein[75], und er stellte Rust gegenüber klar, dass „Conwell-Evans [..] *nur* durch Rothfels das Interesse für sein Eintreten erhalten und zuerst durch ihn [..] Liebe und Verständnis für das Dritte Reich gewonnen habe"[76]. Auch wenn Ribbentrop maßlos übertrieb, um Rothfels einen guten Leumund zu geben, hatte er in dem Punkt recht, der Rothfels' Loyalität betraf.

Nicht nur im Deutschen Reich selbst, auch während seines ersten Englandaufenthalts im Winter 1936 verstand Rothfels sich als deutscher Patriot[77]. Er unterstützte die britische Appeasementpolitik, indem er sich für einen deutsch-englischen Wissenschaftleraustausch einsetzte. Die Angst, seinen ehemaligen Berliner Kontrahenten Gustav Mayer und Veit Valentin zu begegnen[78], hielt er in seinem Reisetagebuch ebenso fest wie seinen Besuch an der London School of Economics. Dort bemerkte er ein „scheußliches Völkergemisch". An dem 1934 nach England emigrierten bedeutenden Altphilologen Eduard David Fränkel fielen ihm, trotz der Gastlichkeit, die dieser ihm entgegenbrachte, vor allem die „unleugbar geistig jüdische[n] Züge" auf. Oxford selbst war ihm zu links. Conwell-Evans Protektion verschaffte ihm auch Kontakte zu einigen Vertretern der politischen und wirt-

---

[72] Vgl. Brackmann an Rothfels vom 29. 3. 1935, in: BA Koblenz, NL Rothfels, 20.
[73] Vgl. Martin Gilbert/Richard Gott, The Appeasers, London 2000, S. 14 u. S. 34 ff.
[74] Alfred Rosenberg war gegen Rothfels, weil dieser Gegner des Regimes um sich versammle, was Ribbentrop dementierte, in: Amtschef W im Wissenschaftsministerium (gez. von Ministerialrat Prof. Bachér) an Otto von Kursell vom 5. 3. 1935, in: BA Koblenz, ZB II 4538 A.1., Bl. 35 f.
[75] Ribbentrop an Rust vom 25. 2. 1935, in: Ebenda, Bl. 10.
[76] Ribbentrop an Rust vom 23. 4. 1935, in: Ebenda, Bl. 41.
[77] So teilte er Kaehler mit, „daß das Maß an Beliebtheit draußen von dem Maß der Geneigtheit zum Landesverrat" abhinge. Zit. nach Werner Conze, Hans Rothfels, in: Historische Zeitschrift 237 (1983), S. 311–360 u. S. 340.
[78] Rothfels, Aufzeichnung über meine Englandreise v. 24. Nov. bis 12. Dez. 1936, in: BA Koblenz, NL Rothfels, 127, S. 3.

schaftlichen Elite Englands, denen er ein positives Deutschlandbild zu vermitteln suchte. Ein Treffen mit Ribbentrop beim Lunch, das Lord Lothian arrangierte, scheiterte aber an Ribbentrops „Zahnweh"[79].

Als Rothfels im Mai 1937 ein weiteres Mal nach England zu einem Gastaufenthalt in Cambridge reiste, machte er sich keine großen Illusionen mehr; Deutsche, die in England nationalsozialistische Positionen vertraten, bezeichnete er nun abwertend als „Nazis"[80]. Außerdem nahm er nun Kontakt zu Walter Adams vom Academic Assistance Council auf, das jüdische Wissenschaftler nach England einlud. Sein ältester Sohn war zu diesem Zeitpunkt mit dem Gymnasium fertig und wollte studieren, wurde aber abgelehnt[81]. Es wäre Rothfels zu diesem Zeitpunkt sogar möglich gewesen, im renommierten Londoner Chatham House zu lehren, was ihm aber zu exponiert erschien[82]. Rothfels stand die Tür nach England offen, aber ihm fehlte die langfristige Perspektive. Erst nachdem das „Danske Komité til Støtte for Landflygtige Aandsarbejdere" Walter Adams im September 1938 warnte, dass Rothfels in akuter Gefahr schwebe, wurden die Emigrationsvorbereitungen konkret. Deutsche Kollegen hatten dem Flüchtlingskomitee im September 1938 mitgeteilt, was Rothfels bevorstand: „[E]r wird wahrscheinlich sehr bald seine Pension einbüssen und läuft Gefahr, wie andere Juden aus seiner Wohnung herausgesetzt und in Baracken einquartiert zu werden."[83] Nach dieser Intervention erhielt Rothfels eine Arbeitsstelle in Oxford. Am 15. August 1939 fasste er schließlich den Entschluss, seinen Kindern nach England zu folgen, wo diese bereits als Flüchtlinge anerkannt waren.

Allerdings blieb der Englandaufenthalt eine Episode. Nachdem England in den Krieg eingetreten war, wurde Rothfels auf der Isle of Man interniert. Dort kursierte, wie er nach 1945 ironisch anmerkte, ein Scherz. Nach dem Ende des Dritten Reiches werde man die Internierten sicher fragen: „Waren sie in einem Konzentrationslager und wenn nicht, warum nicht?"[84]

---

[79] Ebenda, S. 4, S. 9 u. S. 12.
[80] Rothfels, Bericht über die Reise nach England vom 3. bis zum 27. Mai 1937, in: Ebenda, S. 3–5.
[81] Rothfels an Adams, April 1937, in: Bodleian Library Oxford, Special Collection, Rothfels, Bl. 401 f.
[82] Conwell-Evans an Adams vom 10. 4. 1937, in: Ebenda, Bl. 417.
[83] Danske Komité til Støtte for Landflygtige Aandsarbejdere an Adams vom 22. 9. 1938, in: Ebenda, Bl. 485.
[84] Vgl. Protokoll eines SFB-Interviews aus den sechziger Jahren, in: Deutsches Rundfunkarchiv, Dep. 1779, 10.

Peter Th. Walther

Hans Rothfels im amerikanischen Exil

Zwischen dem Königsberger (und Berliner) Rothfels, über den seit einigen Jahren trefflich gestritten wird, und dem Tübinger (und Münchener) Rothfels, dessen Wissenschaftspolitik vor kurzem massiv kritisiert wurde, klafft die Lücke der Emigration und Remigration[1]. Nach einigen Monaten in Großbritannien, wo er bald nach der Einreise als „enemy alien" auf der Isle of Man interniert worden war, konnte Rothfels 1940 als Gastprofessor an der Brown University in Providence, Rhode Island, unterkommen. Dies war das Ergebnis einer zweiten Intervention von William L. Langer, Harvard University, zugunsten Rothfels'. Dessen letzte Königsberger Schülerin Edith Lenel war 1936 in die USA emigriert und hatte sich seit ihrer Rückkehr von einer Deutschlandreise im September 1938 mit bewunderungswürdigem Elan für ihren Doktorvater eingesetzt und u.a. Langer um Rat und Tat gebeten[2]. Sechs Jahre später wurde er an die University of Chicago berufen, wo er bis zu seiner Emeritierung 1956 verblieb – die letzen fünf Jahre allerdings in einem Spagat zwischen Chicago und Tübingen, wohin er 1951 berufen worden war. Damit war Rothfels der einzige Historiker, der vor seiner Entlassung aus dem öffentlichen Dienst Ordinarius an einer deutschen Universität gewesen war und es nach 1945 – an einer westdeutschen – wieder wurde. Insofern stellt Rothfels eine Ausnahme in der deutschen Zunftgeschichte dar.

---

[1] Vgl. die Argumente der Kontrahenten Heinrich August Winkler, Hans Rothfels – Lobredner Hitlers? Quellenkritische Bemerkungen zu Ingo Haars Buch „Historiker im Nationalsozialismus", in: VfZ 49 (2001), S. 643–652; Ingo Haar, Quellenkritik oder Kritik der Quellen? Replik auf Heinrich August Winkler, in: VfZ 50 (2002), S. 497–505; Heinrich August Winkler, Geschichtswissenschaft oder Geschichtsklitterung? Ingo Haar und Hans Rothfels: Eine Erwiderung, in: VfZ 50 (2002), S. 635–652; Nicolas Berg, Der Holocaust und die westdeutschen Historiker. Erforschung und Erinnerung, Göttingen 2003, sowie die Bergs Thesen zurückweisende Rezension von Ian Kershaw, „Beware the moral high ground", in: Times Literary Supplement vom 10. 10. 2003, S. 10f. Die Arbeit von John L. Harvey über US-amerikanisch-westeuropäische Historikerbeziehungen, eine Ph.D.-Arbeit an der Pennsylvania State University vom Herbst 2003, konnte nicht herangezogen werden.
[2] Dazu Edith (G.N.) Lenel an William L. Langer, 14. und 27. September, 10. und 30. Oktober 1938; 4., 5., 14. und 30. Januar 1939. Harvard University, Pusey Library, Wilhelm L. Langer Papers, HUG 19.9., box 6, folder „Rothfels, Hans".

Ein Telegramm vom 6. Juli 1940 ermöglichte Rothfels die Immigration in die USA. Der Präsident der Brown University Henry Wriston kabelte an Rothfels: „Brown University offers two year appointment lecture history effective immediatly anual [sic] salary 2500 dollars cable replay if accepted[.] University will cable confirmation appointment to American Consulate London"[3]. Da Rothfels als Staatsbürger des Deutschen Reiches in Großbritannien nach dem Fall von Dünkirchen gerade interniert worden war, entschied seine Frau umgehend, dass er dieses Angebot annehmen werde[4]. Mit diesem Ruf konnte das Ehepaar Rothfels mit einem „Non Quota Visa" die Einreise in die USA sofort betreiben, doch musste Rothfels „nachweisen, und das war das Groteske, dass man noch bis zu dem zeitnahen Zeitpunkt der Visa-Beantragung als Professor tätig gewesen war. Das traf nun auf die meisten von uns natürlich nicht zu, denn man war ja rausgeworfen worden. Ich war also emeritiert worden, ich bekam ein Gehalt, ein Ruhegehalt bekam ich noch von meiner alten Universität Königsberg. Meine Frau hatte zufällig eine Gehaltsquittung aus dem Monat vor der Auswanderung, damit stoppte es dann vom Juli oder August 39, die zeigte sie dem Konsulatsbeamten und das nahm er als hinreichenden Beweis, dass ich noch als Professor tätig gewesen wäre."[5] Im November 1940 wurde Hans Rothfels aus dem Lager entlassen, und das Ehepaar Rothfels konnte den Atlantik überqueren, allerdings ohne die drei Kinder[6].

Die Brown University, eine der renommierten alten Ostküsten-Universitäten[7], lag in einem ruhigen Winkel Neuenglands, nicht weit von der Metropole Boston/Cambridge mit der Harvard University und dem Massachusetts Institute of Technology und auch nicht allzu entfernt von New Haven mit der Yale University, wo Hajo Holborn, wie Rothfels ein Schüler Friedrich Meineckes, seit seiner Emigration aus Deutschland 1933/34 lehrte. Südlich davon lag dann New York mit der Columbia University und der New

---

[3] Henry Wriston an Hans Rothfels, in: Bundesarchiv (künftig: BA) Koblenz, NL Rothfels 20, Ordner 1.
[4] „Inzwischen kam – das war ein ursächlicher Zusammenhang – aus Amerika das Angebot einer Gastdozentur, das meine Frau in meiner Abwesenheit, als sie nicht wusste, wo ich war, angenommen hat." Deutsches Rundfunkarchiv, Potsdam-Babelsberg, SFB Dep. 1779/10, Interview Rothfels (künftig: SFB-Interview), S. 2. Dieses Interview wurde für die mehrteilige Fernsehproduktion „Um uns die Fremde" 1966/67 geführt, aber nicht verwertet.
[5] SFB-Interview, S. 4.
[6] Eine Tochter blieb als Hausangestellte in England, ein Sohn wurde nach Kanada verbracht, der zweite konnte ein Stipendium für Harvard nicht antreten und musste in England bleiben. Ein dritter Sohn war jung in Königsberg verstorben.
[7] Brown war seit 1933 Mitglied der Association of American Universities, einem Verband nordamerikanischer Forschungsuniversitäten. Die Gründung einer „Ivy League" war 1936 gerade gefordert worden, nämlich als Liga von acht Universitäten und Colleges der Ostküste. Die Gründung erfolgte erst 1945 durch ein Abkommen der Universitäts- und Collegepräsidenten „for the purpose of reaffirming their intention of continuing intercollegiate football in such a way as to maintain the values of the game, while keeping it in fitting proportion to the main purposes of academic life."

School for Social Research, deren Professorenschaft größtenteils aus deutschen, italienischen und nun auch französischen Wissenschaftlern bestand, die man aus ihrer Heimat vertrieben hatte oder die geflohen waren. William L. Langer begrüßte Rothfels und seine Frau mit einem Brief vom 22. November 1940: „I am more delighted than I can say to hear that you and your wife have at last arrived safely in this country and have reached Providence. There is no doubt in my mind that you will like the department at Brown and that you will find your work interesting and stimulating once you have learned something of the American system." Langer beließ es nicht bei dieser schriftlichen Begrüßung: „If you and your wife could come up to an informal dinner at our home", doch falls das nicht möglich sei: „In any event we must arrange a meeting soon and I shall be glad to come down to Providence if that is more convenient for you."[8]

Es ist nun allerdings so gut wie nichts bekannt über Rothfels' Wirken an der Brown University. Er publizierte wenig, zumeist waren es – wie in Königsberg – Zeitschriftenartikel über Ostfragen: „Russians and Germans in the Baltic", „The Baltic Provinces: Some Historic Aspects and Perspectives", „Russia and Central Europe" und „Frontiers and Mass Migration in Eastern Central Europe"[9]. Er beteiligte sich auch an dem von Edward M. Earle herausgegebenen Sammelband „Makers of Modern Strategy" mit einem Beitrag über Carl von Clausewitz[10]. Im Herbst 1945 schrieb er, einige Sonderdrucke über die Ostthemen versprechend, voller Resignation an Ernst Posner, einen alten Bekannten aus Berliner Archiv-Tagen: „I know, of course, that all this is entirely useless in the short run. It is rather a matter for the record. After all, we are in the singular position of having been in and yet being out. We may just as well make the best of it."[11] Und er fügte hinzu: „I have lectured along this line, particularly in the ‚hybrid' courses on history after 1914." Er unterrichtete meist Undergraduates, „aber auch einige Gratuates [sic], habe Doktoranten [sic] schon gehabt."[12] Darunter war auch eine Gruppe „kommender amerikanischer Marineoffiziere, die schon Dienst getan hatten und dann zum akademischen Studium zurückge-

---

[8] William L. Langer an „My dear Colleague", 22. 11. 1940, in: BA Koblenz, NL Rothfels 20, Ordner 3.
[9] Hans Rothfels, Russians and Germans in the Baltic, in: Contemporary Review 157 (1940), S. 320–326; ders., The Baltic Provinces. Some Historic Aspects and Perspectives, in: Journal of Central European Affairs 4 (1944), S. 117–146; ders., Russia and Central Europe, in: Social Research 12 (1945), S. 304–327; ders., Frontiers and Mass Migrations in Eastern Central Europa, in: The Review of Politics 8 (1946), S. 37–67.
[10] Felix Gilbert hatte Earle wohl Rothfels als Mitarbeiter vorgeschlagen. Vgl. John L. Harvey, Were Chicago and Providence really so far from Königsberg and Tübingen? The Rothfelsstreit in an American Key, in: http://hsozkult.geschichte.hu-berlin.de/forum/id=300&type=diskussionen.
[11] Hans Rothfels an Ernst Posner, 21. 9. 1945, in: National Archives Washington D.C. (künftig: NA), RG 200, NA Gift Collection, Papers of Ernst Posner, Box 5.
[12] SFB-Interview, S. 5.

schickt wurden und wenn sie den Bachelor hatten, dann bekamen sie ihre Commission, wie man das nennt, dann konnten sie Offiziere werden"[13]. Das war Rothfels' Beitrag zum Krieg; auch andernorts bildeten Historiker wie Ernst Kantorowicz in Berkeley künftige Besatzungsoffiziere aus, oder Juristen-Soziologen wie Franz L. Neumann in Washington traten in die Dienste des Geheimdienstes OSS (Office of Strategic Services), um die Besatzungspraxis vorzubereiten.

Rothfels' Kontrakt wurde zwar nach Ablauf der in Aussicht gestellten zwei Jahre verlängert, es gelang ihm aber nicht, sich in Providence fest zu etablieren: „Ich war von 40 bis nach Kriegsende dort, immer von Jahr zu Jahr als Gastprofessor, ohne zu wissen, ob das im nächsten Jahr erneuert werden würde, also noch recht unsicher, finanziell nicht gerade üppig dotiert, aber zum Leben ausreichend. Reisen konnte man sowieso nicht während des Krieges als Deutscher."[14] Entgegen dem allgemeinen Trend konnte Rothfels nicht von dem im Sommer 1944 in Washington beschlossenen „The Servicemen's Readjustment Act", besser bekannt als „G.I. Bill of Rights" profitieren. Denn Immigranten wurden in der Regel nach der Verabschiedung und Umsetzung dieser Regelung, die allen Kriegsteilnehmern die Chance bot, auf Bundeskosten an einem College oder einer Universität ihrer Wahl zu studieren, feste Stellen angeboten. Die Leitung der Brown University reservierte jedoch diese neu zu schaffenden Stellen für graduierte zurückkehrende Kriegsteilnehmer. Posner ließ er wissen: „It is quite clear, however, that with the end of the war there is no future for me at Brown any more. Between the [two] of us there are two versions: one is that I have to be very grateful for having been granted a shelter, the other is that to use me to the full as long as I was needed and then kick me out is rather a shame. The truth is probably in between."[15] Er bat seinen Kollegen dann um Rat, wie und wo er bei seiner Stellensuche vorstellig werden sollte, ob er nämlich mit Waldo G. Leland und Eugene N. Anderson Kontakt aufnehmen solle. Rothfels nahm an, dass Leland sich seinetwegen nicht in Brown stark machen würde, und was Anderson betraf, so schrieb er: „from experiences which Miss Lenel had I have somewhat the impression that he has fallen for certain emotions and is inclined to see a bloody nationalist in everybody who is not decisively leftist." Als dritte Möglichkeit wollte Rothfels eine Anbindung an die Library of Congress eruieren: „You know that I was there under discussion 2 years ago for one of the Research Fellowships, I was eventually refused because the ‚alien quota' was full." Er konnte sich dann allerdings den Zusatz nicht verkneifen: „I understand Veit Valentin is around there, but that is not exactly the person I would refer to as a prece-

---

[13] SFB-Interview, S. 6.
[14] SFB-Interview, S. 5.
[15] Hans Rothfels an Ernst Posner, 21. 9. 1945, in: NA, RG 200, NA Gift Collection, Papers of Ernst Posner, Box 5.

dence," wobei er darauf anspielte, dass Rothfels als Mitglied des Wissenschaftlichen Beirats des Reichsarchivs Valentin das Leben so schwer wie möglich gemacht hatte[16].

Ebenso ungewiss seien seine Chancen am Institute for Advanced Study in Princeton. Im Dezember 1945 unterrichtete Rothfels Langer, der inzwischen im Außenministerium in Washington arbeitete, über die düsteren Aussichten an der Brown University. Langer antwortete erst nach anderthalb Monaten: „In view of my part in making arrangements for you at Brown University some years ago I have felt a certain measure of responsibility for your position there. [...] If for the future there is no position for you at Brown, I certainly want to do my utmost to find some other opening. I think here is at least a fair chance that we may be able to do something in the next six month or so. I have already spoken to President James P. Baxter of Williams College. [...] I have further written strong letters in your behalf to Syracuse University and to the University of Chicago."[17] Diese Intervention hatte offenbar Erfolg, denn Rothfels wurde für das Sommerquartal (25. Juni bis 31. August 1946) als Gastprofessor nach Chicago eingeladen[18], wo man ihm das Angebot unterbreitete, dort ab 1. Oktober 1946 als „Professor of Modern History" zu wirken[19].

Chicago zählte damals – wie heute – zu den besseren und feineren Universitäten[20], war aber aufgrund der Politik ihrer Universitätsleitung auch auf eine spezielle Art randständig. Ihr seit 1929 amtierender Präsident und späterer Kanzler mit geradezu diktatorischen Vollmachten Robert Maynard Hutchins hatte dezidierte Vorstellungen über Aufgaben und Strukturen einer Universität, mit denen er seine Hochschule in eine Spitzenstellung bringen wollte, tatsächlich aber in die Isolierung trieb und zudem das Universitätsleben polarisierte. Hutchins beharrte auf dem Primat der philosophisch fundierten Bildungsaufgabe der Universität und wies der Ausbildung von Studierenden, wenn überhaupt, eine deutlich untergeordnete Funktion zu. Dementsprechend favorisierte er eminente, möglichst charismatische Wissenschaftler in seinen Fakultäten und lehnte mit nicht weniger Intensität Experten für irgendwelche Subdisziplinen ab. Hutchins orientierte sich dabei an einer Interpretation des Humboldtschen Universitäts- und Bildungsideals, das den utilitaristischen und pragmatischen Tendenzen im nordame-

---

[16] Ebenda. Zu Rothfels' Intervention gegen Valentin im Frühjahr 1932 vgl. Peter Th. Walther, Von Meinecke zu Beard? Die nach 1933 in die USA emigrierten deutschen Neuhistoriker, Ph. D. Dissertation, State University New York at Buffalo 1989, S. 76f.
[17] William L. Langer an Hans Rothfels, 5. 2. 1946, in: BA Koblenz, NL Rothfels 20, Ordner 3.
[18] Vgl. William T. Hutchinson an Hans Rothfels, 16. November 1945, in: Ebenda.
[19] Vgl. Robert Redfield an Hans Rothfels, 1. 8. 1946, in: BA Koblenz, NL Rothfels 35.
[20] Die University of Chicago zählte 1900 zu den Initiatoren der Gründung der „Association of American Universities".

rikanischen Hochschulwesen schroff entgegengesetzt war[21]. Neben der Universität Chicago folgte auch das 1930 von Abraham Flexner gegründete Institute for Advanced Study in Princeton diesem antipragmatischen Impuls. Es berief sich auf das „paradise lost" der deutschen Universitäten von vor 1914, kopierte aber in Princeton weitgehend die Strukturen der Kaiser-Wilhelm-Institute in Berlin-Dahlem, allerdings nicht als Institut für Spezialisten wie in Dahlem, sondern als Generalisten-Institut[22]. So wie Flexner Albert Einstein und Johann von Neumann (John von Neumann) für Princeton gewinnen konnte, so hatte Hutchins nach 1933 etliche aus Deutschland und Italien emigrierte Wissenschaftler, die seinem Programm „Köpfe, aber keine Experten" zu entsprechen versprachen, nach Chicago geholt: darunter waren Enrico Fermi und James Franck, Werner Jäger, Arnold Bergstraesser, Leo Strauss und Hans Morgenthau.

Unter den Historikern an der Universität Chicago hatte Hutchins' Kurs jedoch zu einer unhaltbaren Situation geführt. Seit 1943 lag der Universitätsleitung eine Liste von sieben Kandidaten vor, darunter Robert R. Palmer und C. Vann Woodward, von denen, so der Wunsch des History Departments, einige berufen werden sollten. Hutchins weigerte sich jedoch, über diese Liste auch nur zu verhandeln. Daneben bemühte sich eine Minderheit des Departments, den in Berkeley lehrenden Ernst Kantorowicz nach Chicago zu holen, der sich dort, wie Rothfels in Providence, von 1940 bis 1945 von Jahresvertrag zu Jahresvertrag hangelte. Der Vorschlag Kantorowicz', den Hutchins wohl diskret unterstützte, führte aber zu unüberbrückbaren Konflikten innerhalb des Departments: Bernadotte Schmitt, der prominenteste unter den Chicagoer Historikern und Gründer des „Journal of Modern History", ließ ausdrücklich im Protokoll festhalten, dass er seine Professur aufgeben und Chicago verlassen werde, falls Kantorowicz berufen werden sollte[23]. Die Universitätsleitung wurde nicht müde, das History Department auf die generell angespannte finanzielle Situation der Universität hinzuweisen und speziell die seit Anfang der 1930er Jahre abnehmende Attraktivität des Departments innerhalb der Universität wie in der Forschung generell herauszustellen, was die Beziehungen innerhalb der Universität zusätzlich belastete. Dem Department wurde darüber hinaus vorgeworfen, zu enge und konzeptionell unausgegorene Promotionsprogramme zu verfolgen; etliche Interessenten inner- und außerhalb des Departments befürwor-

---

[21] Über Hutchins und Chicago siehe Mary Ann Dzuback, Robert M. Hutchins, Portrait of an Educator, Chicago u. a. 1991, bes. S. 71–228.
[22] Über Flexner und das Institut zuletzt Thomas Neville Bonner, Iconoclast: Abraham Flexner and a Life of Learning, Baltimore 2002.
[23] University of Chicago Library, University Archives, Department of History, Departmental Meeting, 21. 8. 1945.

teten sogar eine Auflösung des Departments und die Etablierung einer neuen Institution für Historische Forschung[24].

Die Folge dieser Verwicklungen war, dass ein langwieriges, durch vertrauliche Befragungen von führenden amerikanischen Mediaevisten ergänztes Verfahren in Gang gesetzt wurde, das den „objektiven" Marktwert von Kantorowicz für Chicago feststellen und den internen Grabenkrieg beenden sollte. Am Ende dieses Verfahrens stand ein für Kantorowicz eindeutig ungünstiges Ergebnis, das die Konflikte im Department aber nicht löste[25]. Überraschenderweise wurde Kantorowicz 1945 in Berkeley zum Professor ernannt, wie er seinem eifrigsten Befürworter in Chicago nicht ohne Witz mitteilte: „As it so happens the intrinsic unity of Macrocosmos and Microcosmos has been made manifest at a time when I did not expect it. Our Macrocosmos (President Sproul) has left for Russia several weeks ago; and before leaving he cleared his desk and found thereon the papers referring to Microcosmos (myself) – the humble petition of the History Department, renewed for the fifth or sixth time, concerning my appointment. And thus, owing to the difficulties between the Western Allies and Stalin, Macrocosmos complied to the demands of the Department and nominated Microcosmos."[26]

Damit entspannte sich die Situation zwischen den Historikern und der Universitätsleitung in Chicago, zumal Bernadotte Schmitt 1946 die Universität verließ. Hutchins schlug am 18. September 1946 dem Board of Trustees vor, den schon vorher am Ort wirkenden Hans Rothfels eine Professur für „Modern History" zu übertragen – „with indefinite tenure" und einem Jahresgehalt von 6500 Dollar sowie einmaligen Umzugskosten von 1000 Dollar. Das höchste Gehalt für Professuren in den Geistes-, Sozial- und Kulturwissenschaften lag zu diesem Zeitpunkt bei 9500 Dollar, Kantorowicz waren 7000 Dollar avisiert worden[27]. Im Universitätsarchiv fanden sich keinerlei Unterlagen, die darauf hinweisen, dass das History Department an die-

---

[24] Vgl. ebenda, Departmental Meetings, 4. 6. 1946 und 2. 12. 1946.
[25] Vgl. ebenda, Departmental Meeting, 21. 8. 1945, Anhang, mit Äußerungen über Kantorowicz sowie „a digest of the balloting in all the letters received".
[26] Ernst H. Kantorowicz an John Nef, 31. 5. 1945, in: Leo Baeck Institute, New York, Archives, Kantorowicz/Salz Collection, Box 2. Kantorowicz verließ Berkeley und ging an das Institut in Princeton, als er 1951 als Angehöriger der staatlichen University of California einen antikommunistischen Loyalitätseid leisten sollte, was er – als Freikorpskämpfer in München 1919 nun wahrlich nicht gerade des Prokommunismus verdächtig – aus prinzipiellen Gründen ablehnte.
[27] University of Chicago Library, University Archives, Board of Trustees 36 (1946), S. 205–210, 18. 9. 1946, der Vorgang Rothfels S. 206. Zu Kantorowicz vgl. Peter Th. Walther/Wolfgang Ernst, Ernst Kantorowicz: eine biographisch-archäologische Skizze, in: Wolfgang Ernst/Cornelia Vissmann (Hrsg.), Geschichtskörper. Zur Aktualität von Ernst H. Kantorowicz, München 1997, S. 207–231.

sem Verfahren beteiligt oder auch nur offiziell informiert worden war[28]. Hutchins neigte mitunter zu dieser Form von Berufungen im Alleingang.

Rothfels, seine Frau und die drei Kinder, die er erst nach Kriegsende nach Chicago holen konnte, lebten sich in ihrer neuen Heimat schnell ein: „Wir hatten [...] dort eine deutsch-literarische Gesellschaft[29], mit der wir in der deutschen Kolonie in Chicago Vorträge hielten über deutsche Literatur. Wir haben nach dem Krieg eine periodische Zeitschrift ‚German books' herausgegeben, in der wir die Deutschen drüben in erster Linie über das, was inzwischen in Deutschland an Büchern nach 45 herauskam, unterrichteten. Zum Teil ist es rein personaler Zufall oder die personelle Zusammensetzung, die das möglich macht. Dann auch die Tatsache, dass man Kontakt mit einem eingesessenen Deutschtum in Chicago hatte, z.T. amerikanisiert, aber doch z.t. eben seit mehreren Generationen da, die die deutsche Sprache beibehalten haben"[30], erzählte Rothfels später. Auch in der Universität fand sich Rothfels rasch zurecht. Er beschränkte sich zwar weitgehend auf seine alten Themen: das 19. Jahrhundert, Bismarck und Mittelosteuropa – hinzu kam nur die Geschichte des deutschen Widerstands gegen den Nationalsozialismus, die er 1948 in dem Buch „The German Opposition to Hitler" beschrieb[31]. In Chicago „war es nun im ganzen außerordentlich viel reizvoller und anregender [als in Providence]. Da war ein ganz großer Kreis deutscher Emigranten, früherer deutscher älterer und jüngerer Professoren, die nun in sich eine ziemlich geschlossene Gruppe auch bildeten, viel miteinander gemeinsame Dinge auch trieben." Da „habe ich eine sehr normale Tätigkeit gehabt mit Erfolg unter großzügigen Verhältnissen an einer solchen Universität, wo man sehr wenige Studenten hatte, 20, 25 vielleicht und so ziemlich intensiv mit den Studenten leben konnte. Natürlich ist das auch nicht ohne Schwierigkeiten gewesen, man muss ja doch sehr umlernen auf die amerikanische Lehrmethode, auf Diskussionsverfahren und ähnlich lockere Formen statt der hier bei uns mehr üblichen großen Vorlesung."[32]

Unter seinen Studenten waren etliche, die als Soldaten in Deutschland gewesen waren und nun die historischen Hintergründe der deutschen Katastrophenpolitik zu ergründen suchten. In einem Bericht über den mündlichen Prüfungsteil einer Promotion hieß es: „Mc Neill was by far the most

---

[28] Presidents' Papers 1925–1945, 1940–1946, 1945–1950 und 1952–1960, The R.M. Hutchins Papers nebst Addenda, Department of History, Board of Trustees 1946, Louis Gottschalk Papers, in: University of Chicago Library, University Archives.
[29] Die German Literary Society of Chicago.
[30] SFB-Interview, S. 10
[31] Dazu zuletzt Georg und Wilma Iggers, die auch darauf hinweisen, dass zumindest ihnen unbekannt blieb, dass Rothfels als „Nichtarier" Deutschland hatte verlassen müssen und nicht als Gegner des Systems; vgl. Wilma und Georg Iggers, Zwei Seiten der Geschichte. Lebensbericht aus unruhigen Zeiten, Göttingen 2002, S. 91 f.
[32] SFB-Interview, S. 8. Dazu zählten seit 1947 auch die „Deutsche[n] Beiträge zur geistigen Überlieferung".

sensible questioner. He followed a pattern (a clear one) [...] Rothfels was not so bad either, his experience and his prejudice showed. [...]"[33] Rothfels war nach wie vor politisch interessiert und beteiligte sich an zwei die amerikanische Besatzungspolitik in Deutschland betreffende Initiativen: Zum einen ging es darum, den zivilen Postverkehr zwischen den USA und Deutschland wieder zuzulassen, zum anderen um die Eindämmung der „Re-education"-Politik, die nach seiner Ansicht Prinzipien einer politischen Pädagogik zur Richtschnur der Besatzungspolitik gemacht hatte, „die in den USA längst über Bord geworfen" worden seien[34]. Dahinter steckt ein Angriff auf die sozialreformerische, des Marxismus verdächtigte Fraktion deutscher Immigranten im Besatzungsapparat, deren einflussreichster Repräsentant Franz L. Neumann war, später als graue Eminenz der Verbindungsmann zwischen der Ford Foundation in New York und der Freien Universität Berlin[35]. Mit Neumanns „Behemoth" lag zudem eine Interpretation der deutschen Zeitgeschichte vor, die Rothfels' „Rettungsversuch" für die alten Eliten in „The German Opposition" diametral entgegenstand, in den USA aber als Standardinterpretation rezipiert wurde. Selbst Arthur M. Schlesinger jr. konnte sich mehr als ein halbes Jahrhundert später dem Reiz von Neumanns Interpretationsangebots nicht entziehen, als er schrieb: [Franz L. Neumann] „was a Marxist trained in the German juridical-metaphysical style, but he had in the end an Anglo-American empirical cast of mind and did not, like most German scholars, automatically prefer the abstract to the concrete. His (wrongheaded) analysis of Nazi Germany as the by-product of monopoly capitalism, *Behemoth: The Structure and Practice of National Socialism*, came out in 1942 and was the section's bible."[36]

Von dem, was in Nachkriegsdeutschland vor sich ging, hörte Rothfels von Militärangehörigen, die in Deutschland gewesen waren. Bald waren auch Briefkontakte wieder möglich. So reagierte er schon im September 1945 auf Meineckes Schicksal und dessen Band „Die Deutsche Katastrophe": „He lost everything and living in a small Franconian village calls for ,self-examination' and a return to Bach and Beethoven; rather pathetic and somehow lovable."[37] Zwei Anfragen aus Erlangen und Heidelberg, ob er einen Ruf

---

[33] N.D. [nicht identifizierbar] an Gottschalk, 5. 6. 1950, in: University of Chicago Library, University Archive, Louis Gottschalk Papers.
[34] SFB-Interview, S. 9.
[35] Vgl. Reform und Resignation. Gespräche über Franz L. Neumann, hrsg. von Rainer Erd, Frankfurt a. M. 1985.
[36] Arthur M. Schlesinger, A Life in the Twentieth Century. Innocent Beginnings, 1917–1950, Boston/New York 2000, S. 306. Mit section ist die Mitteleuropa-Abteilung des OSS gemeint, wo Neumann, Holborn, Felix Gilbert und etliche andere deutsche Emigranten arbeiteten.
[37] Hans Rothfels an Ernst Posner, 21. 9. 1945, in: NA, RG 200, NA Gift Collection, Papers of Ernst Posner, Box 5.

auf einen Lehrstuhl annehmen würde, beschied er abschlägig[38]. Beide Lehrstühle waren nicht durch Tod oder Emeritierung, sondern dadurch vakant geworden, dass ihre bisherigen Inhaber die Entnazifizierungsprozeduren nicht überstanden hatten[39]. Dagegen war Rothfels daran interessiert, nach Deutschland zu reisen, und es gelang ihm auch, die Zustimmung Washingtons, die Einladung mehrerer Universitäten und das notwendige Mitwirken der amerikanischen und britischen Militärbehörden in Deutschland so zu koordinieren, dass er 1949 zwei Monate in Heidelberg und einen Monat in Göttingen lehren und an der gerade neu gegründeten FU Berlin Vorträge halten konnte. Zudem sprach er auf dem ersten deutschen Historikertag nach dem Krieg in München – nicht gerade überraschend – über Bismarck. Er schrieb einen enthusiastischen Bericht über diese Deutschlandreise (für das Pentagon oder das State Department), in dem er besonders auf die Neugierde und Aufgewecktheit der deutschen Studenten hinwies: „I used to be in very lively contact with German students before 1933, I enjoyed the privilege of having most gratifying experiences with British and American students since. And yet, in a way, I regard this summer's teaching in Germany as a climax of thirty years' experience as educator."[40] Und er fügte hinzu: „I did not meet with the slightest signs of surviving nazism or reviving antisemitism." Hier war wohl der Wunsch der Vater seiner Einschätzung. Kritisch war er allerdings gegenüber der generellen Tendenz in den Geisteswissenschaften, sich auf hochspezialisierte, sozial völlig irrelevante Themen zu beschränken: „This escapism lingers on and may be called ‚reactionary'."[41] Aus all dem ergab sich aber keineswegs der Wunsch, nach Deutschland zurückzugehen: „Nach Kriegsschluß Gedanken, nach Deutschland zurückzukehren? Nein. Keinesfalls sofort."[42]

Doch 1950 kam es zu einer dramatischen Wende: Aus Tübingen erreichte Rothfels, der jetzt knapp 60 Jahre alt war, die Anfrage, ob er den durch den Tod von Rudolf Stadelmann verwaisten Lehrstuhl übernehmen wolle. In dieser Situation wandte sich Rothfels am 7. August an Hutchins. Er erinnerte den Kanzler daran, dass sich anlässlich der beiden Anfragen aus Erlangen und Heidelberg die Frage gestellt habe, ob seine „situation after retirement from the University of Chicago could in any way be improved." Rothfels hatte ausgerechnet, dass ihm nach der in Chicago mit 65 Jahren obligatorischen Pensionierung eine monatliche Rente von 60 Dollar ausgezahlt werden würde, also 720 Dollar pro Jahr statt des Professorengehalts

---

[38] Vgl. Hans Rothfels an E. v. Guttenberg, 1. 6. 1947, in: BA Koblenz, NL Rothfels 20, Ordner 3.
[39] Willy Andreas in Heidelberg, Ludwig Zimmermann in Erlangen.
[40] Hans Rothfels, Report on Experiences as a Visiting Professor in Germany, Summer 1949, S. 3, in: BA Koblenz, NL Rothfels 20, Ordner 4.
[41] Ebenda, S. 9.
[42] SFB-Interview, S. 10.

von 6500 Dollar. Damit wäre Rothfels entweder darauf angewiesen gewesen, jährlich mehrere Lehraufträge zu übernehmen, oder aber von seinen Kindern abhängig geworden – beides keine allzu verlockenden Optionen. Er fuhr fort: „In Germany, on the other hand, I would be entitled to an emeritus payment of my full salary and my wife would be entitled to a pension on the basis of the many years I have been serving and may still be able to serve." Rothfels betonte, „that in the decision which I may have to make this is certainly not a central point of consideration but you agreed to my view that it is one not to be neglected and asked me to inform you in case the question would become an actual one. – This situation has now arisen." Rothfels bat Hutchins, die Angelegenheit vor den Board of Trustees zu bringen und dabei die Frage zu stellen: „Whether my prospects in this respect could be improved in one way or another. It is my understanding that the answer to this question would influence my decision but not necessarily determine it."[43] Es bestehe keine Eile, denn er bleibe im Herbst- und Winterquartal in Chicago. Hutchins reichte Rothfels' Antrag an den Universitätspräsidenten weiter, der bereits nach einer Woche in einem dürren Siebenzeiler ablehnend reagierte: „[We] oppose recommending an increased pension for Mr. Rothfels. [...] In exceptional cases the University [...] can pay larger salaries or enact a special pension plan to secure some stellar professor, but it should do this only under compulsion. Our judgment of Mr. Rothfels' standing in the profession does not justify special action to retain him on our faculty."[44] Ob diese Abfuhr mit dem absehbaren Ausscheiden Hutchins' aus der Universität Chicago 1951 und der Rücknahme fast all seiner Universitätsreformen zusammenhing, muss offen bleiben[45].

Es war eine doppelte Niederlage für Rothfels: Finanziell bewegte sich nichts, und zumindest in der Spitze der Universitätsverwaltung hatte seine Reputation stark gelitten. Erst in dieser Situation entschied er sich trotz aller Bedenken, den Schritt zurück über den Atlantik zu wagen. Er blieb allerdings pro forma bis 1956 weiterhin Professor in Chicago, wenn auch beurlaubt, und konnte mit Washington, Tübingen und Stuttgart ein Arrangement finden, das es ihm erlaubte, auch weiterhin amerikanischer Staatsbürger zu bleiben[46]. Falls das Tübinger Experiment scheitern sollte, stand ihm die Rückkehr nach Chicago offen.

Jede Geschichte der deutschen Historiographie im 20. Jahrhundert hat sich mit mindestens zwei wichtigen Gabelungen auseinander zu setzen: mit

---

[43] Hans Rothfels an Robert M. Hutchins, 7. 8. 1950, in: University of Chicago Library, University Archives, Presidents' Papers 1945–1950, Box 18.
[44] Ernest C. Colwell an Robert M. Hutchins, 14. 8. 1950, in: Ebenda.
[45] Dazu Dzuback, Hutchins, Kapitel 9: „At Odds with the Faculty: The Mission of the University" und Kapitel 10: „Leavetaking", S. 185–228.
[46] Die Tübinger Berufungsunterlagen sind bislang nicht ausgewertet worden; daher lässt sich nicht klären, wer mit welchen Informationsständen verhandeln konnte.

der Vertreibung der Emigranten/Exilanten ab 1933 und der parallelen Entwicklung der Zunft im (Groß-)Deutschen Reich, und dann mit den parallelen, aber anderen Funktionsregeln folgenden Ereignissen zwischen etwa 1950 und 1990 in der alten Bundesrepublik und in der DDR, sofern man den österreichischen Sonderweg seit 1945 außer Betracht lässt. Emigranten, die nach 1945 als Remigranten zurückkehrten, nahmen in diesem Zusammenhang quasi die Funktion von Scharnieren zwischen den Traditionslinien ein: Hans Rothfels spielte in diesem Zusammenhang jedenfalls für die Bundesrepublik eine zentrale Rolle[47].

Wenn man die deutsche Historikerschaft von 1931/32 mit der westdeutschen von 1951 vergleicht, so fällt eine weitgehende Homogenisierung auf: Zwölf Jahre Berufspraxis und Karriere im Nationalsozialismus und etwa drei Jahre im Zeichen drohender Entnazifizierung hatten die Zunft zusammengeschweißt – von den bekannten Ausnahmen abgesehen. Rothfels' Rückkehr nach Deutschland bedeutete also in erster Linie eine Reintegration in die Zunft, wie sie war und ohne sie in Frage zu stellen. Rothfels hielt sich an diese Regel. Als ehemaliger Königsberger, der aufgrund unangenehmer Exzesse einige Zeit in England und in den USA verbracht hatte, kehrte er nun wieder in den Schoß der Zunft zurück. Damit bescheinigte er dem deutschen Universitätssystem implizit, im Kern gesund zu sein, und der Zunft bestätigte er, solide geblieben zu sein. Diese platzierte ihn im Gegenzug als „Nichtarier" und Westemigrant als Galionsfigur an eine prominente Stelle, auf dass man auch im Ausland, zumindest im Westen, sehe, dass die deutsche Historikerschaft unbeschadet und unbeschädigt aus dem Dritten Reich herausgekommen sei[48]: Insofern konnten die Zunft und Rothfels an die Königsberger Jahre anknüpfen – allerdings waren beide Seiten sorgfältig darauf bedacht, die Vergangenheit anekdotisch zu dekontextualisieren und für einen harmlosen Zunftmythos zu instrumentalisieren. Chicago wurde in diese anekdotische Meistererzählung auf Königsberger Grundlage durchaus mit einbezogen: „Nachdem [Rothfels] von 1940–46 an der Brown University [...] gelesen hatte, ehrte ihn das Gastland 1946 mit einem seiner angesehensten historischen Lehrstühle an der Universität Chicago"[49], hieß es etwa im Munzinger Archiv, das damit auch suggerierte, dass sich das deutsche Lehrstuhlsystem in den USA verbreitet habe. Rothfels trug noch 1966 in einem Interview zu dieser Verunklarung bei: „Das Interessante [bei meiner Berufung] ist vielleicht, dass mein Vorgänger ein Däne, ein sehr bekannter Historiker, war, der nicht gerade sehr deutsch-freundlich gewesen war. Und

---

[47] Für die DDR füllten Alfred Meusel, Jürgen Kuczynski und Ernst Engelberg diese Rollen aus.
[48] Die Wiederaufnahme von Kontakten bzw. deren Verweigerung von Ausländern mit „im Reich verbliebenen" Kollegen ist quer durch die Disziplinen ein schwieriges und ungeschriebenes Kapitel der Wissenschaftsgeschichte.
[49] Munzinger Archiv, 14. 8. 1976, Lieferung 33/76, K-4422/5/a.

der Präsident von der Chicago-Universität, ein sehr bekannter verdienstvoller Mann namens [Hutchins], war der Meinung, jetzt wollen wir mal was anderes haben." Auf die Anfragen aus Erlangen und Heidelberg habe er geschrieben: Er könne „das nicht annehmen, ehe ich nicht erstmal wieder in Deutschland gewesen wäre und sähe, ob man die Erlebnisbrücke überwinden könnte, ob es möglich sei, die Erlebnisgemeinschaft herzustellen, auf der allein für meine Auffassung Erziehung möglich ist"[50].

Die Deutschlandreise von 1949 wird nur positiv bewertet und die Rückkehr folgerichtig mit der Feststellung erklärt, dass sich bestätigt habe, „dass ich hier größere Aufgaben hatte als drüben, wo man einer unter Hunderten war." Von da aus war es nun kein großer Schritt mehr, den Ruf aus Tübingen anzunehmen. Der dortige Lehrstuhl war wirklich verwaist, der 1938 berufene Rudolf Stadelmann war ja 1949 überraschend jung gestorben. Rothfels verletzte also niemandes Ansprüche oder Anrechte und betrachtete seine Übersiedlung nach Deutschland als „Rückkehr an den naturgegebenen Standort"[51].

Das war jedoch nur die halbe Wahrheit. Rothfels erlebte nämlich das Einleben und Mitwirken in der westdeutschen Zunft und Gesellschaft auch als ungeheure Belastung, wie sich aus einer eher vertraulichen Korrespondenz entnehmen lässt. Im Winter 1951 riet er Ernst Posner, einem alten Bekannten aus Berliner Archiv-Zeiten, unterdessen Professor für Archivwissenschaft in Washington, DC, und Kandidat für den Posten des Direktors des Bundesarchivs in Koblenz, nicht zurückzukommen: „Sie [würden] umringt sein von verletzten Ehrgeizen und beleidigten Leberwürsten, von anderen Ressentiments ganz zu schweigen. Der come back [der Alt-Nazis] ist stärker als Sie sich auf Grund der Eindrücke vor 2 Jahren denken können."[52] Es war also nicht nur ein Königsberger zurückgekommen, sondern auch ein Chicagoer angekommen, mit durchaus gemischten Gefühlen.

Laura Fermi konstatierte in ihrem Buch Illustrious Immigrants: „Hans Rothfels' main interest was Bismarck, about whom he published articles and accumulated notes but never wrote the comprehensive work he planned. He may have done Germany a greater service with The German Opposition to Hitler. Ever since his arrival in the United States in 1940 (he taught at Brown and Chicago), Rothfels devoted himself to the task of proving to the Americans that there was a difference between the German people and the Nazi regime. At the end of the war, feeling that German resistance to

---

[50] SFB-Interview, S. 8.
[51] Siegfried A. Kaehler, Rothfels zitierend, an Friedrich Meinecke, 22. 4. 1951, in: Friedrich Meinecke, Ausgewählter Briefwechsel, hrsg. und eingel. von Ludwig Dehio und Peter Classen, Stuttgart 1962, S. 565. Rothfels ist jetzt wieder schlicht „Meineckeschüler", das Zerwürfnis Ende der zwanziger Jahre bleibt fortan unerwähnt.
[52] Hans Rothfels an Ernst Posner, 20. 11. 1951, in: NA, RG 200, Posner papers, Box 2, zit. nach Astrid M. Eckert, Kampf um die Akten. Die Westalliierten und die Rückgabe von deutschem Archivgut nach dem Zweiten Weltkrieg, Stuttgart 2004, S. 154.

Hitler was not sufficiently known here, he lectured on it, and since the lecture was well received, decided to write a book. It was issued in English in 1948 and translated into German in the following year."[53] Mit dem Buch über den Deutschen Widerstand und seinen Auffassungen und Implikationen über das Dritte Reich transportierte Rothfels einen Themenbereich und ein Deutungsmuster in die junge Bundesrepublik, die sowohl in Tübingen wie am Institut für Zeitgeschichte in München, das Rothfels maßgeblich mitgestaltete, reüssieren sollten. Heute sollte man aber nicht nur auf die Erfolgsgeschichte dieses Forschungsansatzes zurückblicken, sondern Rothfels' Ansatz auch mit alternativen, marxistisch inspirierten Interpretationsangeboten vergleichen: dazu zählen insbesondere Emil Lederers „State of the Masses. The Threat of the Classless Society", Ernst Fraenkels „Dual State" und Franz L. Neumanns „Behemoth", die beim Erscheinen der German Opposition schon vorlagen und vielleicht einen wissenschaftlich fundierteren Ansatz zur Analyse und Interpretation der deutschen Katastrophe in der ersten Hälfte des 20. Jahrhunderts bieten als Rothfels' Vorstellungen. Es ist sicherlich ein Zufall, dass Neumanns „Behemoth" erst 1977 auf deutsch erscheinen konnte[54].

Was fehlt in Rothfels' Biographie, ist eine Erläuterung seines politischen Wertewandels, wenn nicht -wechsels, der irgendwann zwischen 1939 und 1951 einsetzte. Wir wissen auch nicht, wie Rothfels in den USA das lernte, erfuhr und praktizierte, was er bis Mitte der 1930er Jahre – zumindest für Deutschland – als unmögliches Modell historisch „bewiesen" hatte: eine sich demokratisch regulierende Bürgergesellschaft. Dabei mag der für das amerikanische Universitätssystem atypisch-elitäre Elfenbeinturm in Chicago den Lernprozess sogar gefördert haben. Doch wäre es angesichts der fast immer glatten personellen Kontinuitäten in der Zunft der Historiker zu verwegen gewesen, dieses politische Umdenken offen zu vermitteln. Im Nachlass findet sich darüber nichts; in den Interviews mit seinen Schülern auch nicht. So überließ und überlässt Rothfels diese Aufgabe den irritierten Historikern. Denn sein Wirken in Tübingen und München und nicht zuletzt der Umstand, dass er seinen Nachlass mit einigen fatalen Manuskripten und Korrespondenzen aus der Königsberger Zeit dem Bundesarchiv überließ, also nicht „säuberte", machen ihn zu einem der Gründer der westdeutschen Zeitgeschichte. Dass er zu seinen Lebzeiten nicht zum Objekt historiographischer Forschung wurde, entspricht den Usancen der Zunft, dass Rothfels aber die Objekte, die historiographische Arbeiten über ihn heute erst ermöglichen, überlieferte, spricht für eine mit langem Atem geplante List eines Historikers, der ja auch als Archivar gedient hatte.

---

[53] Laura Fermi, Illustrious Immigrants. The Intellectual Migration from Europe 1930–41, Chicago ²1971, S. 349.
[54] Fraenkels „Doppelstaat" erschien 1974 auf deutsch, Lederers „Massenstaat" 1995.

Christoph Cornelißen

Hans Rothfels, Gerhard Ritter und die Rezeption des 20. Juli 1944

Konzeptionen für ein „neues Deutschland"?

„Unvergessen wird es Ihnen in Deutschland stets bleiben, daß Sie das Buch ‚German Opposition to Hitler' schreiben konnten", konstatierte Friedrich Meinecke 1951 im Geleit zur Festschrift für seinen akademischen Schüler Hans Rothfels. Von einer höheren Warte als der nur nationalgeschichtlichen Betrachtungsweise aus widerlege dessen Buch erfolgreich „gewisse amerikanische Zweifel an der Echtheit und dem Adel dieser Widerstandsbewegung"[1]. Ähnlich hatte sich der Freiburger Historiker Gerhard Ritter schon bald nach der Publikation der Studie geäußert. Die Darstellung bringe, so führte Ritter 1949 aus, „ohne kritiklose Idealisierung" und mit großer Klarheit „das politisch-moralische Schwergewicht dieser Oppositionsbewegung" ans Licht[2]. Und auch der Göttinger Siegfried Kaehler sekundierte seinerzeit, daß mit dem Buch der Wert der deutschen Opposition vor allem in England und in den USA bekannt gemacht werde, wobei gerade in letzteren die „wirkliche Unabhängigkeit gegenüber der Tyrannis der öffentlichen Meinung wohl sehr selten ist"[3].

Im Vergleich zu diesen positiven Wertungen hat man später differenzierter, teilweise sogar vernichtend über Rothfels' Grundlagenstudie zur Geschichte des deutschen Widerstands geurteilt. Der laufende Generationswechsel unter den Historikern sollte sogar immer wieder neue Gegensätze

---

[1] Friedrich Meinecke, Zum Geleit!, in: Werner Conze (Hrsg.), Deutschland und Europa. Historische Studien zur Völker- und Staatenordnung des Abendlands. Festschrift für Hans Rothfels, Düsseldorf 1951, S. 9–11, hier S. 10.
[2] Gerhard Ritter, Hans Rothfels: The German Opposition to Hitler. An Appraisal, Hinsdale/ Ill. 1948, in: HZ 169 (1949), S. 402–405, hier S. 402.
[3] Zur Wirkung von Rothfels' Buch im angelsächsischen Sprachraum vgl. Lothar Kettenacker, Die Haltung der Westalliierten gegenüber Hitlerattentat und Widerstand nach dem 20. Juli 1944, in: Gerd R. Ueberschär (Hrsg.), Der 20. Juli 1944. Bewertung und Rezeption des deutschen Widerstands gegen das NS-Regime, Köln 1994, S. 19–37. Zu den Reaktionen von Siegfried A. Kaehler und Friedrich Meinecke siehe Friedrich Meinecke, Ausgewählter Briefwechsel, hrsg. von Ludwig Dehio und Peter Classen, Stuttgart 1962, S. 531, Brief Siegfried Kaehlers vom 4. 8. 1948, und ebenda, S. 534, Brief Friedrich Meineckes an Siegfried Kaehler vom 31. 8. 1948.

in der Einschätzung des deutschen Widerstands aufreißen, zumal zwischen denjenigen, die das Geschehen im Nationalsozialismus noch persönlich erfahren hatten, und den Nachgeborenen, deren professionelle und distanzierte Nüchternheit nach Meinung der Vorgänger die moralischen Dimensionen des Themas nicht hinreichend erfaßte[4]. Letztere konnten aber nicht verhindern, daß seit den 1960er Jahren die außen- und innenpolitischen Vorstellungen der verschiedenen deutschen Widerstandsgruppen eingehend auf ihre intellektuellen und gesellschaftlichen Wurzeln und Zielsetzungen geprüft wurden. Dies verknüpfte sich fast zwangsläufig mit einer Neubewertung älterer historiographischer Urteile. Im Zuge dieses Wandels, der Teil einer übergreifenden Neuorientierung der westdeutschen Geschichtswissenschaft auf die Sozialwissenschaften hin war, sahen sich sowohl Hans Rothfels als auch Gerhard Ritter, der 1954 mit einer umfänglichen Studie über „Carl Goerdeler und der deutsche Widerstand" hervorgetreten war, Kritik aus den Reihen der nachrückenden Historikergeneration ausgesetzt[5]. Als Ergebnis dieser Debatten schälten sich zwei Haupteinwände heraus, die Hans Mommsen 1974 stellvertretend für viele andere zusammenfaßte: Zum einen wandte er sich gegen die geschichtspolitische Stilisierung der Protagonisten des nationalkonservativen Widerstands zu einer Art Vorläufer der späteren Bundesrepublik, und zum anderen forderte er eine umfassende Analyse ihres Denkens und Handelns anstelle der hergebrachten Überbetonung moralischer Faktoren. Gleichwohl wußte Mommsen noch um die Erkenntnisleistungen der vorangegangenen Generation[6].

In den neuesten historiographiegeschichtlichen Debatten dagegen sehen sich sowohl Ritter als auch Rothfels einer weit schärfer formulierten Kritik ausgesetzt. In den Darlegungen von Karl Heinz Roth reduziert sich Rothfels' Darstellung über die „Deutsche Opposition" auf eine „Kampfschrift gegen die Kollektivschuldthese". Sie relativiere die „breite mentale Durchsetzung von Rassismus und Antisemitismus innerhalb der deutschen Bevölkerung" und bescheinige dem Bildungsbürgertum, dem Nationalsozialismus in weitgehend schweigender Opposition gegenübergestanden zu haben[7]. Noch weiter geht Nicolas Berg in seiner Studie „Der Holocaust und

---

[4] Vgl. dazu Klaus-Jürgen Müller/Hans Mommsen, Der deutsche Widerstand gegen das NS-Regime. Zur Historiographie des Widerstandes, in: Klaus-Jürgen Müller (Hrsg.), Der deutsche Widerstand 1933–1945, Paderborn 1986, S. 13–21.
[5] Zu Ritters Buch über Carl Goerdeler vgl. Christoph Cornelißen, Gerhard Ritter. Geschichtswissenschaft und Politik im 20. Jahrhundert, Düsseldorf 2001, S. 553–560.
[6] Vgl. Hans Mommsen, Geschichtsschreibung und Humanität. Zum Gedenken an Hans Rothfels, in: Wolfgang Benz/Hermann Graml (Hrsg.), Aspekte deutscher Außenpolitik im 20. Jahrhundert, Stuttgart 1976, S. 9–27.
[7] Karl Heinz Roth, Hans Rothfels. Geschichtspolitische Doktrinen im Wandel der Zeiten, in: Zeitschrift für Geschichtswissenschaft 49 (2001), S. 1061–1073, hier S. 1068f. Siehe dagegen aber die Rede von einem „befreienden Zugang", welche die Lektüre von Rothfels' „Deutscher Opposition" auf ihn selbst ausgelöst habe, bei Winfried Schulze, Hans Rothfels und die deutsche Geschichtswissenschaft nach 1945, in: Christian Jansen u. a. (Hrsg.), Von der

die westdeutschen Historiker". In den Widerstandsarbeiten von Ritter und Rothfels erkennt er rein apologetische Versuche zur geschichtspolitischen Entlastung Deutschlands, während unliebsame Themen nicht behandelt würden. Insbesondere Rothfels habe mit seinen Wortmeldungen zur Geschichte des Nationalsozialismus „Formen der Enthistorisierung" Vorschub geleistet, indem er historische Probleme verschwieg oder durch ein überhöhtes moralisches Pathos ersetzte, ja, er habe sogar „den allgemeinen apologetischen Reflex der Deutschen nach 1945 als Wissenschaft" etabliert[8]. Diese Angriffe wiederum fanden sich bei anderen Autoren, namentlich in den Publikationen von Ingo Haar, mit dem Vorwurf gekoppelt, Rothfels sei in der Endphase der Weimarer Republik und in den Anfängen des NS-Regimes zu einem Verfechter genuin nationalsozialistischer Positionen geworden[9]. Damit wurde zwangsläufig ein neues Schlaglicht auf Rothfels' Stellungnahmen zum NS-Regime aus der Zeit nach 1945 geworfen, ohne daß dieser Gesichtspunkt in den bisherigen Debatten ausführlich gewürdigt worden wäre. Die Frage, wie viel „altes" und wie viel „neues" Deutschland sich in seinen einschlägigen Texten zum deutschen Widerstand, aber auch in denen Ritters wiederfand, hat bislang historiographiegeschichtlich keine hinreichende Beachtung gefunden[10].

Um diesen Fragen nachgehen zu können, empfiehlt es sich, eine Bestandsaufnahme der konkreten Situation vorzunehmen, in der beide Historiker sich dem Problem des „Widerstands gegen den Nationalsozialismus" näherten. Wir wollen daher zunächst untersuchen, welche biographischen Umstände sie an das Thema heranführten bzw. welche Erfahrungen bei der Konzeption und Niederschrift ihrer Überlegungen eine Rolle gespielt haben: „[G]erade Ihr besonderes Schicksal und Menschentum verlangen es", verstanden zu werden, hat Friedrich Meinecke anläßlich des 60. Geburtstages von Hans Rothfels 1951 festgestellt, denn nur so lasse sich ein Schlüssel zu seiner wissenschaftlichen Leistung finden[11]. Was hier mit Pathos formuliert wurde, verweist nachdrücklich auf die Notwendigkeit, biographische

---

Aufgabe der Freiheit. Politische Verantwortung und bürgerliche Gesellschaft im 19. und 20. Jahrhundert. Festschrift für Hans Mommsen zum 5. November 1995, Berlin 1995, S. 83–98, hier S. 85.

[8] Nicolas Berg, Der Holocaust und die westdeutschen Historiker. Erforschung und Erinnerung, Göttingen 2003, S. 120ff. sowie S. 145ff.

[9] Siehe hierzu das Buch von Ingo Haar, Historiker im Nationalsozialismus, Göttingen 2000, sowie die Debatte zwischen Heinrich August Winkler und Ingo Haar in den Vierteljahrsheften für Zeitgeschichte. Heinrich August Winkler, Hans Rothfels – ein Lobredner Hitlers? Quellenkritische Bemerkungen zu Ingo Haars Buch „Historiker im Nationalsozialismus", in: VfZ 49 (2001), S. 643–652; Ingo Haar, Quellenkritik oder Kritik der Quellen? Replik auf Heinrich August Winkler, in: VfZ 50 (2002), S. 497–505, sowie Heinrich August Winkler, Geschichtswissenschaft oder Geschichtsklitterung?, Ingo Haar und Hans Rothfels: Eine Erwiderung, in: Ebenda, S. 635–652. Vgl. aber auch die ausführlichere Rahmendebatte im Forum von „H-Soz-u-Kult" unter dem Titel „Hans Rothfels und die Zeitgeschichte".

[10] Für einen ersten Vergleich siehe Cornelißen, Ritter, S. 546–560.

[11] Vgl. Meinecke, Zum Geleit, S. 9.

Erfahrungen in der Praxis des Historikers zu berücksichtigen und entsprechend zu gewichten. Zweitens sollen die Konzeptionen, die Topoi und die Werturteile in den Werken beider Autoren über den deutschen Widerstand untersucht werden. Im Kern geht es darum herauszuarbeiten, in welchem Ausmaß historiographische Kontinuität oder ein Neubeginn in der Beschäftigung mit einem für die deutsche Geschichtswissenschaft jungen Thema zum Tragen kamen. Abschließend werden die geschichtspolitischen Interventionen beider Autoren im Kontext der breiteren gesellschaftlichen Diskussion über den deutschen Widerstand behandelt. Welche politisch-gesellschaftlichen Ziele, so werden wir in diesem Zusammenhang fragen, verfolgten sie mit ihren publizistischen Arbeiten? Wie viel „neues" Deutschland bzw. wie viel „altes" Deutschland spiegelte sich in einer Debatte, der mit ihrer doppelten Stoßrichtung, der Entlastung von den nationalsozialistischen Verbrechen auf der einen Seite sowie dem Bezug auf vermeintlich positive Referenzpunkte in der deutschen Geschichte auf der anderen Seite, eine herausragende Bedeutung zukam[12]?

1. Biographiegeschichtliche Hintergründe in der Erforschung des deutschen Widerstands

Daß sich Gerhard Ritter und Hans Rothfels nach dem Zweiten Weltkrieg zum Thema des deutschen Widerstands äußerten, war in beiden Fällen durch ihren akademischen Lebensweg, vor allem aber durch ihre konkreten Erfahrungen in den Jahren des NS-Regimes vorgezeichnet. Beide Historiker waren mit ihren Lebensschicksalen existenziell in die Geschichte des Dritten Reiches verwoben. Sie betrachteten sich mit gutem Recht als Überlebende eines Regimes, das sie selbst und ihre Angehörigen mit dem Leben bedroht hatte: Rothfels und seine Familie konnten sich nur durch ihre Flucht nach Großbritannien und in die USA vor der nationalsozialistischen Rassenpolitik retten, während Gerhard Ritter die letzten Monate des NS-Regimes in einem Konzentrationslager und einem Berliner Gefängnis überlebte, aus dem er sich erst im April 1945 unter für ihn glücklichen Umständen befreien konnte, um dann einen abenteuerlichen Rückweg nach Freiburg anzutreten[13].

Lebensgeschichtliche Erfahrungen dieser Art mußten ihre historiographischen Spuren hinterlassen, und es ist daher von besonderem Interesse zu sehen, wie beide Historiker bald nach dem Kriegsende versuchten, sich zu-

---

[12] Vgl. hierzu zuletzt Jan Eckel, Intellektuelle Transformationen im Spiegel der Widerstandsdeutungen, in: Ulrich Herbert (Hrsg.), Wandlungsprozesse in Westdeutschland. Belastung, Integration, Liberalisierung 1945–1980, Göttingen 2002, S. 141–176.

[13] Zu Ritter siehe Cornelißen, Ritter, S. 362–369, zu Rothfels vgl. Werner Conze, Hans Rothfels, in: HZ 237 (1983), S. 311–360, hier S. 330–341.

nächst einen Weg in die wissenschaftlich-akademische Normalität zurück zu bahnen. In diesem Zusammenhang ist der erste briefliche Austausch zwischen Rothfels und Ritter aus dem Jahr 1946 besonders aufschlußreich, der erste nach einer Unterbrechung seit 1937[14].

Bemerkenswerterweise versuchte Rothfels als erster, die Fäden der früheren Bekanntschaft wieder anzuknüpfen, allerdings erst, nachdem er im Herbst 1946 auf eine Professur an der University of Chicago berufen worden war und somit nach einer langen „Durststrecke" von Enttäuschungen und Entbehrungen einen beruflichen Erfolg vermelden konnte. In seinem Brief an Ritter vom 16. Oktober stechen eine Reihe von Gesichtspunkten hervor, darunter auch das Bemühen, über den Hinweis auf die Vorgeschichte des 20. Juli eine gemeinsame Gesprächsbasis zu finden. Man habe zwar bislang nur indirekt voneinander gehört, heißt es bei Rothfels, aber „[w]as ihre persönliche story betrifft, so sind wir mit der Vorgeschichte des 20. Juli gut vertraut." Daneben wird in dem Brief die Absicht erkennbar, den direkten Schulterschluß mit Ritter zu suchen, aus der Perspektive der Opfer und Gegner des Nationalsozialismus: „Da ihre Adresse die alte zu sein scheint, hoffe ich, daß sie von den größten Verlusten (Bibliothek) einigermaßen verschont geblieben sind. Wie es trotz alledem ist, im generellen und im speziellen, davon glauben wir eine weitergehende Vorstellung zu haben, wenn auch die best vortrainierteste Einbildungskraft sicher hinter der Wirklichkeit zurückbleibt. Durch manches sind wir selbst gegangen, wenn nicht durch Hunger so durch seelische Vitaminlosigkeit [!], vieles konnten wir ehe nur mit Grauen kommen sehen. Um so mehr gilt Bewunderung denen, die sich das Maß der Dinge nicht verrücken ließen und versuchten etwas zu tun, ehe es zu spät".[15]

Rothfels sandte noch weitere wichtige Signale aus: Er ließ deutlich anklingen, wie sehr er sich auch noch im Jahr 1946 Deutschland und den Deutschen verbunden fühlte. Nach sieben harten, nicht erfolglosen, aber doch sehr unsicheren Jahren habe er erst jetzt mit dem Ruf an die University of Chicago wieder festen Boden erreicht. Als ein gutes Omen erschien ihm dabei das erste Bild, das er auf dem Korridor des History Department entdeckt hatte. Es zeigte Hermann Oncken, bei dem sowohl Ritter als auch Rothfels promoviert hatten. Überhaupt habe er nun das Gefühl, meinte Rothfels, daß die erneute Westwanderung um tausend Meilen ihn Europa und Deutschland wieder so nahe gebracht habe, wie es zuvor im stärker

---

[14] Bundesarchiv (künftig: BA) Koblenz, Bestand N 1166, Nachlaß (NL) Ritter, Bd. 328, Brief von Hans Rothfels an Gerhard Ritter vom 16. 10. 1946, sowie ebenda, Brief Gerhard Ritters an Hans Rothfels vom 22. 11. 1946. Siehe dazu Conze, Rothfels, S. 347. Erst im Frühjahr 1946 war die Post zwischen Amerika und Deutschland wieder freigegeben worden. Siehe auch Schulze, Hans Rothfels, S. 92, der von einem „starke[n] Drang zur Normalität" in den Kontakten nach 1945 spricht.
[15] BA Koblenz, Bestand N 1166, NL Ritter, Bd. 328, Brief von Hans Rothfels an Gerhard Ritter vom 16. 10. 1946.

europäisch geprägten Osten der Vereinigten Staaten nicht der Fall gewesen sei.

Ritter hat auf diese Anspielungen rasch reagiert, wenn auch nicht mit besonderer Sensibilität für die tatsächlichen Strapazen und Belastungen eines Exilanten. In seinem Antwortbrief vom 22. November 1946 spricht er eher euphemistisch von einem „langen und mühsamen Wanderleben", um dann – in der für ihn charakteristischen, zuweilen selbstbezogenen Art – ausführlich seine laufenden Arbeiten in den Vordergrund zu rücken. Wichtig war ihm damals die in „entschieden antinationalsozialistischem Geist" geschriebene Aufsatzsammlung „Lebendige Vergangenheit", die in der Fassung des Jahres 1944 nur in wenigen Exemplaren ausgeliefert worden war[16]. Außerdem schrieb Ritter: „Sie sehen also, daß ich mich jetzt ganz der Zeitgeschichte zugewendet habe, da ich durch meine Schicksale in diese Aufgabe geradezu gedrängt bin." Ferner berichtete er von seiner fortgesetzten Arbeit an einer Entwicklungsgeschichte des deutschen Militarismus sowie der Vorbereitung eines Kollegs zur nationalsozialistischen Epoche. Für hervorhebenswert befand Ritter schließlich seine Mitwirkung an der Sammlung von Materialien der „Mitverschworenen des 20. Juli".

Wenn Ritter vom deutschen Widerstand sprach und dabei den Begriff der „Mitverschworenen" benutzte, erfüllte er 1946 mehr als eine einfache Berichtspflicht. Hier wurde klar und deutlich das Signal ausgesandt, daß er sich mit Rothfels in einer Front wähnte, sowohl nach 1945 als auch in der Zeit des NS-Regimes. Ritter vergaß daher 1946 nicht, ausdrücklich hinzuzufügen: „Über meine politische Haltung schon 1933 wissen Sie ja Bescheid."[17] Offensichtlich suchte auch er eine Art Bündnis mit Rothfels. Damit konnte er sich zugleich von denjenigen abgrenzen, die, wie beispielsweise Reinhard Wittram, zum gleichen Zeitpunkt ihre Schuldgefühle gegenüber Rothfels bekennen mußten oder wollten: „Wir suchten, nachdem die Grundlagen unserer politischen und sozialen Existenz preisgegeben waren, eine neue Aufgabe im Dienst des Vaterlandes, der Nation, krampfhaft und fast bis zum Rausch illusionistisch – bis uns bewußt wurde, daß wir an der alten auslandsdeutschen Verklärung Deutschlands zugrundegingen."[18]

Auch wenn man die hier zitierten lebensgeschichtlichen Einschätzungen insgesamt nicht überbewerten sollte, so enthalten sie doch wichtige Hinweise auf die wissenschaftlichen Interessen und politischen Aussichten von zwei Gelehrten, die bald danach zu den bekanntesten Historiographen des deutschen Widerstands in Westdeutschland avancierten[19]. Ihr Ziel einer Do-

---

[16] Vgl. Cornelißen, Ritter, S. 305 f.
[17] BA Koblenz, N 1166, NL Ritter, Bd. 328, Brief Gerhard Ritters an Hans Rothfels vom 22. 11. 1946.
[18] BA Koblenz, N 1213, NL Rothfels, Bd. 186, Brief Reinhard Wittrams an Hans Rothfels vom 8. 9. 1946.
[19] Zu weiteren Bekenntnisbriefen dieser Art siehe ebenda, Brief Theodor Schieders an Hans

kumentation und wissenschaftlichen Analyse der Opposition gegen den Nationalsozialismus ergab sich konsequent aus der eigenen Biographie. Und kaum zufällig betrachteten beide nach 1945 ihren Weg in die Zeitgeschichte geradezu als ihre Lebensaufgabe. Offensichtlich wirkte hierbei nicht nur bei Rothfels die Vorstellung nach, „Mitträger geschichtlichen Schicksals" gewesen zu sein, so wie es der frühere Königsberger Historiker bereits 1935 ausgedrückt hatte[20]: Historie aus eigener Lebenserfahrung, das war ein Konzept, zu dem er sich auch nach dem Zweiten Weltkrieg ausdrücklich bekannte. Daher ließ ihn das Thema des deutschen Widerstands einfach nicht mehr los.

Auch bei Ritter können wir schon bald nach 1945 eine intensive Beschäftigung mit einer Fragestellung beobachten, mit der sich ein Gutteil eigener Erfahrungen im Nationalsozialismus verband. Seine persönliche Bekanntschaft mit Carl Goerdeler, aus dessen Familie ihn bald nach dem Krieg der Auftrag erreichte, bei der Materialsammlung und Nachlaßsichtung behilflich zu sein, aber auch seine Mitwirkung im „Hilfswerk 20. Juli", involvierten ihn in ein Thema, das für ihn zugleich eine persönliche und eine politische Relevanz hatte. Ritters Mitwirkung an den geheimen Beratungen des sogenannten Freiburger Kreises und seine maßgebliche Beteiligung an der Ausarbeitung von zwei großen Denkschriften machten ihn selbst zu einer „lebenden Quelle" für dieses Thema[21].

Ungeachtet dieser lebensgeschichtlichen Kontinuitäten darf die Bedeutung neuer Erfahrungen nicht übergangen werden. Wesentliches hat sich in der Zeit des „Dritten Reiches" bei beiden Historikern geändert. In ihm sei etwas „gesprungen", hat Rothfels nach seiner Entlassung aus der Universität schon in den 1930er Jahren gegenüber Friedrich Meinecke bekannt[22]. Und kaum zufällig wollte er schon 1937 mit seinem damals beendeten Buch über „Theodor v. Schön, Friedrich Wilhelm IV. und die Revolution von 1848" „den Anspruch des Geistes gegenüber der Biologie und ein Stück echtestes Preussentum" behaupten[23]. Selbst nach 1945 deutete Rothfels

---

Rothfels: „Wir sind ja alle, und die Ostflüchtlinge voran, aus den letzten Illusionen bürgerlicher Saturiertheit gerissen. Von den primitivsten Lebensbedürfnissen bis zu den subtilsten geistigen Werten scheint alles in Frage gestellt, was neben dem Grundgefühl der Sorge natürlich auch das Bewußtsein einer unendlichen Freiheit verlangt. Wie wir auf Dauer weiterkommen werden, innerlich und äusserlich, ist noch keineswegs ganz greifbar, aber wenigstens scheint jetzt ein Stadium erreicht zu sein, in dem die Lähmung und Lethargie einer steigenden geistigen Initiative Platz zu machen beginnt [...]". Siehe auch Brief Werner Conzes an Hans Rothfels vom 6. 6. 1946, in: Ebenda.

[20] Hans Rothfels, Ostraum, Preussentum und Reichsgedanke. Historische Abhandlungen, Vorträge und Reden, Leipzig 1935, S. VI.
[21] Siehe dazu Cornelißen, Ritter, S. 354–362.
[22] Meinecke, Zum Geleit, S. 10. Siehe auch Hans Rothfels, Bismarck und das neunzehnte Jahrhundert, in: Walther Hubatsch (Hrsg.), Schicksalswege deutscher Vergangenheit. Beiträge zur geschichtlichen Deutung der letzten hundertfünfzig Jahre, Düsseldorf 1950, S. 233–248, hier S. 233 f.
[23] BA Koblenz, Bestand 1166, NL Ritter, Bd. 487b, Brief Gerhard Ritters an Hans Rothfels

seine „Austreibung aus Beruf und Heimat" vielsagend als eine „ungemeine Bereicherung – auch im fachlichen."[24] Wenn man parallel dazu die Briefe Ritters aus den Jahren des Zweiten Weltkriegs zur Kenntnis nimmt, so sind auch bei ihm tiefe biographische Prägungen nicht zu übersehen. Der historiographische Wiederbeginn nach 1945 ist geradezu durchtränkt von diesen Erlebnissen.

Es kann deshalb kaum überraschen, daß Rothfels den Aufstand des 20. Juli als kantisch verstandenen, preußischen Widerstandsakt einordnete, während Ritter – gleichfalls nicht ohne indirekte autobiographische Anspielungen – in seinem Goerdelerbuch den schwierigen Weg vieler Widerständler zu der Erkenntnis schilderte, daß die „nationale Gemeinschaft" nicht länger den höchsten Wert schlechthin darstelle. Es könne zur Pflicht werden, sie zu verlassen, meinte Ritter und fügte einschränkend hinzu: „das haben wir heute gelernt"[25]. Folgen wir diesen Selbstbekundungen, so hatte sich bei beiden Historikern, bedingt durch ihre persönlichen Erfahrungen im Dritten Reich, die Sicht auf den Nationalstaat und den Machtstaat verschoben. Man darf dieses Moment nicht zu gering veranschlagen, weil dieser vorsichtige Wandel ihr Schrifttum über den 20. Juli 1944 bestimmte.

Neben diesen lebensgeschichtlichen Prägungen spielten nach 1945 auch die spezifischen Generationenerfahrungen eine wichtige Rolle für das Selbstverständnis von Ritter und Rothfels. Auf dieser Grundlage betrachteten es beide nach 1945 als ihre Pflicht, als „moralische Brückenbauer" zu fungieren. Diese Rolle ist ihnen nach dem Zweiten Weltkrieg von ehemaligen Schülern und Kollegen angetragen worden[26], aber sie haben sie rasch auch aus eigenem Antrieb übernommen. Biographisch betrachtet war der von außen und zugleich sich selbst gestellte Auftrag allerdings weder für Ritter noch für Rothfels völlig neu, hatten doch beide als ehemalige Weltkriegskämpfer schon in den 1920er Jahren eine ähnliche Herausforderung angenommen, jedoch mit jeweils eigener Akzentsetzung. In diesem Zusammenhang lohnt der Rückblick auf die Anfänge der wissenschaftlichen Kar-

---

vom 4. 8. 1937. Siehe auch die Anspielungen von Rothfels in der Darstellung seines Buches. Hier spricht Rothfels davon, „wie mit Überzeugungen des Oberpräsidenten von allerdings ungewöhnlich prinzipieller Art, mit dem Glauben an die sittliche Kraft der Persönlichkeit, an den erzieherischen Wert der Selbsthilfe, sich von vornherein sehr bewußter Erhaltungswille staatspolitischer Prägung verbunden hat [...]." Hans Rothfels, Theodor von Schön, Friedrich Wilhelm IV. und die Revolution von 1848, Halle 1937, S. 91.

[24] Hans Rothfels, Antrittsrede bei der Heidelberger Akademie der Wissenschaften, in: Jahresheft der Heidelberger Akademie der Wissenschaften 1958/59, Heidelberg 1960, S. 27–30, hier S. 29.

[25] Gerhard Ritter, Carl Goerdeler und die deutsche Widerstandsbewegung, Stuttgart ³1956, S. 271.

[26] Siehe beispielsweise BA Koblenz, Bestand N 1213, NL Rothfels, Bd. 186, Brief Hans Herzfelds an Hans Rothfels vom 27. 1. 1947. „Früher hätte ich mit Sicherheit gedacht, daß gerade Sie eines Tages zurückkehren würden. Jetzt schwankt man zwischen dem Gefühl, dass solche Aussenposten für uns unendlich wertvoll und unentbehrlich sind, während auf der anderen Seite eine Rückkehr hier bei uns ebenfalls wie ein frischer Luftzug wirken könnte."

rieren und die weiteren Hauptstationen der beiden Historiker. Bereits die frühe akademische Vita der beiden Oncken-Promovenden wies Nuancen auf, die sich in den folgenden Jahrzehnten immer wieder in Meinungsunterschieden niederschlagen sollten[27]. Beide verstanden es aber auf der Grundlage ihrer persönlichen Kriegserlebnisse und in der Auseinandersetzung mit den Krisenlagen der 1920er Jahre als ihre Aufgabe, politisch-wissenschaftliche Kritik für nationalpädagogische Ziele einzusetzen: Denn „keine Generation hat den unmittelbaren wurzelhaften Zusammenhang innerer und äußerer Politik so erschütternd erfahren wie die unsere", meinte Rothfels bereits 1919[28]. Auch sonst stechen die Generationenbezüge in vielen ihrer Schriften und Reden hervor, so daß man sogar von einem ubiquitären Generationenbezug sprechen kann. Allerdings blieb der Blick Ritters auf die Politik in Gegenwart und Vergangenheit vor 1933 viel stärker staatspolitisch fixiert als dies bei dem „aktivistisch" gesinnten Rothfels der Fall war, der in der „Erlebnisgemeinschaft" mit seinen Studierenden im Laufe der 1920er und frühen 30er Jahre in Königsberg eine immer schärfer akzentuierte Kritik am Nationalstaatsparadigma westlichen Typs propagierte. Während Ritters Biographie über den Freiherrn vom Stein 1931 primär auf eine Leserschaft unter den administrativen und politischen Eliten zielte, ließ sich Rothfels in Königsberg auf eine Volksgeschichte ein, eben weil er sich dort an einer national ungesicherten Front wähnte. Bezeichnend hierfür schrieb er im März 1930 an Ritter: „Ich ‚veröstliche' rapid". Fast anklagend notierte er außerdem, daß sich fast niemand so recht ein Bild davon machen könne, „wie besonders die hiesige Situation ist, wie unendlich viel [...] an öffentlichen und kulturpolitischen Aufgaben hier am neueren Historiker hängt. [...] Dabei ist die Situation hier dauernd eine so gespannte wie sie es im Westen nur in der Zeit der schärfsten Zuspitzung war und das verbunden mit einem sehr viel geringeren Mass von Anteilnahme und Verständnis im ‚anderen' Deutschland, dessen Oszillationen von hier aus sehr seltsam und bei aller Aufgeregtheit unwichtig erscheinen."[29]

Über die Frage, ob sich Rothfels mit seinen Schriften in dieser Zeit der Politik der Nationalsozialisten angenähert oder sogar Legitimationsdienste für diese geleistet habe, ist an dieser Stelle nicht zu urteilen. Es bleibt aber immerhin bemerkenswert, daß er nach dem Krieg rasch an seine Studien der 1920er und 30er Jahre anknüpfte bzw. sich ausdrücklich dazu bekannte[30].

---

[27] Vgl. Mommsen, Humanität, in: Benz/Graml (Hrsg.), Aspekte, S. 534.
[28] Hans Rothfels, Äußere und innere Politik, in: Die Hilfe 1919, S. 128.
[29] BA Koblenz, Bestand N 1166, NL Ritter, Bd. 184, Brief von Hans Rothfels an Gerhard Ritter vom 5. 3. 1930. Siehe auch Rothfels' abgewogenere nachträgliche Betrachtung in seiner Antrittsrede vor der Heidelberger Akademie der Wissenschaften sowie seine Erinnerung an Königsberg in: Ders., 700 Jahre Königsberg, München 1955, S. 6f.
[30] Siehe dazu Hans Rothfels, Grundsätzliches zum Problem der Nationalität, in: Ders., Zeitgeschichtliche Betrachtungen, Göttingen ²1959, S. 89–111, bes. S. 109, sowie ders., Zur Krise des Nationalstaats, in: Ebenda, S. 124–145.

Angesichts der Erfahrungen von Flucht und Vertreibung in der Endphase des Krieges und der frühen Nachkriegszeit sah er sich sogar ausdrücklich in seiner älteren Kritik am westlichen Nationalstaat als normativer Form des politischen Lebens bestätigt. Selbstbewußt kam er deswegen nach 1945 auf sein Plädoyer für „mehr- oder übervölkische Lebensformen" aus der Zwischenkriegszeit zurück[31]. Auch daß es eine klare Kontinuitätslinie von seinem Göttinger Vortrag 1932 bis zu seinem Bismarck-Vortrag 1949 gab, hat Rothfels nie bestritten. Er sah in dem früheren Vortrag eine Abkehr von der vorwaltenden nationalstaatlichen Perspektive und den sie begleitenden „Vorstellungen eines bürgerlichen Jahrhunderts", betonte aber, daß er nie der „Rassenideologie oder dem autoritären Gesellschaftsideal" verfallen sei[32].

Aus diesen Selbstbetrachtungen und Selbstrechtfertigungen ergaben sich Rückwirkungen auf die Beurteilung des deutschen Widerstands. Denn auch nach dem Zweiten Weltkrieg machte Rothfels keinen Hehl aus seiner Bevorzugung der übernationalen, berufsständischen und neokonservativen Auffassungen des Kreisauer Kreises, standen diese doch im Einklang mit seinen eigenen Vorstellungen aus früheren Tagen. Doch es ging hierbei noch um mehr. Rothfels fand im Programm und in der Haltung der Kreisauer Grundüberzeugungen gespiegelt, die denen seiner Jugend, seiner Soldatenzeit und seines politisch-wissenschaftlichen Engagements in Königsberg entsprachen: etwa das Streben nach „Maßnahmen zwischenvölkischer Sittlichkeit", die wirtschaftspolitischen Vorstellungen eines „dritten Weges" zwischen Kommunismus und Kapitalismus oder das Hinauswachsen über die „liberalen Glaubensartikel des 19. Jahrhunderts". Das verknüpfte sich mit einer Hochschätzung der innenpolitischen Zukunftspläne der Kreisauer oder auch Goerdelers, in denen ein starkes Element der Selbstverwaltung von unten und eine Abkehr von Mitteln der plebiszitären Demokratie im Vordergrund standen[33].

Ähnliches läßt sich für Ritter sagen, dessen Kritik an seinem Protagonisten Carl Goerdeler die tiefe Übereinstimmung mit dessen national- bzw. rechtsliberalen Traditionen mitnichten überschattet, wobei Ritter vor allem den „Geist altpreußisch-konservativen Beamtentums" sehr positiv bewer-

---

[31] Hans Rothfels, Zur Einführung. Eröffnungsansprache: in: Deutscher Osten und Slawischer Westen. Tübinger Vorträge zur Geschichte und Politik, hrsg. von Hans Rothfels und Werner Markert, Tübingen 1955, S. 1–4, hier S. 3.
[32] Rothfels, Bismarck und das neunzehnte Jahrhundert, in: Hubatsch (Hrsg.), Schicksalswege, S. 233–248, hier S. 234. Siehe auch ders., Zur Krise des Nationalstaats, in: Ders., Zeitgeschichtliche Betrachtungen, S. 141.
[33] Siehe dazu die Ausführungen bei Hans Rothfels, Die deutsche Opposition gegen Hitler. Eine Würdigung, Krefeld 1949, S. 122, S. 128, S. 146 f. und passim, sowie Gerhard Ritter, Goerdelers Verfassungspläne, in: Nordwestdeutsche Hefte 1, H. 9 (1946), S. 6–14, hier S. 12 f.

tete³⁴. Das stand mit seiner Einschätzung des Präsidialregimes unter Heinrich Brüning im Einklang, das der Freiburger Historiker bereits zeitgenössisch als „letzten Damm gegen die Sintflut von rechts und links" eingestuft hatte. Die älteren generationsspezifischen Interpretationen wirkten auf diesem Weg bis in die 1960er Jahre als Deutungsmuster weiter, obwohl sie sich zu diesem Zeitpunkt von den eigentlichen generationellen Erfahrungen weit entfernt hatten.

In der Zeit nach 1945 läßt sich jedoch auch beobachten, wie nicht nur ältere Erfahrungen, sondern auch das Erlebnis der kulturellen Moderne und die „gigantische Ausweitung des Schauplatzes" die historiographische Beurteilung des deutschen Widerstands beeinflussen konnten. Rothfels jedenfalls zog den Schluß, daß man nun einen Weg zur Überwindung einzelstaatlicher Souveränität und nationaler Selbstbestimmung finden müsse. Dementsprechend rückte er seine Betrachtungen zum Widerstand in einen zunehmend universaleren Rahmen. Der historische Widerstand gegen die Exzesse eines totalitären Systems erhielt so eine beispielhafte Funktion zugeschrieben – als Widerstand gegen eine Reduktion des Menschlichen durch eine immer mächtigere technische Zivilisation und die damit verbundene Tendenz zum Totalitären. Dazu paßte die Gesamtdeutung des Nationalsozialismus, den beide Autoren primär als Ausdruck einer Krise der Moderne definierten. Schon 1948 sprach Rothfels davon, daß es beim Widerstand gegen den Nationalsozialismus „um das Schicksal des Menschen in der modernen Gesellschaft" gegangen sei. Ritter garnierte eine ähnliche Sichtweise in seinem Goerdeler-Buch von 1954 mit zahlreichen kulturpessimistischen und antikommunistischen Einschätzungen, die auch seiner subjektiven Wahrnehmung der „westlichen" Welt in den 1950er Jahren entsprangen. Folglich stellt sich seine Goerdeler-Biographie in der Rückschau als eine Art „moralischer" Geschichtsschreibung dar, in der Ritter „die tiefste Schwäche unserer Zeit" oder auch die „Unsicherheit der Überzeugungen" beklagte. Der Relativismus sittlicher Werte führe zum „Nicht-mehr-ernst-Nehmen sittlich-geistiger Entscheidungen als solcher", Werte würden durch „bloßes Gerede" ersetzt. Dagegen rückten die existenziellen Debatten im Umkreis des Widerstands aus seiner Sicht in ein um so helleres Licht³⁵.

2. Die Geschichte des „20. Juli 1944" im historiographischen Werk Gerhard Ritters und Hans Rothfels'

Die Geschichtsschreibung zum deutschen Widerstand war nach Kriegsende zunächst eine Angelegenheit von Autoren und Autorinnen aus dem Kreis

---
³⁴ Ritter, Goerdeler, S. 21, S. 37f., S. 67 u. S. 124.
³⁵ Ritter, Goerdeler, S. 98.

der Angehörigen oder der überlebenden Zeitzeugen[36]. Bis zu einem gewissen Grad gilt dies auch für Ritter, der sich aber, ähnlich wie Rothfels, durch die Beachtung der Regeln der wissenschaftlich-kritischen Quellenkritik von dem außerordentlich starken moralischen Impuls vieler Laienveröffentlichungen absetzen wollte. So meinte Rothfels bereits 1948, „er glaube als erster historische Methode angewandt zu haben, woran es bisher gänzlich gefehlt hat". Sein Buch über die deutsche Opposition erschien 1948 in englischer Sprache. Eine deutsche Ausgabe kam im Folgejahr in einem Krefelder Verlag heraus, übrigens vermittelt von Ludwig Dehio, der das Buch sehr willkommen hieß: „Sie sprechen vor Ihren neuen Landsleuten um so wirksamer für Ihr Vaterland, weil Sie nur die Tatsachen sprechen lassen."[37] Der breite Erfolg des Buches in Westdeutschland – insgesamt mehr als 200 000 Exemplare wurden hiervon verkauft und konnten so prägend auf das Geschichtsbild wirken – war zu einem Gutteil darauf zurückzuführen, daß es vielen Deutschen die Möglichkeit bot, sich affirmativ auf die Zeit des Nationalsozialismus beziehen zu können[38]. Denn viele Männer, so argumentierte Rothfels, hätten sich „intakt" gehalten, und die Mehrheit der „Arier" habe niemals den „Nazi-Antisemitismus" vertreten. Tatsächlich hätten sich sogar breite Schichten gegenüber dem Nationalsozialismus immun gezeigt[39]. Rothfels sprach damit explizit die Gruppen an, denen er sich selbst zurechnete. Denn wie er in einem Brief aufschlußreich formulierte, interessierte er sich besonders für „das Problem der traditionell staatsgläubigen und opferbereiten Schichten, für die die Hingabe von Söhnen nicht ein Anlaß zum Revoltieren, sondern zu tieferem Verbundensein ist". Letztlich fühlte er sich genau diesem Kreis zugehörig, wußte er doch auch 1948 nicht zu sagen, wie er selbst mit diesem Dilemma unter vergleichbaren Umständen umgegangen wäre, „wenn man für sich die Unsittlichkeit dieses Staates erkannt" hätte[40].

Auch Ritter konnte mit seiner 1954 erschienenen Goerdeler-Biographie ein positives Echo hervorrufen. Sein Buch erfuhr rasch drei Auflagen, fand

---

[36] Vgl. hierzu zuletzt Eckel, Intellektuelle Transformationen, in: Herbert (Hrsg.), Wandlungsprozesse.
[37] BA Koblenz, Bestand 1213, NL Rothfels, Bd. 1, Brief Ludwig Dehios an Hans Rothfels vom 16. 7. 1948.
[38] Vgl. Eckel, Intellektuelle Transformationen, in: Herbert (Hrsg.), Wandlungsprozesse, S. 140f. Zum Verkauf des Buches siehe auch BA Koblenz, Bestand 1213, NL Rothfels, Bd. 2, Brief von Hans Rothfels an Gottfried Bermann Fischer vom 10. 2. 1958: Es sei natürlich auch sein Wunsch, das Buch in möglichst weite Kreise zu bringen. Er müsse daran erinnern, „daß Ritters Goerdeler (der ja ungemein viel kostspieliger gewesen ist) in ziemlichen Zahlen von der Bundeszentrale für Heimatdienst verbreitet worden ist […]."
[39] Vgl. Rothfels, Deutsche Opposition, S. 38–55. Siehe dazu auch Theodor Schieder, Hans Rothfels zum 70. Geburtstag, in: VfZ 9 (1961), S. 117–123.
[40] Geheimes Staatsarchiv Preußischer Kulturbesitz, Bestand XX, HA Rep. 99c, Nr. 56, Brief von Hans Rothfels an Kurator Johannes Hoffmann vom 11. 4. 1948. Ich verdanke diesen Hinweis Dr. Mathias Beer, Tübingen.

dann aber gegen Ende der 1950er Jahre kaum mehr Käufer. Trotzdem publizierte die Deutsche Verlagsanstalt 1964 eine erste und zugleich letzte Taschenbuchausgabe, in der nun auch für eine große Leserschaft die modernitätsskeptische Interpretation des Autors nachzulesen war: Danach war der Nationalsozialismus im Kern seines Wesens kein deutsches Gewächs, sondern nur die deutsche Form einer europäischen Erscheinung. Diese aber lasse „sich nicht aus älteren Traditionen erklären, sondern nur aus einer spezifisch modernen Krisis, aus der Krisis der liberalen Gesellschaft und Staatsform"[41].

Neben diesen beiden Büchern publizierten beide Autoren in den ersten zehn Nachkriegsjahren zahlreiche einschlägige Artikel und Rezensionen; allein 1946 wartete Ritter mit drei Beiträgen zu Goerdeler auf. Aber beide Autoren schrieben nicht ausschließlich über den Widerstand. So wandte sich Rothfels schon 1946 der Frage der Vertreibungen aus Mittelosteuropa sowie der Rolle Bismarcks in der deutschen Geschichte zu. Danach meldete er sich fast regelmäßig mit Kommentaren in den Vierteljahrsheften für Zeitgeschichte zu Dokumenten aus dem deutschen Widerstand zu Wort. Auch Ritter band seine Betrachtungen zum gleichen Thema in die Diskussion um die Revision des deutschen Geschichtsbildes ein. Außerdem bereitete er die Publikation des ersten, schon im Krieg geschriebenen Bandes von „Staatskunst und Kriegshandwerk" vor, der dann aber erst 1954 parallel zu seinem Buch über Goerdeler erschien. Angesichts dieser großen Produktivität kann es kaum verwundern, daß wir in ihren Widerstandsarbeiten ein mixtum compositum unterschiedlicher Themen und Topoi, aber auch von Stilelementen und Metanarrativen antreffen, die zu einer alt-neuen Gesamtbewertung verknüpft sind. Insofern lag es für beide Autoren nahe, den deutschen Widerstand gegen den Nationalsozialismus in eine positiv verstandene Kontinuität deutscher Geschichte einzuordnen. Das ergab dann jeweils eine Linie von Friedrich dem Großen bis zu Carl Goerdeler (bei Ritter) oder bis zum Kreisauer Kreis (bei Rothfels).

Ausgangspunkt ihrer Gesamtdarstellungen war jedoch die Abwehr alliierter Kritik an den verhängnisvollen Traditionen der deutschen Geschichte, welche fast zwangsläufig zum Nationalsozialismus geführt hätten. In klarer Ablehnung solcher und ostdeutscher Deutungen, in denen das Klasseninteresse der Verschwörer herausgestellt wurde, zielten Rothfels und Ritter auf eine übernationale Würdigung der Verdienste bzw. Kräfte „moralischer Selbstbehauptung"[42]. Aber auch die Kritik an der Abwertung des Widerstands von seiten der politischen Rechten war beiden Historikern ein wichtiges Anliegen bei der Beschäftigung mit dem Widerstand[43]. Um Vorwürfen

---

[41] Ritter, Goerdeler, S. 94.
[42] Rothfels, Deutsche Opposition, bes. S. 172–175 sowie S. 190, Zitat S. 19.
[43] Rothfels, Deutsche Opposition, S. 9f.; Cornelißen, Ritter, S. 549–551.

zu begegnen, bei den Verschwörern des 20. Juli 1944 habe es sich um eine
„reaktionäre Junker- und Offiziersclique" gehandelt[44], erhielt das „andere
Deutschland" in Ritters Goerdeler-Biographie eine besonders starke Akzentuierung als Gegenpol zu den behaupteten negativen historischen Vorbelastungen der deutschen Geschichte. Ebenso vehement wandte er sich
bald auch gegen die Angriffe auf Vertreter und Angehörige des Widerstands
in der „linken Presse". Bereits Ende 1946 war aus seiner Sicht eine Lage eingetreten, daß die „tapfersten deutschen Männer nicht mehr öffentlich verteidigt, geschweige denn gelobt werden dürfen"[45].

Auch Rothfels hat sich von derartigen Angriffen antreiben lassen und gewissermaßen als Gegenmaßnahme die Mitglieder des Kreisauer Kreises zu
den Erben eines positiv verstandenen Preußentums deklariert. Was er inhaltlich unter diesem Begriff verstand, führte er an vielen Stellen seines Buches über die „Deutsche Opposition", aber auch in anderen Publikationen
aus. In vielfacher Hinsicht war diese Beschreibung des „anderen Deutschland" mit seiner eigenen jungkonservativen Ideenwelt aus den 1920er und
30er Jahren, aber auch mit den Idealen der deutschen Jugendbewegung verwandt. Hinter Rothfels' Formel vom „Hinauswachsen über die liberalen
Glaubensartikel des 19. Jahrhunderts hinaus" verbarg sich in erster Linie
seine Ablehnung der Nationalstaatsidee westlichen, d. h. französischen
Typs. Dagegen bezeichnete er auch noch nach 1945 das Preußentum als
Prinzip der Ordnung zwischen den Völkern. Dabei zeigte sich, daß gleiche
Texte und gleiche Interpretamente differieren können, je nachdem, wann sie
gelesen, nicht nur wann sie geschrieben werden. Was in den frühen 1930er
Jahren in den Texten Rothfels' oft nur als ein schlecht verhüllter Anspruch
auf eine deutsche Hegemonie in Mittelosteuropa erschien, konnte man nach
1945 – mit nur leichten Modifikationen – als konstruktiven Neuansatz für
die friedliche Gestaltung des internationalen Neben- und Miteinanders verstehen. Da sich die Kreisauer aus der Sicht Rothfels' in ihren Debatten immer wieder mit „Maßstäben zwischenvölkischer Sittlichkeit, die für Minderheiten beiderseits der Grenzen bindend sein sollten"[46], beschäftigt hatten, war es für ihn naheliegend, nach 1945 Traditionslinien von den Plänen
einer „wurzelhaften Demokratie" zum neuen politischen System der Bundesrepublik zu ziehen. Auch Ritter entdeckte in seinem Goerdeler-Buch
zahlreiche Anschlußmöglichkeiten dieser Art. Er begriff die Debatten des
Widerstands primär als Anleitung zur politisch notwendigen Abwehr der
modernen Massendemokratie, die er nicht zuletzt als Generationenauftrag

---

[44] Klaus Schwabe/Rolf Reichhardt (Hrsg.), Gerhard Ritter. Ein politischer Historiker in seinen Briefen, Boppard a. Rh. 1984, S. 413, Brief Gerhard Ritters an Anneliese Goerdeler vom 1. 7. 1946.
[45] BA Koblenz, Bestand 1166, NL Ritter, Bd. 359, Brief Gerhard Ritters an Rudolf Pechel vom 16. 9. 1946.
[46] Rothfels, Deutsche Opposition, S. 137.

verstand, da er selbst wie so viele andere das „uns alle bestimmende Erlebnis eines radikalen Umschlags der egalitären Massendemokratie in die Diktatur" erfahren habe[47].

Trotz dieser subjektiven Einschätzungen beanspruchten beide Autoren, historisch objektiv zu arbeiten. Durch die wiederholte Berufung auf ihre eigene Lebensgeschichte wollten sie ihren Darstellungen eine besondere „Authentizität" verleihen. Immer wieder flochten sie daher autobiographische Verifizierungsbemerkungen ein. Rothfels schrieb etwa, „daß niemand das Recht hat, über Gewissenskonflikte und die Möglichkeiten unbedingter Haltung leichthin zu urteilen, der nicht selbst durch diese Erprobungen voll hindurchgegangen ist"[48]. Und Ritter setzte in seinem Goerdeler-Buch verschiedentlich auf die Überzeugungskraft der Introspektion des Zeitzeugen. Nun konnte er zwar mit Recht behaupten, zeitweilig Mitbeteiligter in seiner eigenen historischen Darstellung gewesen zu sein, es ging ihm hierbei aber doch um mehr. Mit seinem Goerdeler-Buch wollte er ausdrücklich nicht nur die Kenntnis der Zeitgenossen über ein historisches Phänomen erweitern, sondern vor allem auch die politischen Ideen des Widerstands und die dahinter stehenden sittlich-religiösen Überzeugungen ans Licht bringen, da nur so der innere Wert der Ideale den Tod ihrer Träger überdauern konnte. Friedrich Zipfel konstatierte dazu 1954 in der Neuen Politischen Literatur: „Der Verf[asser], der mit Goerdeler arbeitete und litt, konnte aus tiefster innerer Beteiligung Gedanken formulieren, die auszusprechen dem nachlebenden Historiker schwerlich möglich sein wird."[49]

Indem Rothfels und Ritter den Nationalsozialismus in eine universale Tendenz einordneten, wollten sie ihn letztlich den politischen Diskussionen der Zeitgenossen entziehen. Ritter spitzte das in seinem Goerdeler-Buch auf das Diktum zu, daß die Opposition ein reiner „Aufstand des Gewissens" gewesen sei[50]. Rothfels hingegen wollte den deutschen Widerstand primär als Teil einer europäischen Bewegung verstanden wissen, die auf die geistige Überwindung des 19. Jahrhunderts gerichtet gewesen sei. Die bei beiden Autoren nachweisbare Moralisierung und Ethisierung des Widerstands ließ viel Raum für Grundsatzerwägungen über menschliches Handeln in Extremsituationen, während die konkreten Verfassungsvorstellungen sowie die gesellschaftlichen Neuordnungspläne des deutschen Widerstands übergangen wurden, und das, obwohl sowohl Rothfels als auch Ritter immer

---

[47] Ritter, Goerdeler, S. 280.
[48] Rothfels, Deutsche Opposition, S. 11, sowie ebenda, S. 10: „Ich bin zehn Jahre hindurch sehr ungewollt in einer Lage gewesen, die nahe innere Beteiligung am Gegenstand dieses Buches mit äußerer Entfernung verband. [...] Einer der Vorzüge ist, daß man nicht als Parteigänger spricht." Über die totalitäre Kontrolle im NS-„Polizeistaat" vgl. ebenda, S. 21.
[49] Friedrich Zipfel, Carl Goerdelers Leben und Werk, in: Neue Politische Literatur 2 (1957), S. 70.
[50] Ritter, Goerdeler, S. 446f. Zur Teilnahme des Zeitzeugen siehe ebenda, S. 111, S. 142, S. 206, S. 280 und passim.

wieder die „üblichen Maßstäbe der politischen Historie" einforderten. Das Ergebnis ist umso bemerkenswerter, als die ersten Dokumente zum Widerstand sofort nach dem Zweiten Weltkrieg gesammelt und auch publiziert worden sind. Vor allem Ritter erwarb sich dabei Verdienste, aber auch Rothfels öffnete seit 1953 die Spalten der Vierteljahrshefte für Zeitgeschichte immer wieder für den Abdruck von solchen Dokumenten, die er dann auch selbst kommentierte. Historiographiegeschichtlich kam allerdings auch hier die Tendenz zum Vorschein, an hergebrachte Erklärungsmuster anzuknüpfen. Sowohl Rothfels als auch Ritter war daran gelegen, das primär sittlichen Maßstäben verpflichtete Individuum in einen Gegensatz zu übermächtigen politischen Handlungszwängen zu rücken. Das besaß für beide Autoren auch jetzt noch Modellcharakter.

Darüber hinaus bemühten sich beide Autoren darum, den Widerstand gegen Hitler zeitlich möglichst früh anzusetzen und ihm gleichzeitig eine denkbar breite gesellschaftliche Fundierung zu geben. Schon in einer seiner ersten Bemerkungen zur Widerstandsproblematik, einer Rezension des Buches von Allen Welsh Dulles über „Germany's Underground", bemängelte Rothfels 1947 die unzureichende Berücksichtigung der Entwicklung zwischen 1933 und 1938. Es habe sich schon lange vor der deutschen Niederlage im Zweiten Weltkrieg ein „aufgestörtes Gewissen" geregt. In seinem Buch bekräftigte er die These, daß die Verschwörung sehr viel mehr in die Breite und Tiefe gegangen sei, als oft angenommen werde[51]. Auch Ritter, der selbst aktives Mitglied im Badener Kirchenkampf gewesen war, erkannte im historischen Rückblick sehr bald nach 1933 Zeichen eines aktiven politischen Widerstands gegen den Nationalsozialismus. Die Kirchen hätten eine wirkliche Volksbewegung gegen den Nationalsozialismus gebildet[52].

Neben gedruckten Quellen rekurrierten beide Autoren bei ihren Urteilen auf eigene Erfahrungen, was zu charakteristisch unterschiedlichen Akzentsetzungen führte. So meinte Rothfels etwa, daß die Gruppe der Neokonservativen um Edgar Jung schon früh einen Bruch mit den nationalistischen Anschauungen Hugenbergs vollzogen und die Gefahr der Bindungslosigkeit einer atomisierten und entchristlichten Gesellschaft erkannt habe. In den Handlungen des militärischen Widerstands sah er daher auch weniger einen Reflex auf eine fast aussichtslose Lage an der Front als vielmehr eine „letzte wirkliche Bekundung von ,Preußentum'" und von „Kantischer ,Starrheit'". Zivile Ideen hätten in ihr von Beginn an vorgeherrscht[53]. Für Ritter war Goerdeler trotz aller Kritik, die der Autor an ihm übte, ein Re-

---

[51] Hans Rothfels, [Rezension], Allen Welsh Dulles: Germany's Underground, in: Historische Zeitschrift 169 (1949), S. 133–135, hier S. 135, sowie ders., Deutsche Opposition, S. 35 u. S. 121.
[52] Vgl. Ritter, Goerdeler, S. 111.
[53] Rothfels, Deutsche Opposition, S. 102.

präsentant einer altliberalen Ideenwelt, der sein Biograph sowohl Anfang der 1930er Jahre, als auch nach dem Zweiten Weltkrieg sehr nahestand. Darüber hinaus divergierten die beiden Autoren erheblich über die Frage, wie das Wirken der „Roten Kapelle" und der Kreisauer in die Gesamtgeschichte des Widerstands eingeordnet werden solle. Hier werde man wohl, wie Ritter 1958 an Rothfels schrieb, kaum übereinkommen können[54]. Denn in seinen Augen begründete der Widerstand der „Roten Kapelle" sogar den Vorwurf des Landes- und Hochverrats. Rothfels dagegen stemmte sich entschieden gegen eine derartige „summarische Abschüttelung der Männer und Frauen dieses Kreises als bloße Kreml-Agenten", zumal man kaum ex post eine eindeutige Linie ziehen könne zwischen dem, was „Rettung des Landes" bedeutete, und dem, was seiner „Preisgabe" diente.

Diese Unterschiede im einzelnen waren aber letztlich nicht maßgeblich, denn sie zielten primär auf eine Einordnung des Widerstands in universale Zusammenhänge. So wollte Rothfels, wie der Untertitel seiner Studie besagte, keine Gesamtgeschichte des deutschen Widerstands bieten, sondern eine „Würdigung". In diesem Sinne ging es ihm um eine exemplarische Problemanalyse der Opposition gegen ein totalitäres Regime, was letztlich nicht nur ein einzelnes Volk betreffe. In seiner Darstellung selbst führte ihn das Vorhaben in wiederholte Vergleiche zwischen dem „roten" und „braunen Totalitarismus", deren entlastende Funktion für Täter und Mitläufer im NS-Regime offen zutage trat. So hätten im Osten die Kommandeure der Wehrmacht trotz ihres Wissens um die deutschen Massenverbrechen ausgeharrt, so Rothfels, um einen Damm gegen ein keineswegs humaneres System zu bilden[55]. Ähnliche Andeutungen finden sich auch im Goerdeler-Buch Ritters, das in der ersten Auflage nur ein Jahr nach dem Aufstand von 1953 erschien, verbunden mit einem zeitgeschichtlich naheliegenden Verweis auf die innere Verwandtschaft beider totalitärer Systeme[56].

Blickt man auf das Rezensionsecho der Hauptwerke Ritters und Rothfels' zum deutschen Widerstand, ergibt sich ein vielschichtiges Bild: Während das Buch von Rothfels in Westdeutschland rasch als klarer Beleg dafür gewertet wurde, daß „die deutsche Resistance nicht ein Erzeugnis der Angst vor der sicheren Niederlage war", sondern schon lange vor Kriegsausbruch tätig gewesen sei[57], fiel die Reaktion im Ausland eher zurückhaltend, wenn nicht sogar ablehnend aus. Henri Brunschwig beispielsweise bedauerte in der „Revue Historique", „daß dieser professionelle Historiker kein Ge-

---

[54] BA Koblenz, Bestand 1213, NL Rothfels, Bd. 1, Brief Gerhard Ritters an Hans Rothfels vom 7. 2. 1958.
[55] Rothfels, Deutsche Opposition, S. 92.
[56] Vgl. Ritter, Goerdeler, S. 110.
[57] F. K. Richter, Rezension von Hans Rothfels „Deutsche Opposition", in: Sonntagsblatt vom 21. 11. 1948.

schichtswerk im eigentlichen Sinne geschrieben habe"⁵⁸. Ein ähnlicher Gegensatz zwischen einer fast einhellig positiven Beurteilung in der Heimat und eher kritischen Äußerungen in ausländischen Rezensionen stellte sich nach der Publikation der Goerdeler-Biographie Gerhard Ritters ein. Doch selbst in der Bundesrepublik wirkte die Widerstandsforschung, wie Ritter und Rothfels sie repräsentierten, bald kaum mehr überzeugend. So machte die Historikerin und Publizistin Margret Boveri bereits 1958 gegenüber Hans Rothfels sehr deutlich, woran es ihrer Ansicht nach mangelte: Bis zu einem gewissen Grad habe die ganze bisherige Widerstandsliteratur den Charakter von Nachrufen. „Damit meine ich nicht, daß objektiv Falsches gesagt worden wäre, aber doch daß man sich einer Diskussion über falsche Ansichten, fehlerhafte Methoden und dergleichen weitgehend entzogen hat." Da es zunächst darum gegangen sei, „einer zum Teil ahnungslosen, zum Teil widerwilligen und skeptischen Welt klar zu machen, daß es diesen Widerstand wirklich gegeben hat und wie er sich geäußert hat", hielt Boveri den Weg, den Ritter und Rothfels gewählt hatten, für richtig. Jetzt aber müsse man schonungslos Kritik üben, denn sonst werde die spätere Historie genau dies tun⁵⁹. Dazu ist es im Laufe der 1960er Jahre tatsächlich gekommen, wobei sich die deutsche und ausländische Forschung im Laufe der Zeit weitgehend angenähert haben⁶⁰.

3. Geschichtspolitische Interventionen von Hans Rothfels und Gerhard Ritter in der Diskussion über den deutschen Widerstand

Seit den Anfängen ihrer wissenschaftlichen Beschäftigung mit dem deutschen Widerstand haben Rothfels und Ritter keinen Hehl daraus gemacht, daß sie dem 20. Juli gleichsam die Funktion eines gesamtdeutschen „Erinnerungsortes" zuschreiben wollten, ohne diesen Begriff allerdings zu verwenden, den damals noch niemand kannte. Ihre geschichtspolitische Indienstnahme des 20. Juli 1944 fiel jedoch nicht auf fruchtbaren Boden, weder im Westen noch im Osten Deutschlands. Im Gegenteil: Nach der Gründung der Bundesrepublik herrschte große Unsicherheit darüber, wie der Tag der

---

⁵⁸ Henri Brunschwig, L'Allemagne depuis Hitler, in: Revue Historique 206 (1951), S. 100–116, hier S. 114. BA Koblenz, Bestand 1213, NL Rothfels, Bd. 28, enthält die scharfe Kritik von Allen Dane in „The New Leader" vom 10. 4. 1948 sowie weitere Besprechungen: Vgl. die sehr positive Würdigung von Harold C. Deutsch in der American Historical Review 54 (1948), S. 598–600. Zur Resonanz auf das Goerdeler-Buch Ritters in Wissenschaft und Öffentlichkeit siehe Cornelißen, Ritter, S. 557–559.
⁵⁹ BA Koblenz, Bestand 1213, NL Rothfels, Bd. 1. Brief Margret Boveris an H. Rothfels vom 26. 11. 1958.
⁶⁰ Vgl. Kettenacker, Haltung, S. 27. Zur Forschungsgeschichte siehe auch Jürgen Schmädeke/ Peter Steinbach (Hrsg.), Der Widerstand gegen den Nationalsozialismus. Die deutsche Gesellschaft und der Widerstand gegen Hitler, München ³1994.

Erinnerung an das Attentat auf Hitler angemessen begangen werden sollte[61].

Allerdings stellte die Bundeszentrale für Heimatdienst bereits ab 1952 den Gedenktag „20. Juli" in das Zentrum ihrer bildungspolitischen Arbeit. 1952 und 1954 publizierte sie Sonderhefte über dieses Ereignis[62]. Auch Bundespräsident Theodor Heuss mahnte bei der Zehnjahresfeier des „20. Juli" die deutsche Öffentlichkeit, jetzt endlich die Erinnerung an den deutschen Widerstand konstruktiv für den Aufbau eines demokratischen Staatswesens zu nutzen[63]. Sein Appell zeigte Wirkung: In der Benennung von Straßen, Kasernen und Schulen nach den Männern des 20. Juli fand seitdem die staatlich geförderte Geschichtspolitik ihren sinnfälligsten Ausdruck[64]. Die Strahlkraft solcher Symbole sollte allerdings nicht überschätzt werden, denn noch aus Anlaß des 25. Jahrestags kam Bodo Scheurig zu einer düsteren Einschätzung: „Doch täuschen wir uns nicht: in den Herzen unseres Volkes findet all das kaum ein Echo." Auch die Tagesbefehle der Bundeswehr schlügen keine Funken, und auf das Treiben der Parteien würden die Männer des Widerstands nur betroffen reagiert haben[65]. Ungeachtet des kulturpessimistischen Einschlags seiner Bewertung haben auch spätere Untersuchungen einen klaren Unterschied zwischen den offiziellen Bemühungen, dem Attentat vom 20. Juli eine politische Vorbildfunktion zu attestieren, und der eher indifferenten, wenn nicht sogar ablehnenden Haltung breiter Teile der deutschen Öffentlichkeit aufgezeigt[66].

Vor diesem Hintergrund legten Ritter und Rothfels ein dauerndes Bemühen an den Tag, ihre Thesen und Erkenntnisse zur Geschichte des deutschen Widerstands einer breiteren Öffentlichkeit zu vermitteln, ja, diese damit gleichsam zu durchdringen. Ritter bekannte in diesem Zusammenhang offen, daß der Historiker Hand anlegen müsse an die Ausformung des Geschichtsbilds seiner Zeit, auch wenn er dabei Gefahr laufe, in den politischen Tageskampf hineingezerrt zu werden[67]. Ähnliches galt für Rothfels,

---

[61] Vgl. Gerd R. Ueberschär, Vorwort, in: Ders., 20. Juli, S. 9–15, sowie Regina Holler, 20. Juli 1944. Vermächtnis oder Alibi, Paris 1994, und Peter Steinbach, Widerstand im Widerstreit. Der Widerstand gegen den Nationalsozialismus in der Erinnerung der Deutschen. Ausgewählte Studien, Paderborn ²2001.

[62] Sonderausgabe von Das Parlament. Die Woche im Bundeshaus vom 20. 7. 1952: „Die Wahrheit über den 20. Juli 1944 – den hellsten und den schwärzesten Tag der neueren deutschen Geschichte"; sowie Sonderausgabe von Das Parlament. Die Woche im Bundeshaus vom 20. 7. 1954: „Mutige Männer folgten dem Rufe ihres Gewissens – Was uns der 20. Juli heute bedeutet/Erinnerungen Überlebender".

[63] Theodor Heuss, Dank und Bekenntnis, in: Bekenntnis und Verpflichtung. Reden und Aufsätze zur zehnjährigen Wiederkehr des 20. Juli 1944, S. 9–21.

[64] Siehe Holler, 20. Juli 1944, S. 17.

[65] Bodo Scheurig, Nachwort: Der 20. Juli – damals und heute, in: Ders. (Hrsg.), Deutscher Widerstand 1938–1944. Fortschritt oder Reaktion?, München 1969, S. 298–319, hier S. 312.

[66] Vgl. David Clay Large, Contending with Hitler. Varieties of German Resistance in the Third Reich, Cambridge 1991, S. 163–182.

[67] Vgl. Ritter, Goerdeler, S. 10 f.

der insbesondere aus Anlaß der zehnten Wiederkehr des 20. Juli 1944 als öffentlicher Redner in Erscheinung trat. Über die Vierteljahrshefte für Zeitgeschichte, die Zeitschrift „Das Parlament" sowie Nachdrucke in Sammelbänden und Rundfunkreportagen fanden seine Beiträge weite Verbreitung[68]. Hierbei trat sein Bemühen, dem deutschen Widerstand eine universale, zumindest aber gesamteuropäische Bedeutung zu geben, sehr deutlich in Erscheinung[69].

Im Zuge der weiteren Entwicklung drängte sich ihm bald auch eine geschichtspolitisch zugespitzte, mehr auf die deutschen Verhältnisse bezogene Variante auf: So wollte er die Vorgänge des 20. Juli 1944 und den Aufstand vom 17. Juni 1953 als „eigentümlich zugeordnete Daten" verstanden wissen[70]. Denn beide Male, so argumentierte er, habe es sich um eine Auflehnung gegen angemaßte Gewalt gehandelt; gegen ein System, das man als „feindliche Besatzung" charakterisieren könne. Beide Male sei es um die „Selbstbehauptung von Freiheit und Würde" oder auch um das Aufzeigen von „Grenzen des Zumutbaren" gegangen. Rothfels spielte damit geschickt auf der Klaviatur der zeitgenössischen Politikbegriffe, indem er den Widerstand als das eigentliche „deutsche Wunder" bezeichnete, mit dem das deutsche Volk sich selbst zu befreien und von den Verbrechen loszusagen versucht habe. Noch mehr gilt dies für den Satz, daß in der Tat „[...] nicht Fußballsiege und Mercedeswagen, sondern das Handeln und Sterben der Männer des 20. Juli die ‚Ehre des Landes' wiederhergestellt" hätten. Rothfels wollte den Widerstand als eine „letzte moralische Position" verstanden wissen, die oft erst langsam errungen worden sei, die aber früher oder später zur Empörung gegen das Unmenschliche, zu mehr als ressorthaftem, nämlich zu totalem Widerstand gegen ein totales System führe[71]. In einer „Grenzsituation" habe es der deutsche Widerstand verstanden, die „Rangordnung traditioneller Werte" zurechtzurücken.

Daß diese Umwertungen Modellcharakter auch für die Gegenwart hatten, machte Rothfels schon 1954 deutlich, handelte es sich doch aus seiner Sicht um Problemlagen, „die potentiell zum Wesen der Zeit gehören, in der wir existieren"[72]. Auch in einer Immatrikulationsrede an der Frankfurter Universität 1962 wollte er einen Vereinigungspunkt der verschiedenen Widerstandsgruppen gegen das NS-Regime vornehmlich „im sittlichen und religiösen Bereich" ansiedeln; es habe sich um eine „Auflehnung gegen das Böse schlechthin" gehandelt. Rothfels zog sogar eine Linie zu den Aufstän-

---

[68] Zu den Rundfunkbeiträgen siehe beispielsweise BA Koblenz, Bestand 1213, NL Rothfels, Bd. 34, „Zur Erinnerung an Carl Goerdeler", Süddeutscher Rundfunk 1974.
[69] Vgl. Hans Rothfels, Der deutsche Widerstand gegen Hitler. Zum Fünfundzwanzigsten Jahrestag des 20. Juli 1944, in: Frankfurter Allgemeine Zeitung, Nr. 162 vom 17. 7. 1969, S. 9f.
[70] Hans Rothfels, Das politische Vermächtnis des deutschen Widerstands, in: VfZ 2 (1954), S. 329–343, hier S. 329.
[71] Ebenda, S. 333ff.
[72] Ebenda, S. 342f.

den in Polen und in Ungarn, so daß er die deutsche Opposition gegen Hitler nachträglich sogar zu einer Vorhut für den Kampf gegen die „Anmaßung des Totalitären" deklarieren konnte[73].

Auch Ritter wollte mit seiner Widerstandsgeschichte einen Beitrag zur Stärkung der Erinnerung an den 20. Juli leisten und so gleichzeitig die politische Kultur der Gegenwart korrigieren. Schon mit seinem Goerdeler-Buch verfolgte er erklärtermaßen zwei übergeordnete Ziele: Zum einen sollte der „Welt des Auslands" endlich begreiflich gemacht werden, „daß es noch ein anderes Deutschland gab als das hitlersche und in welch ungeheuer schwerer Lage sich die Opposition befand". Zum anderen ging es ihm Mitte der 1950er Jahre darum, „die deutsche Jugend, die weithin am vaterländischen Gedanken und an der deutschen Geschichte ‚irre' geworden sei, durch den Anblick dieser Männer eine Brücke zur „guten deutschen Vergangenheit" finden zu lassen[74].

In zahlreichen Reden und kurzen publizistischen Texten versuchte er, die Pläne der Verschwörer des 20. Juli 1944 als konstitutive Elemente der staatlichen Ordnung der Bundesrepublik auszugeben. Der Schwerpunkt seiner Argumentation verlagerte sich dabei auf eine didaktische Nutzanwendung des Themas mit eindeutig konservativen politischen Zielen. Das schlug sich mitunter in apodiktisch formulierten Urteilen nieder, so, als er sechs Jahre nach dem 20. Juli 1944 feststellte: „Nur wer aus dem klaren Bewußtsein solcher sittlichen Verpflichtung zum Verschwörer wurde und dafür sein Leben aufs Spiel setzte, nur der hat das Recht, sich zur ‚deutschen Widerstandsbewegung' zu rechnen." Daher meinte Ritter auch noch nach dem Krieg, daß es ein unbedingtes Gebot der klaren Staatsvernunft für die Westmächte gewesen wäre, auf die Waffenstillstandsangebote des deutschen Widerstands einzugehen. Nur so hätte man die nachträgliche „Überflutung Mitteleuropas durch die Rote Armee" verhindern können[75].

Ritter erhoffte sich aber noch mehr. Mit seinen Darlegungen zur Geschichte des deutschen Widerstands versuchte er bis in die 1960er Jahre, doch noch eine moralische Besinnung einzuleiten, die in der Diskussion über die Revision des deutschen Geschichtsbildes aus seiner Sicht zu kurz gekommen war. Seine Biographie Goerdelers bildete insofern auch eine Art „intellektuelles Vermächtnis" eines Beteiligten am deutschen Widerstand, mit dem er die politischen und moralischen Werte seiner Generation in die politische Kultur der Bundesrepublik einspeisen wollte. Auch in öffentli-

---

[73] Hans Rothfels, Aufstand und Widerstand. Zum Gedächtnis des 17. Juni 1953 und des 20. Juli 1944, in: Die Stellung der Universität zu den politischen und gesellschaftlichen Problemen unserer Zeit, Frankfurt a.M. 1962, S. 39–62, hier S. 44 u. S. 54.
[74] BA Koblenz, Bestand N 1666, NL Ritter, Bd. 491, Brief Gerhard Ritters an Georg Goerdeler vom 15. 3. 1955.
[75] Landeskirchenarchiv Hannover, NL Lilje, L 3 III, Nr. 510, Gerhard Ritter, Deutscher Widerstand. Zum Gedächtnis des 20. Juli 1944 [1950].

chen Vorträgen hat er diesen Gedanken immer wieder betont. Im Geist der deutschen Widerstandsbewegung, in ihren politisch-moralischen Kriterien, träten die Ideale des neuen und besseren Deutschlands zutage, die „auch in uns lebendig bleiben müssen," meinte er beispielsweise 1958 im Norddeutschen Rundfunk[76]. Bei diesen Appellen fiel die Kritik an der Person und am Programm Goerdelers, die Ritter in seinem Buch noch eingeflochten hatte, fast vollständig unter den Tisch. Goerdeler mutierte vielmehr zum „besten Erbgut des deutschen politischen Idealismus und der spezifisch deutschen Freiheitsidee aus der Epoche Steins und der Freiheitskriege [...] mit den politischen Erfahrungen und sozialen Bestrebungen des modernen Industriezeitalters"[77]. Die Rede von dem „großen Patrioten", wie sie Ritter aus Anlaß der zehnten Wiederkehr von Goerdelers Todestag im Nordwestdeutschen Rundfunk anstimmte, signalisierte den Beginn einer zunehmenden Monumentalisierung und Überzeichnung des deutschen Widerstands, die einer kritisch-wissenschaftlichen Auseinandersetzung immer engere Grenzen setzte. Wohl kaum zufällig dauerte es daher bis Mitte der 1960er Jahre, bevor neue Ansätze zum Durchbruch gelangen konnten.

Weder Rothfels noch Ritter haben diese Wende jedoch mitgetragen. Im Gegenteil: Ihre geschichtspolitische Instrumentalisierung des 20. Juli fand bei den Zwanzigjahrfeiern des Aufstands nochmals viel Gehör. Vor allem Hans Rothfels betonte den Gedanken, daß der deutsche Widerstand die Überwindung des Nationalismus und die Förderung des europäischen Zusammenschlusses im Auge gehabt habe. Im Fanal des 20. Juli, aber auch dem des 17. Juni, sah er im Jahr 1964 primär einen Auftrag „in dem uns immer wieder aufgegebenen Ringen gegen die Anmaßung des Totalitären in allen seinen Farben, braun oder rot" begründet[78]. Überhaupt müsse vor den überlassenen „Zeugnissen der Unbedingtheit", so hat er fünf Jahre später nochmals deutlich formuliert, „das nachträgliche und heute nicht selten überheblich-kritische Geraune um das Vergebliche eines Versuches verstummen, dem der Erfolg versagt blieb". Bei aller notwendigen Differenzierung bezüglich der Zukunftspläne fänden diese letztlich alle eine Einheit in der Forderung nach einer auf Freiheit und Selbstverantwortung, auf Menschenrechte und Menschenwürde gegründeten Gesellschaft[79].

[76] BA Koblenz, Bestand 1166, NL Ritter, Bd. 327, Gerhard Ritter, Deutscher Widerstand. Betrachtungen zum Gedächtnis des 20. Juli 1944. Rundfunk-Vortrag im Norddeutschen Rundfunk vom 20. 7. 1958.
[77] BA Koblenz, Bestand 1166, NL Ritter, Bd. 327, Gerhard Ritter, „Macht, Gewalt und Gewissen". Vortrag zur Einweihung des evangelischen Studentenwohnheims in Nürnberg am 21. 5. 1960.
[78] Hans Rothfels, Zum 20. Jahrestag der Erhebung des 20. Juli 1944, in: Aus Politik und Zeitgeschichte. Beilage zur Wochenzeitung „Das Parlament", Nr. 29 vom 15. 7. 1964, S. 3–6, hier S. 4.
[79] Hans Rothfels, Gegen die Anmaßung des Totalitären 30 Jahre nach dem 20. Juli, in: Pitt Severin/Hartmut Jetter (Hrsg.), 25 Jahre Bundesrepublik Deutschland. Wandel und Bewährung einer Demokratie. Ein politisches Lesebuch, Wien 1974, S. 111–114, hier S. 111.

Bei genauer Sichtung neuer Tendenzen in Wissenschaft und Kultur zeigt sich allerdings auch, daß die Deutungen von Ritter und Rothfels seit Mitte der 1960er Jahre an Überzeugungskraft verloren. Nun führten Angehörige einer nachwachsenden Historikergeneration neue wissenschaftliche, aber auch politische Bewertungsmaßstäbe in die Diskussion über den deutschen Widerstand ein, die Rothfels noch 1970 rundum ablehnte: „Jedenfalls halte ich die von jüngeren Historikern mit ihrer Neigung zu isolierter soziologischer Betrachtung aufgestellten Thesen von der ‚Revolution ohne Volk' und dem in diesem Bewußtsein liegenden angeblichen Unsicherheitsgefühl der Akteure für grundfalsch."[80] Namentlich Hans Mommsen mißverstehe bei so manchem der Honoratioren das Dableiben als Kollaboration. Er gehe außerdem in seiner Beurteilung von heutigen keineswegs unproblematischen Wertungen aus, indem er „die pluralistische Gesellschaft und den Interessenpartikularismus gegenüber jeder Art von Gemeinschaftsdenken (das als romantisch verurteilt wird) als schlechthin gültigen Maßstab verabsolutiert", meinte Rothfels auf einem Historiker-Kranz in Tübingen[81].

In dieser Einschätzung trat jedoch letztlich seine eigene Verunsicherung über die nachlassende Überzeugungskraft seiner Positionen zutage, die jetzt nicht mehr nur im Ausland, sondern auch im westlichen Deutschland zunehmend in die Kritik gerieten. Spätestens zu diesem Zeitpunkt zeigte sich, daß die besondere moralische Legitimation Ritters als Gegner des NS-Regimes und des ins Exil gezwungenen Rothfels' in der Widerstandshistoriographie als eine Brücke fungiert hatte, über die sehr viel aus dem „alten" in das „neue" Deutschland transportiert worden war. Das betrifft tradierte Ideale, hergebrachte methodische Ansätze, aber nicht zuletzt auch überkommene historisch-politische Werturteile. Seit Mitte der 1960er Jahre gerieten diese in den Strudel der Verwandlung des historisch-politischen Denkens, die nicht nur das Thema des deutschen Widerstands, sondern auch dessen Interpreten in ein neues Licht rückte. Kennzeichnend hierfür war, daß Rothfels' Bismarck-Vortrag vom April 1965 im Deutschen Bundestag keineswegs mehr die ungeteilte Zustimmung der politischen Eliten in der Bundesrepublik fand[82]. Und ebenso aufschlußreich war die wachsende Zahl

---

[80] BA Koblenz, Bestand 1213, NL Rothfels, Bd. 30, Vortrag „Zu einigen Aspekten der deutschen Opposition gegen Hitler" gehalten vor einem Historiker-Kranz [1970].

[81] Ebenda; Rothfels sah es außerdem als wenig berechtigt an, „wenn Hans Mommsen in seiner kritischen Auseinandersetzung mit dem Gesellschaftsbild und den Verfassungsplänen des deutschen Widerstandes ihn als ein Gesamtphänomen vor den soziologischen Richterstuhl zieht". Damit solle nicht der Wert einer soziologischen Behandlung bestritten werden, aber eine Bewegung, die sich durch verschiedenste gesellschaftliche Gruppierungen erstreckte, entziehe sich weithin solchen Kriterien. Im Stil weit moderater argumentierte Rothfels in der Ausgabe seines Buches „Deutsche Opposition", neue, erweiterte Ausgabe, eingel. von Hermann Graml, Frankfurt a. M. 1969, S. 18 f.

[82] BA Koblenz, Bestand 1188, NL Schieder, Bd. 363, Brief Gerhard Wolfrums an Theodor Schieder vom 12. 4. 1965: „Die Behandlung von Rothfels am Schluß der Feier nach dem Deutschlandlied war unglaublich. Ohne ihn eines Blickes zu würdigen (von Dank und Be-

derjenigen, die im Zuge der Revision des deutschen Widerstandsbildes die Klage darüber anstimmten, daß den gerade noch gehuldigten Repräsentanten des politisch-militärischen Widerstands nun auch im Westen Deutschlands das Etikett „Reaktionäre" angehängt werde. Dieser Wandel töte das Pathos, mit dem man zunächst den Widerstand gefeiert habe, und letztlich machten diese Neuerungen nicht hellsichtiger und gerechter, meinte Bodo Scheurig schon 1965[83].

Vor allem auch aus dem Kreis der Überlebenden und Angehörigen des Widerstands kam seitdem immer wieder Protest gegen die Ausweitung des Widerstandsbegriffs und der durch ihn erfaßten Gruppen. Die hierbei ebenso regelmäßig auftretenden Spannungen zwischen Wissenschaft und Zeitzeugenschaft zeigen aber letztlich nur, daß sich Rothfels' und Ritters Widerstandsdeutungen primär einer Generationenlage verdankten, die im Laufe der 1960er und frühen 1970er Jahre zusammen mit ihren „Trägern des geschichtlichen Schicksals" endgültig untergegangen ist. Trotzdem sollten die Untersuchungen beider Autoren über die „Deutsche Opposition" auch heute nicht geringgeschätzt werden. Denn zum einen erfüllten sie in der Auseinandersetzung mit kritischen Thesen vornehmlich aus dem Ausland, aber auch gegen die These eines „Verrats" am eigenen Volk eine wichtige Korrektivfunktion. Zum anderen trugen sie zu einer festeren Verankerung demokratischer Grundsätze in Westdeutschland bei, obwohl das zunächst weder bei Rothfels noch bei Ritter das Hauptziel ihrer Beschäftigung mit dem Widerstand gewesen war.

---

grüßung war natürlich keine Rede) marschierten die drei Staatsspitzen ab und ließen den behinderten alten Herren stehen." Ich verdanke diesen Hinweis Dr. Mathias Beer, Tübingen.
[83] Scheurig (Hrsg.), Deutscher Widerstand, S. 23.

Thomas Etzemüller

Die „Rothfelsianer"

Zur Homologie von Wissenschaft und Politik

Seit einigen Jahren wird eine Debatte über die Frage geführt, welche Rolle deutsche Historiker im Nationalsozialismus gespielt haben. Die Frage ist nicht neu. Gerhard Ritter hatte die „German Professors" bereits 1946 in die Nähe des Widerstands gerückt[1], während Helmut Heiber in einem voluminösen Buch diese Exkulpation 1966 akribisch zerschlug[2]. Eine öffentliche Diskussion löste das ebensowenig aus wie die Hefte „Braune Universität. Deutsche Hochschullehrer gestern und heute", die Rolf Seeliger zwischen 1964 und 1968 im Selbstverlag herausgab[3]. Auf dem Frankfurter Historikertag von 1998 änderte sich das grundlegend, als in einer vielbeachteten und emotional aufgeladenen Sektion verhandelt wurde, ob und inwieweit deutsche Historiker in die nationalsozialistische Vernichtungspolitik involviert gewesen seien – oder ob hier posthum „Vatermord" und eine Abrechnung mit der „Bielefelder Schule" betrieben werde[4]. Vorangegangen waren Untersuchungen etwa von Götz Aly und Susanne Heim, die das Schlagwort von den „Vordenkern der Vernichtung" geprägt hatten. Unter den Historikern waren es vor allem Theodor Schieder und Werner Conze, denen sie vorwarfen, als Wissenschaftler gewissermaßen Blaupausen für die NS-Rassepolitik geliefert zu haben[5]. In der 1998 einsetzenden Medienrezeption wurden beide dann durch suggestive oder auch nur unpräzise Formulierun-

---

[1] Vgl. Gerhard Ritter, The German Professor in the Third Reich, in: The Review of Politics 8 (1946), S. 242-254.
[2] Vgl. Helmut Heiber, Walter Frank und sein Reichsinstitut für Geschichte des neuen Deutschlands, Stuttgart 1966.
[3] Vgl. Rolf Seeliger, Braune Universität. Deutsche Hochschullehrer gestern und heute, 6 Hefte, München (Selbstverlag) 1964-1968.
[4] Vgl. Winfried Schulze/Otto Gerhard Oexle (Hrsg.), Deutsche Historiker im Nationalsozialismus, Frankfurt a. M. 1999.
[5] Vgl. Götz Aly/Susanne Heim, Vordenker der Vernichtung. Auschwitz und die deutschen Pläne für eine neue europäische Ordnung, Hamburg 1991; Götz Aly, „Daß uns Blut zu Gold werde". Theodor Schieder, Propagandist des Dritten Reiches, in: Menora. Jahrbuch für deutsch-jüdische Geschichte 8 (1999), S. 13-27; ders., Macht – Geist – Wahn. Kontinuitäten deutschen Denkens, Berlin 1997, S. 153-183.

gen von Vordenkern zu aktiven Handlangern der Vernichtung befördert[6] – bis am Ende Werner Conze seinen „Judenhaß" durch „seine großangelegten Umsiedlungsprojekte" angeblich zum Programm gemacht hatte[7].

Jetzt wird am Werk von Hans Rothfels diskutiert, ob er gerade noch ein Vernunftrepublikaner gewesen sei oder schon fast ein Nationalsozialist. Dies erinnert an das Verfahren Seeligers, der für seine Hefte zur „Braunen Universität" Bücher, Dissertationen und Aufsätze von 84 Professoren auswertete. Die Texte stammten aus dem „Dritten Reich", und durch exemplarische Zitate wollte Seeliger das nationalsozialistische Engagement dieser Hochschullehrer beweisen. Deren Wiederverwendung nach 1945 belegte in seinen Augen dann die geistige, personelle und strukturelle Kontinuität der deutschen Hochschulen. Die Zitierten durften allerdings Stellung beziehen. Einige verweigerten den Kommentar, einige bekannten sich selbstkritisch zu Fehlern, einige verwiesen darauf, daß sich ihre Einstellung geändert habe. Fast alle monierten, daß die Zitate aus dem Zusammenhang gerissen seien und ganz anders verstanden werden müßten. Oberflächlich zeigten sie vielleicht NS-Gesinnung, tatsächlich aber sollten sie als Camouflage oder sprachliche Zugeständnisse an die Machthaber verstanden werden[8].

Damals wie heute wird in solchen Verfahren der entscheidende Punkt nicht geklärt. Dieser Punkt ist das Verhältnis von Wissenschaft und Politik, also in unserem Fall die Frage, wie und inwieweit die Geschichtswissenschaft eine Symbiose mit verschiedenen politischen Systemen einging. Bislang ist die Debatte weitgehend auf den Nationalsozialismus und die Frage persönlicher „Schuld" konzentriert. Detailliert wird untersucht, welche wissenschaftlichen Netzwerke Historiker aufbauten, und wie sie diese dann mehr oder weniger erfolgreich als Ost- bzw. Westforschung in die nationalsozialistische Expansions-, Umsiedlungs- und Vernichtungspolitik einzubinden versuchten. Zweifellos sind derartige Untersuchungen notwendig, denn sie zeigen, wie erschreckend eng die Kooperation zwischen Historikern und NS-Regime war, ohne daß die Machthaber wirklich Druck auf die Wissenschaft ausüben mußten[9]. Aber diese mittlerweile eindeutigen Befunde beinhalten auch ein gravierendes Problem: Fast zwangsläufig wird man nun das Tun der Historiker mit Kategorien wie „Schuld" und „Verantwortung" fassen und moralische Urteile fällen. Allzuleicht fallen dieser Einordnung und Verurteilung dann allerdings aktuelle Theorien und methodi-

---

[6] Vgl. „Der Spiegel", Nr. 39 vom 21. 9. 1998, S. 102–107.
[7] Silke Neunsinger, Hitlers villiga historiker – tyska historiker diskuterar det egna skråets bruna arv [Hitlers willige Historiker – deutsche Historiker diskutieren das braune Erbe der eigenen Zunft], in: Historisk tidskrift 119 (1999), S. 70–74, hier S. 71.
[8] Vgl. Seeliger, Braune Universität, Heft 2–6.
[9] Vgl. etwa Ingo Haar, Historiker im Nationalsozialismus. Die deutsche Geschichtswissenschaft und der „Volkstumskampf" im Osten, Göttingen 2000; Burkhard Dietz/Helmut Gabel/Ulrich Tiedau (Hrsg.), Griff nach dem Westen. Die „Westforschung" der völkisch-nationalen Wissenschaften zum nordwesteuropäischen Raum (1919–1960), Münster 2003.

sche Ansätze zum Opfer, etwa das Generationenmodell, weil es „jegliche Verantwortung für das eigene Handeln" ausblende[10], oder „postmoderne Theorien" – was immer das sein soll –, da sie Auschwitz zum Diskurs oder Text reduzierten und verharmlosten[11]. Außerdem beschränken sich solche Untersuchungen zumeist auf die Analyse dessen, was Historiker *bewußt* taten, was man also in Form einer Anklage publizieren kann. Das ist verständlich, denn für die Verbrechen des Nationalsozialismus benötigt man Schuldige, die wußten und wollten, was sie taten. Wie weit aber kommt man analytisch, wenn man Schuld, Verantwortung oder Mitläufertum plausibel zugewiesen hat? Was lernen wir über das konkrete Zusammenspiel von Wissenschaft und Politik – über die Zeit des „Dritten Reiches" hinaus?

Die Reduktion der Analyse auf Individuen, ihre Intentionen und ihre Schuld scheint mir ein Ansatz zu sein, der zuviel verdeckt. Hinter den offensichtlichen Verhältnissen liegen versteckte Allianzen, die selbst den Beteiligten nicht bewußt sind und die erhebliche subkutane Wirkungen entfalten. Ein Beispiel: Immer wieder berichten die Medien von dubiosen Wissenschaftlern, die alles daran setzen, den ersten Menschen zu klonen. Sie werden regelmäßig als skrupellose, an Frankenstein erinnernde Individuen präsentiert, die bewußt gegen ethische Regeln oder Gesetze verstießen und aus kommerziellen Interessen handelten. Sie scheinen bereit, die Grenze des Erlaubten zu überschreiten, und es wird zurecht versucht, ihnen das Handwerk zu legen. Aber hinter diesen Frontfiguren laufen andere, wenig beachtete subtile Prozesse ab. Immer wieder werden Krankheiten, die den meisten Menschen bislang unbekannt waren, in das Licht der Öffentlichkeit gehoben. Zeitungsartikel schildern tragische Kinderschicksale, illustriert mit anrührenden Bildern. Als Lösung werden zukünftige Medikamente versprochen, die aber nur mit Hilfe der Genforschung entwickelt werden könnten. Ist es da nicht legitim, die Gesetzgebung zu lockern? Zwar erfährt man nebenbei, daß weltweit nur eine Handvoll Menschen an der beschriebenen Krankheit leiden, aber das bleibt abstrakt. Das konkrete Bild des Kindes, die Vorstellung der schrecklichen Krankheit und der Diskurs, Krankheiten seien in jedem Fall zu heilen, dominieren die Diskussion. So werden – durch Individuen, aber ohne explizite Intentionen – Maßstäbe in der alltäglichen Praxis unmerklich verschoben, und am Ende wird die Grenze doch aufweichen. Kann man diesen Prozeß mit Kategorien wie

---

[10] Diese Kritik *referieren* Rudolf Jaworski/Hans-Christian Petersen, Biographische Aspekte der „Ostforschung". Überlegungen zu Forschungsstand und Methode, in: BIOS. Zeitschrift für Biographieforschung, oral history und Lebensverlaufsanalysen 15 (2002), S. 47–62, hier S. 55 f.

[11] Damit sei die Sinnlosigkeit der „postmodernen" Theorie für *alle* Bereiche der Geschichte bewiesen: Richard J. Evans, Fakten und Fiktionen. Über die Grundlagen historischer Erkenntnis, Frankfurt a. M./New York 1998, S. 123. Evans ist ein typisches Beispiel für Historiker, die Theorie mit Moral auszuhebeln versuchen, weil sie unfähig (oder unwillig) sind, die abgelehnte Theorie adäquat (also wissenschaftlich) zu diskutieren.

„Schuld" oder „Verantwortung" analysieren? Oder sollte man nicht ebenso untersuchen, wie nichtintentionale Handlungen negative Effekte zeitigen, ohne daß man diese einzelnen Personen zuschreiben kann?

Am Beispiel der „Rothfelsianer" – so wurden sie 1964 von Gerhard Ritter tituliert, der auf dem Duisburger Historikertag zwei Jahre zuvor erbittert seine Ausgrenzung hatte registrieren müssen[12] – will ich die Symbiose zwischen Politik und Wissenschaft auf eine andere Art beschreiben. Methodisch bietet sich dazu die „Denkstillehre" Ludwik Flecks an, die der polnische Arzt bereits Ende der 1920er Jahre entwickelt hatte[13]. Fleck analysiert im Detail, wie eine Tatsache entsteht. Am Beispiel der Syphilis zeigt er, daß diese Krankheit nicht als eine real existierende, klar abgrenzbare Einheit zu einem bestimmten Zeitpunkt entdeckt wurde, sondern daß sie in einem komplexen sozialen und wissenschaftlichen Prozeß entstand. Diesen Befund verallgemeinert er zu der These, daß Erkenntnis weniger durch eine wie auch immer geartete „Realität" generiert wird als durch soziale Interaktion[14]. Die zentralen Begriffe sind dabei die des Denkstils und der des Denkkollektivs. Ein Denkkollektiv ist eine Gemeinschaft von Wissenschaftlern, die in geistiger und sozialer Wechselwirkung stehen und Träger eines spezifischen Denkstils sind. Der Denkstil ist eine bestimmte Form der gedanklichen Verarbeitung der Welt, die einem Denkkollektiv gemeinsam ist und dessen Mitglieder dazu bringt, die Welt auf eine bestimmte Art zu sehen. Er ist gerichtetes Gestaltsehen, ein Formatierungsprinzip der Wahrnehmung.

Damit sind gleich mehrere Punkte angesprochen. Wir haben als erstes ein Kollektiv. Es sind also nicht singuläre Denker, die Entdeckungen machen, sondern wir müssen Gruppen von Personen, die durch eine wie auch immer

---

[12] Vgl. Brief Gerhard Ritters an Karl Dietrich Erdmann vom 25. 7. 1964, in: Bundesarchiv (künftig: BA) Koblenz, NL Gerhard Ritter, N 1166/270.
[13] Vgl. Ludwik Fleck, Entstehung und Entwicklung einer wissenschaftlichen Tatsache. Einführung in die Lehre vom Denkstil und Denkkollektiv, Frankfurt a. M. ²1993; ders., Erfahrung und Tatsache. Gesammelte Aufsätze, Frankfurt a. M. 1983.
[14] Ähnlich vgl. Niklas Luhmann, Erkenntnis als Konstruktion, Bern 1988; ders., Das Erkenntnisprogramm des Konstruktivismus und die unbekannt bleibende Realität, in: Ders., Soziologische Aufklärung, Bd. 5: Konstruktivistische Perspektiven, Köln 1990, S. 31–58; Heinz von Foerster, A Constructivist Epistemology. Die „Stanford Lectures" Heinz von Foersters 1983, in: Gerhard Grössing u. a. (Hrsg.), Heinz von Foerster 90, CD-Rom, Wien 2001; Ernst von Glasersfeld, Radikaler Konstruktivismus. Ideen, Ergebnisse, Probleme, Frankfurt a. M. 1996. Vgl. auch Gerhard Roth, Das Gehirn und seine Wirklichkeit. Kognitive Neurobiologie und seine philosophischen Konsequenzen, Frankfurt a. M. 1997; Humberto R. Maturana, Biologie der Realität, Frankfurt a. M. 2000; Gebhard Rusch, Erkenntnis, Wissenschaft, Geschichte. Von einem konstruktivistischen Standpunkt, Frankfurt a. M. 1987; ders., Konstruktivismus und die Traditionen der Historik, in: Österreichische Zeitschrift für Geschichtswissenschaften 8 (1997), S. 45–75; Siegfried Schmidt, Geschichte beobachten. Geschichte und Geschichtswissenschaft aus konstruktivistischer Sicht, in: Ebenda 8 (1997), S. 19–44. Zu den konkurrierenden Spielarten des Konstruktivismus vgl. Alexandra Bänsch, „Wie hältst du's mit der Wirklichkeit?" Kleine Einübung in die konstruktivistischen Diskussionen, Berlin 1997.

geartete soziale Beziehung miteinander verbunden sind, untersuchen. Deren soziales Verhalten läßt sich nicht von der Art und Weise trennen, wie sie Erkenntnisse gewinnen. Denn sie beginnen, zweitens, im sozialen Umgang miteinander einen bestimmten Denkstil auszubilden. Sie erkennen im Chaos der Daten eine Gestalt nicht, weil die Realität diese Gestalt aufscheinen läßt, sondern weil sie gelernt haben, sie zu sehen. Das ist, so Fleck, ein historischer Prozeß. 16 Jahre nach der Entdeckung der Diphtheriebazillen konnten Fachleute deren Lagerung nur mit Hilfe analoger Bilder beschreiben, als V, als Palisaden, als accent circonflexe. Etwa 20 Jahre später sahen sie Spezifika der Lagerung, die Ähnlichkeit zu Vergleichsbildern verwischte sich. Kurz darauf lernten sie, die „charakteristische Gestalt" der Lagerung wahrzunehmen, aber es war ihnen unmöglich, sie so zu beschreiben, daß Außenstehende dasselbe sehen konnten. Eine Zäsur war eingetreten. Die Fachleute sahen die Gestalt unmittelbar, etwa die Lagerung, die Abgrenzung der Bakterien vom Umfeld, während Laien (und Kollegen anderer Fachgebiete) unter dem Mikroskop nach wie vor nur merkwürdige Formen beobachteten, die sie nicht zu sinnvollen (kommunizierbaren) Formen zusammensetzen konnten. Gleichzeitig sahen die Experten die Diphtheriebakterien vollständig anders als ihre Vorgänger, deren Beobachtungen ihnen fremd geworden waren[15].

Unscharfe Bilder, die man durch unpräzise Beschreibungen einzugrenzen versucht, gewinnen also in einem wissenschaftlichen Kommunikations- und Sozialisationsprozeß klare Konturen, die unmittelbar erkannt werden. Am Ende ist die historische Genese des Erkenntnisprozesses vergessen und das reproduzierbare „charakteristische" Bild wird in Lehr- und Handbüchern präsentiert. Aber dieses Endprodukt steht nur in einer genetischen Beziehung zu seinem historischen Ursprung. Die charakteristische Gestalt ist nicht die Klarzeichnung eines schon immer gegebenen, anfangs nur diffus erkennbaren Bildes. Vielmehr wird erst im Rückblick eine Kausalbeziehung konstruiert, die dann in der Form einer plausiblen „Entdeckungsgeschichte" beschrieben wird.

Denkstile entwickeln eine große Beharrungskraft. Fleck nennt das die „Harmonie der Täuschungen" bzw. die „innere Harmonie des Denkstils": Man erkennt, was man zu erkennen gelernt hat und blendet in einem erstaunlich hohem Maße aus, was dem Erkannten widerspricht[16]. Gerichtetes Gestaltsehen bedeutet paradoxerweise, daß man, je präziser man in der alltäglichen Praxis der Beobachtung zu sehen lernt, abweichende Gestalten zu

---

[15] Das Beispiel in: Fleck, Erfahrung und Tatsache, S. 74 f.
[16] An einer Stelle spricht er sogar von „wissenschaftlicher Dichtung", also Beschreibungen, die Beobachtungen zu einem wasserdichten System verschmelzen und dadurch Erklärungslöcher überbrücken (Fleck, Entstehung und Entwicklung einer wissenschaftlichen Tatsache, S. 46 f.). Ein empirisches Beispiel dazu liefert er aus seiner Haftzeit im KZ (Fleck, Erfahrung und Tatsache, S. 135–138).

sehen verlernt; nur durch solche Ausschlüsse kann man umgekehrt lernen, Gestalt zu sehen, d. h.: zu erkennen. Deshalb ist es sinnlos einzuwenden, daß Tatsachen doch irrige Annahmen widerlegen müßten. Die Elemente eines komplexen Systems aus Beobachtungen, theoretischen Modellen, der Reputation der Beobachter und gesellschaftlicher Wertvorstellungen bzw. Themen verweisen aufeinander, sie stützen sich und determinieren das, was in diesem Denkstil als „wahr" und was als „Irrtum" gilt. In diesem elaborierten System werden „Tatsachen" produziert; kommen sie von außen, so müssen sie sich im Stil des Denkkollektivs ausdrücken lassen und von ihm als „Widerstandsaviso" akzeptiert werden – nur dann können sie den Denkstil modifizieren. Wenn nicht, dann werden sie als Irrtümer, unbewiesene Behauptungen oder etwa auch als Produkt von Institutionen mit minderer Reputation ignoriert. Das bedeutet gleichzeitig, daß Kommunikation zwischen Kollektiven erschwert oder unmöglich werden kann, wenn die Kollektive buchstäblich unterschiedliche Dinge sehen und ihren Denkstil nicht mehr kommunizieren können. Was das eine Kollektiv als „wahr" erkennt, hält das andere für einen „Irrtum".

Prinzipiell gehen Historiker davon aus, daß sie Geschichte auf der Basis von Quellen erforschen können. Haben sie einen Text geschrieben, verständigen sie sich in einer grundsätzlich rationalen Diskussion darüber, ob die Sicht der Vergangenheit angemessen ist oder ob und wie man sie korrigieren muß. Schließlich trägt der Text dazu bei, die Gesellschaft über ihre Vergangenheit aufzuklären und damit ihren Weg in die Zukunft hinein auszuleuchten. Ändern sich der Standpunkt des Historikers und die Fragen der Gesellschaft, so ändern sich auch die Interpretationen der Geschichte[17]. Ganz verkehrt ist das nicht, doch die Annahme von der „Rationalität" wissenschaftlicher Arbeit und deren prinzipieller Trennung vom gesellschaftlichen Leben ist zu idealistisch. Mit Flecks Denkstillehre dagegen kann man die Lebenserfahrungen von Historikern, die Befindlichkeit ihrer Gesellschaft und die spezifischen Formen gängiger Geschichtsbilder analytisch in einen wesentlich engeren Zusammenhang bringen. Bevor ich das am Beispiel der „Rothfelsianer" skizzieren werde, muß freilich zunächst eine weitere methodische Frage geklärt werden, nämlich die Frage, wie man ein wissenschaftliches Kollektiv abgrenzen kann.

Wenn man ein Kollektiv bestimmen will, so reicht es bei weitem nicht aus zu klären, wer sich bewußt einer Gruppe zugehörig fühlt. Die subjektive Sicht Einzelner darf die Analyse des Historikers nicht bestimmen – das gilt auch, wenn Historiker selbst Gegenstand der Untersuchung sind. Wissenschaftliche Gruppen sind komplexe Phänomene, deshalb muß man viele Indizien sammeln und abgleichen. Am einfachsten ist es, die vielbeschwore-

---

[17] So beispielsweise Jörn Rüsen, Historische Vernunft. Grundzüge einer Historik, Bd. 1: Die Grundlagen der Geschichtswissenschaft, Göttingen 1983, S. 21–32.

nen „Zitationskartelle" zu rekonstruieren und herauszuarbeiten, wer zu wessen Festschriften beiträgt, wer wen zitiert, rezensiert oder zur Lektüre in den eigenen Seminaren verwendet – da wird man rasch die Umrisse eines Kollektivs bestimmen können. Aber das genügt nicht, denn Kollektive sind selbst dann keine homogenen Gebilde, wenn sie in derselben Institution angesiedelt sind. Im Wissenschaftsbetrieb kann man Mitglied einer Gruppe und zugleich durch mehrere Einflüsse geprägt, mehreren Loyalitätsbeziehungen verpflichtet, in mehreren Netzwerken verankert sein. Es gibt keine eindeutigen Abhängigkeiten. Deshalb sollte man zusätzliche Indizien ausmachen und z. B. festzustellen versuchen, wer auf welchen Tagungen mit wem als Gruppe auftritt, wer in welchen Akademien mit wem sitzt oder Fraktionen bildet; man muß auf den Ton der Briefe achten, wie herzlich er ist, sogar darauf, wer mit wem musiziert, wer sich bei wem über private Dinge ausspricht oder wer wem in Briefen vertrauliche Dinge mitteilt – und wem nicht. Man muß die Anfragen und Empfehlungen bei Berufungen rekonstruieren, nicht nur, wer wen empfiehlt, sondern auch, wer überhaupt um ein Gutachten gefragt wird. Nur so kann man die vielfachen Markierungen erfassen, die eine Gruppe ein- und abgrenzen und als Gruppe verdichten – ohne daß sich diese Markierungen zu wirklichen Kartellgrenzen verfestigen[18].

Gruppen sind Teil des Wissenschaftssystems. Sie folgen dessen Regeln, entwickeln aber innerhalb der Wissenschaft bzw. eines Faches „Eigenwerte": gemeinsame Überzeugungen, Absichten, Selbstbilder. Trotz variierender Ansichten von Gruppenmitgliedern und geteilter Loyalitäten entwickelt eine Gruppe eine gewisse Geschlossenheit, sowohl institutionell wie auch ideell. Diese Abschließung verleiht der Gruppe Handlungskraft, weil sie Identität und Selbstvertrauen stiftet. Sie versichert sich selbst und ihren Mitgliedern, daß der eigenen Arbeit von Gleichgesinnten Legitimität und Sinn zugesprochen wird. Von daher ist die Gruppe eine wichtige Einheit des Wissenschaftssystems, zum einen für die Selbstorganisation der Forschung[19], zum anderen für die Genese von Erkenntnis[20].

Die „Rothfelsianer" kann man in diesem Sinne als Gruppe bezeichnen. Ihre Geschichte beginnt im Königsberg der Zwischenkriegszeit. Die dortige Universität nahm vor 1945 eine gewisse Sonderstellung unter den deutschen

---

[18] Freilich ist das immer ein Indizienprozeß, also eine Beobachterkonstruktion. Es gibt keine objektiven Kriterien, um objektiv Gruppen beschreiben zu können – wenn man von Selbstbezichtigungen absieht –, aber das gilt auch etwa für den Begriff der sozialen Klasse.
[19] Vgl. Wolfgang Krohn/Günter Küppers, Die Selbstorganisation der Wissenschaft, Bielefeld 1987, S. 22–38.
[20] Vgl. dazu auch Karin Knorr-Cetina, Die Fabrikation von Erkenntnis. Zur Anthropologie der Naturwissenschaft, Frankfurt a. M. 1991; dies., Wissenskulturen. Ein Vergleich naturwissenschaftlicher Wissensformen, Frankfurt a. M. 2002; Peter Weingart, Wissenschaftssoziologie, Bielefeld 2003; Ulrike Felt/Helga Nowotny/Klaus Taschwer, Wissenschaftsforschung. Eine Einführung, Frankfurt a. M./New York 1995.

Hochschulen ein. Sie führte Wissenschaftler aus verschiedenen Teilen des Reiches zusammen. Vielen Reichsdeutschen schien die Randlage zunächst zwar wenig attraktiv, hatten sie den Ruf aber einmal angenommen und den Umzug bewältigt, so waren sie von Königsberg und Ostpreußen auf eine ganz eigene Art eingenommen. Die Landschaft fesselte sie ebenso wie die besondere politische Atmosphäre, die dort herrschte. Ostpreußen verstand sich als „Vorposten" des Reiches und des „Abendlandes" gegen den Osten. Hier, wo deutsche und andere Nationalitäten lebten, hatte die staatsrechtliche Kategorie der „Staatsgrenze" ihre Verbindlichkeit verloren. Unter Hinweis auf das Prinzip des „Selbstbestimmungsrechts der Völker" beanspruchte Polen nach dem Ersten Weltkrieg ostpreußisches Territorium, während Königsberger Wissenschaftler versuchten, durch ihre Arbeit die Integrität der deutschen Nation zu erhalten. Besonders bei den Historikern war man auf Verteidigung eingestellt. Königsberg entwickelte sich deshalb zu einem Zentrum der Ostforschung, die später mit der Ostraumpolitik des „Dritten Reiches" konvergierte. An diese Universität wurde Hans Rothfels 1926 berufen, und in den Jahren danach, als sich die Krise der Weimarer Republik verschärfte, kamen auch Nachwuchswissenschaftler wie Erich Maschke, Theodor Schieder, Carl Jantke, Theodor Oberländer oder Werner Conze hinzu. Sie alle waren zwischen 1900 und 1910 geboren worden, gehörten dem (protestantischen) gehobenen Bürgertum an und waren durch die Jugendbewegung geprägt. Im Osten hofften sie, die Grundlagen einer neuen Gesellschaftsordnung zu finden, nachdem ihnen die alte bürgerliche Gesellschaft als verkrustet erschien und sie die politische Ordnung der Weimarer Republik ablehnten. Die Genannten lassen sich daher vor 1945 durchweg im antirepublikanischen Lager verorten[21].

Es war diese Mischung aus politischen Positionen und existentieller Orientierung, die an der Universität Königsberg die Grundlagen eines Netzwerkes entstehen ließ, aus dem die Königsberger Gruppe hervorging. Zu ihr lassen sich neben Rothfels, Maschke, Conze, Schieder, Oberländer und Jantke auch Werner Markert, Helmut Schelsky, Gunther Ipsen, Herbert Grundmann und Kurt von Raumer (später selbst der Nichtkönigsberger Hans Freyer) rechnen. Sie alle lehrten nicht unbedingt zur selben Zeit in Königsberg, und sie waren teilweise nur entfernt miteinander bekannt. Doch nach dem Kriege hatten sie über ihre mehr oder weniger intensive Bekanntschaft hinaus einen gemeinsamen Bezugspunkt, nämlich den Erfahrungsschatz gemeinsamer politischer Aktionen für die „deutsche Sache" und das überwältigende Erlebnis der ostpreußischen Landschaft. Diese Erinnerung an ein „verlorenes Paradies" hat ihr Lebensgefühl noch in der

---

[21] Vgl. Ingo Haar, „Revisionistische" Historiker und Jugendbewegung: Das Königsberger Beispiel, in: Peter Schöttler (Hrsg.), Geschichtsschreibung als Legitimationswissenschaft 1918–1945, Frankfurt a.M. 1997, S. 52–103; Haar, Historiker im Nationalsozialismus, S. 76–114; Gespräch des Verfassers mit Theodor Oberländer (Bonn) am 4. 8. 1997.

Bundesrepublik bestimmt[22], vor allem aber verdichtete es die vorher oft nur losen Kontakte zu einem effektiven Netzwerk, das sich von anderen Netzwerken, etwa dem der Breslauer um Hermann Aubin, deutlich abgrenzen läßt[23]. Dieses Netzwerk, eng eingebunden in die scientific community der Ostforschung, sollte sich nach 1945 für den Übergang der Königsberger in das neue politische System und in die Universitäten im Westen Deutschlands als äußerst hilfreich erweisen[24].

Innerhalb der Königsberger Gruppe läßt sich als Verdichtung die Rothfels-Gruppe erkennen. Hans Rothfels war vor seiner Zwangsemigration das Idol zahlreicher jungkonservativer Nachwuchswissenschaftler gewesen und hatte sich in Königsberg einen ansehnlichen Schülerkreis geschaffen. Diese Schüler setzten im „Dritten Reich" ihre Karrieren ungestört fort, um sich nach 1945 stellenlos und zutiefst verunsichert in verschiedenen Dörfern und Städtchen des zerstörten Reiches wiederzufinden. Einer nach dem andern nahmen sie ab 1946 wieder Kontakt zu Rothfels auf, der ihnen großmütig und verständnisvoll antwortete. 1949 führte ihn eine Vortragsreise in die neue Bundesrepublik. Dabei traf er auch auf seine alten Königsberger Freunde und Schüler, die Schieder zusammengeführt hatte. Er war ihnen Beichtvater, Vorbild, Schutzschild und, wie Schieder ihm 1966 schrieb, eine „Kontinuität in unser aller Leben, das sonst durch so viele Zäsuren in seiner Einheit gestört wird"[25]. Er vermittelte ihnen die beruhigende Gewißheit, daß es da weitergehen könne, wo man sich Mitte der dreißiger Jahre getrennt hatte. Als er 1951 einen Lehrstuhl in Tübingen annahm, stieg er zu einem der führenden westdeutschen Historiker auf, der zum einen als moralische Instanz fungierte – der konservative, hochpatriotische, vertriebene und zurückgekehrte Jude, der die deutsche Geschichte und deren Historiker vom Nationalsozialismus exkulpierte –, der zum anderen als einflußreicher Deuter der deutschen Geschichte galt und zum dritten durch seine starke Stellung in der scientific community erheblichen Einfluß auf Lehrstuhlbesetzungen und die Richtung des Faches nehmen konnte.

Rothfels hatte nie beabsichtigt, das Oberhaupt einer „Schule" oder einer Gruppe zu werden. Ersteres wurde er auch nicht, denn Werner Conze und Theodor Schieder etwa, die ihm neben Siegfried A. Kaehler vielleicht am

---

[22] Gespräch des Verfassers mit Albrecht Conze (Bonn) am 4. 11. 1998. Heilwig Gudehus (Hamburg) teilte mir in einem Gespräch am 30. 9. 1999 mit, daß Carl Jantkes Haus in Hamburg von der Inneneinrichtung her eine einzige Reminiszenz an Königsberg gewesen sei.

[23] Etwa als es nach dem Kriege darum ging, Ernst Birke zu helfen: Es sei besser, wenn Aubin diesem helfe, das Urteil der Entnazifizierungskommission auf Stufe IV zu heben, da er die Breslauer Verhältnisse nicht so gut kenne, schrieb Schieder am 17. 8. 1948 an Aubin (BA Koblenz, NL Hermann Aubin, N 1179/19).

[24] Vgl. ausführlich Thomas Etzemüller, Sozialgeschichte als politische Geschichte. Werner Conze und die Neuorientierung der westdeutschen Geschichtswissenschaft nach 1945, München 2001, S. 22–44.

[25] Schieder an Rothfels vom 10. 4. 1966, in: BA Koblenz, NL Hans Rothfels, N 1213/169.

nächsten standen, führten in Heidelberg und Köln ihre eigenen Zirkel. Es läßt sich aus der Korrespondenz jedoch deutlich ersehen, daß Rothfels das Gravitationszentrum einer Gruppe führender Historiker war, die sich aus folgenden Personen zusammensetzte: Conze und Schieder arbeiteten fachlich am engsten mit ihm zusammen, sein Freund Kaehler zählte eher persönlich zum engsten Kreis, um den herum sich Werner Markert und Reinhard Wittram gruppieren lassen. Gunther Ipsen, Hans Freyer, Herbert Grundmann, Helmut Schelsky, Arnold Gehlen, Erich Maschke, Carl Jantke und selbst Otto Brunner bzw. Hermann Aubin kann man in verschiedenen Abstufungen zum weiteren Umfeld zählen. Die Beziehung des engeren Kreises zu Rothfels zeichnete sich durch eine klare Vertrauensbeziehung aus: Ihm teilte man persönliche Angelegenheiten mit, die man dem nächsten Kollegen schon verschwieg. Beim Umfeld sollte man zwar eher von der Königsberger Gruppe sprechen (zu der eben auch Brunner und Aubin engere Beziehungen hielten), doch läßt sich deutlich verfolgen, wie die Königsberger – beispielsweise in Berufungssachen – regelmäßig strategische Allianzen eingingen, deren Mittelpunkt der einflußreiche Hans Rothfels bildete.

Der engere Kreis der „Rothfelsianer" grenzte sich von anderen Gruppen klar ab. Das Breslauer Netzwerk beispielsweise hatte seinen Gravitationspunkt im Marburger Herder-Institut, während sich die „Rothfelsianer" Mitte der fünfziger Jahre weitgehend aus der reetablierten Ostforschung zurückgezogen hatten, da diese eine fruchtlose Konfrontationspolitik gegen den Osten propagierte. Eine weitere Grenze läßt sich zu Politikhistorikern wie Gerhard Ritter oder zur „Marburger Schule" um Wolfgang Abendroth ziehen, obwohl Rothfels und seine Kollegen zu diesen Kreisen gleichwohl mal intensiveren, mal lockeren Kontakt hatten. Eindeutige Kontaktsperren bestanden dagegen zur „Frankfurter Schule" um Max Horkheimer[26]. Grenzen und Intensität der persönlichen Kontakte ziehen also eine hinreichend deutliche Linie, um die „Rothfelsianer" gegenüber anderen als Gruppe identifizieren zu können.

Daß dieselben Namen in anderen Konstellationen, etwa in dem auf Werner Conze zugeschnittenen Heidelberger Kreis, auftauchen, zeigt nur, wie wenig man Gruppen als Kartelle verstehen darf und wie sorgfältig man Indizien zusammentragen muß, um Unterschiede beobachten zu können. Allerdings reicht der Nachweis von Kommunikationsstrukturen bei weitem nicht aus. Im Falle der „Rothfelsianer" kann man von Netzwerkstrukturen sprechen, weil drei Dinge zusammenkamen, die das Kollektiv einten und von anderen unterschieden: eine bestimmte Erfahrung in der Welt (Geschichte), eine bestimmte Haltung zur Welt (Habitus) und eine bestimmte Sicht auf die Welt (Denkstil).

---

[26] Vgl. zum Vorhergehenden ausführlich und mit Belegen Etzemüller, Sozialgeschichte als politische Geschichte, S. 44–47, S. 94–97, S. 101–104 u. S. 236–258.

Die Erfahrungen der „Rothfelsianer" waren zunächst einmal nicht außergewöhnlich. Wie viele erlebten sie die Weimarer Republik als Krisenzeit, als Zeit permanenter politischer, ideeller und, in Ostpreußen, ethnisch-territorialer Instabilität. Dieses Krisenbewußtsein resultierte zwar aus der Kriegsniederlage des Deutschen Reiches, hatte allerdings Wurzeln, die in die Zeit vor 1918 zurückreichen. Schon Ende des 19. Jahrhunderts machte sich in Teilen der Bevölkerung das Gefühl breit, daß die Gesellschaft aus dem Lot gerate. Die Hochindustrialisierung zersetzte überkommene soziale Ordnungen, sie führte zu Verstädterung, Landflucht und „Atomisierung", sie produzierte Unsicherheit, nicht nur in Deutschland, sondern auch in den USA, Skandinavien oder Großbritannien. Vor allem das Bürgertum fühlte sich von einer unkontrollierbaren „Vermassung" der Gesellschaft bedroht. In der westlichen Welt stößt man deshalb um die Jahrhundertwende überall auf Versuche, die Ordnung der Gesellschaft zu stabilisieren: Durch Bevölkerungspolitik sollten Menschen räumlich und sozial fixiert und Wanderungsbewegungen minimiert werden. Durch Eugenik wollte man „schädliche" Bevölkerungsteile in Schach halten und reduzieren. Raumordnung und Stadtplanung waren Versuche, Menschen räumlich zu gliedern, und die „große" Politik wollte die Grenzen und die Einheit der Nation neu definieren und erhalten. Immer wieder ging es um die Stabilisierung des Einzelnen in räumlichen, ideellen, architektonischen und sozialen Einheiten. Dieses Denken in Kategorien wie Unordnung und Ordnung entstand, ungeplant und unreflektiert, in einem historischen Prozeß, und es nahm die Form eines Diskurses an, der Denken und Weltwahrnehmung von Individuen formatierte, ohne daß ihnen das bewußt war[27]. Dieses „radikale Ordnungsdenken" war verbunden mit einem entgrenzten Machbarkeitsglauben. Mediziner, Architekten, Ingenieure oder Sozialwissenschaftler waren der festen Überzeugung, Dank der technischen Errungenschaften der Moderne die Konsequenzen, die sich aus dieser Moderne ergaben, beherrschen zu können. Sie verstanden sich dabei als Experten, die objektive und nüchtern diagnostizierte Therapien verschrieben. Von der Politik erwarteten sie die Umsetzung dieser Lösungen[28].

---

[27] Zur Diskurstheorie vgl. Michel Foucault, Archäologie des Wissens, Frankfurt a. M. ⁵1992; ders., Die Ordnung des Diskurses, Frankfurt a. M. 1991. Foucault ist einer der wichtigsten, aber nicht der einzige Vertreter der Diskursanalyse; vgl. hierzu Glyn Williams, French Discourse Analysis. The Method of Post-Structuralism, London/New York 1999; Reiner Keller u. a. (Hrsg.), Handbuch sozialwissenschaftliche Diskursanalyse, Bd. 1: Theorien und Methoden, Opladen 2001.

[28] Die Forschung zu diesem Komplex befindet sich erst in den Anfängen; vgl. aber Lars-Henrik Schmidt/Jens Erik Kristensen, Lys, luft og renlighed. Den moderne socialhygiejnes fødsel [Licht, Luft und Reinlichkeit. Die Geburt der modernen Sozialhygiene], Kopenhagen 1986; Stefan Willeke, Die Technokratiebewegung in Nordamerika und Deutschland zwischen den Weltkriegen. Eine vergleichende Analyse, Berlin/Frankfurt a. M. 1995; Werner Durth/Niels Gutschow, Träume in Trümmern. Stadtplanung 1940–1950, München 1993; Kirsi Saarikangas, The Politics of Modern Home. Organization of the Everyday in Swedish

In Deutschland führte das zu einem engen Bündnis dieser Experten mit dem Nationalsozialismus, der, im Gegensatz zur Weimarer Republik, die Verwirklichung zahlreicher großer Ordnungsprojekte versprach und tatsächlich ermöglichte[29]. Diese Radikalisierung findet sich in anderen Ländern nicht, doch strukturell sind die Parallelen etwa zu Skandinavien frappierend. Das liegt zum einen daran, daß der Ordnungsdiskurs überall ähnliche Problemwahrnehmungen strukturierte und Lösungsmuster generierte, zum anderen an der grenzüberschreitenden Kommunikation der Experten, die etwa eugenische Fragen auf internationalen Konferenzen diskutierten oder die genauestens über städtebauliche und architektonische Innovationen in den Nachbarländern informiert waren. Auch in Skandinavien sollte z. B. durch eugenische Maßnahmen „minderwertiges Menschenmaterial" eliminiert werden – nicht durch Vernichtung, sondern durch Zwangssterilisierungen –, auch in Schweden wurden, noch 1946, Menschenversuche an geistig behinderten Anstaltspatienten vorgenommen – wenn auch nur in wenigen Fällen und ohne tödliche Folgen[30]. Erste Befunde legen es deshalb nahe, das radikale Ordnungsdenken nicht mehr nur für Deutschland zu analysieren und auf die Zeit des Nationalsozialismus zu beschränken[31]. Man sollte es vielmehr als einen zeitspezifischen Diskurs verstehen, der transnational und in der Zeit von etwa der Jahrhundertwende bis in die 1950er Jahre hinein das gesellschaftspolitische Denken und Handeln von Experten prägte, und in diesen Kontext sollten die „Rothfelsianer" analytisch eingebettet werden. Im Rahmen des dominanten Ordnungsdiskurses verstanden sie ihre historiographische Arbeit vor wie nach 1945 als Beitrag zur Stabilisierung der Gesellschaft gegen die dauernd drohende Desintegration. Daraus resultierte ein spezifischer Denkstil, der ihre Sicht der Vergangenheit bestimmte.

Um eine erste Annäherung an diesen Denkstil zu ermöglichen, sollen zunächst einige Texte Werner Conzes knapp referiert werden[32]. Im ersten Text, der Dissertation von 1934, untersuchte Conze, wie aus einer Gruppe

---

and Finnish Housing Design from the 1930s to the 1950s, in: Pauli Kettunen/Hanna Eskola (Hrsg.), Models, Modernity and the Myrdals, Helsinki 1997, S. 81–108.

[29] Vgl. mit weiterer Literatur Lutz Raphael, Radikales Ordnungsdenken und die Organisation totalitärer Herrschaft: Weltanschauungseliten und Humanwissenschaftler im NS-Regime, in: Geschichte und Gesellschaft 27 (2001), S. 5–40.

[30] Ihnen wurden im Dienste der Gesellschaft systematisch die Zähne zerstört, um die Kariesforschung voranzubringen. Einen Überblick über aktuelle skandinavische Forschungsliteratur zu dieser Frage bietet Thomas Etzemüller, Sozialstaat, Eugenik und Normalisierung in skandinavischen Demokratien, in: Archiv für Sozialgeschichte 43 (2003), S. 492–512.

[31] Genau das passiert allerdings in der aktuellen Debatte um die Bevölkerungswissenschaft, vgl. nur Bernhard vom Brocke, Bevölkerungswissenschaft – quo vadis? Möglichkeiten und Probleme einer Geschichte der Bevölkerungswissenschaft in Deutschland, Opladen 1998. Das Untersuchungsfeld ist neu, von daher ist die Einschränkung auf Deutschland aus pragmatischen Gründen vielleicht gerechtfertigt – nicht aber die konsequente Reduzierung der Weimarer Bevölkerungswissenschaft auf eine bloße Vorgeschichte des „Dritten Reichs".

[32] Zu Hans Rothfels vgl. Jan Eckel in diesem Band.

deutscher Einwanderer in Livland allmählich die Einheit einer Kolonie entstand, die sich von ihrer Umgebung abgrenzte, sich nur so gegen diese behaupten konnte und „zu einem Stück gesicherten deutschen Volksbodens wurde"[33]. Mit soziologischen, statistischen, demographischen, sprachwissenschaftlichen, aber auch historischen Methoden und auf der Basis der mündlichen Überlieferung arbeitete er die Hauptcharakteristika Hirschenhofs heraus und wies nach, daß tiefreichende kulturelle, demographische und sprachliche Traditionen die Hirschenhofer eindeutig als Volksdeutsche auszeichneten, obwohl sie russische bzw. baltische Staatsangehörige waren. Die Sicherung von Inseln wie Hirschenhof sollte dazu beitragen, Schritt für Schritt verlorenen deutschen „Volksboden" gegen das aufkeimende Nationalgefühl der ostmitteleuropäischen Völker zurückzugewinnen.

In seiner Habilitationsschrift von 1940[34] knüpfte Conze an die Bevölkerungslehre Gunther Ipsens an. „Bevölkerung" war in Ipsens Augen mehr als eine statistische Größe, sie war ein unaufhörlicher, natürlicher Prozeß, der sich im „Lebensraum" eines Volkes vollziehe. Der Lebensraum ist aus dieser Perspektive mehr als eine Fläche, er bildet sich, dehnt sich aus oder geht zurück, je nach der Fähigkeit und dem Willen eines Volkes, sich die natürlich gegebenen Landschaften durch Arbeit und Kampf anzueignen, sie zu ordnen, zu erfüllen und zu behaupten. Gleichzeitig steht er in einer ständigen Spannung zur Bevölkerung, denn wächst diese zu stark, übt sie Druck auf die Grenzen des Lebensraumes und den Nachbarraum aus, geht sie zurück, übt sie einen Sog aus[35]. Am Beispiel der Litauer und Weißrussen untersuchte Conze, wie diese durch Übernahme der deutschen Agrarverfassung Lebensraum und Bevölkerung austarierten, kontrolliertes Wachstum ermöglichten und gleichzeitig das stets drohende Problem der „Übervölkerung" kanalisierten, wie also „Lebensraum", „Verfassung" und „Bevölkerung" in einem Wirkungszusammenhang stehen.

Zu Beginn seiner Nachkriegskarriere verwertete Conze seine Posener Antrittsvorlesung aus dem Jahr 1943 in zwei Aufsätzen[36]. Nach wie vor beschäftigte er sich mit der Agrarverfassung, denn sie lag seiner Meinung nach der politischen Verfassung zu Grunde. Dabei kam es ihm in erster Linie auf die politische Funktion der Agrarverfassung an. Hier orientierte er sich an

---

[33] Werner Conze, Hirschenhof. Die Geschichte einer deutschen Sprachinsel in Livland, Berlin 1934, S. 31.
[34] Vgl. Werner Conze, Agrarverfassung und Bevölkerung in Litauen und Weißrußland. 1. Teil: Die Hufenverfassung im ehemaligen Großfürstentum Litauen, Leipzig 1940.
[35] Vgl. hierzu Gunther Ipsen, Bevölkerung: I. Bevölkerungslehre, in: Handwörterbuch des Grenz- und Auslandsdeutschtums, Breslau 1933, Bd. I, S. 425–463; Josef Ehmer, Eine „deutsche" Bevölkerungsgeschichte? Gunther Ipsens historisch-soziologische Bevölkerungstheorie, in: Demographische Informationen 1992/93, S. 60–70.
[36] Vgl. Werner Conze, Die Wirkungen der liberalen Agrarreformen auf die Volksordnung in Mitteleuropa im 19. Jahrhundert, in: Vierteljahrsschrift für Sozial- und Wirtschaftsgeschichte 38 (1949/50), S. 2–43; ders., Agrarverfassung, in: Handwörterbuch der Sozialwissenschaften, Bd. 1, S. 105–113.

Otto Brunners Klassiker „Land und Herrschaft" von 1939. Brunner hatte das politische Handeln sozialer Verbände untersucht und aus den Quellen eine in hohem Maße harmonische Gesellschaftsordnung herauspräpariert[37]. Herrschaft und Genossenschaft, Landesherr und Landvolk, innere Ordnung des Verbandes und seine Abwehrfähigkeit nach außen waren aufeinander bezogen und bildeten eine Ordnung, die nur von außen, nicht durch innere Konflikte zerstört werden konnte. Auf der anderen Seite vergaß Conze auch Gunther Ipsen nicht, indem er dessen Vorstellung einer Beziehung zwischen Bevölkerung, Lebensraum und Über- bzw. Untervölkerung in seinen Verfassungsbegriff einbaute: Stets drohten zwar die „unterbäuerlichen Schichten" das „Vollbauerntum" „zu überwuchern", doch wurde ihr Wachstum lange Zeit durch die Beschränkung ihrer Existenzgrundlage eingeengt, sie vegetierten in „Kümmerformen des Lebens" dahin[38]. Dann jedoch ließ um 1800 der rasante Bevölkerungsanstieg die „Flut" anschwellen, die liberalen Agrarreformen des 19. Jahrhunderts rissen die Dämme der Standesgrenzen ein, erst die wachsende Industrie vermochte wie ein riesiger Schwamm den Strom der Elenden aufzusaugen mit der Folge, daß die Gesellschaftsverfassung in einem neuen Zustand ausbalanciert werden konnte. Die Agrarverfassung beschrieb Conze unter Rückgriff auf Brunner und Ipsen als „dialektische[s] Widerspiel der Kräfte", sie befinde sich stets „in beharrender Abwehr, in zerstörendem Angriff und in aufbauender Neubildung", stets bedrohten „potentielle Sprengungstendenzen" die „Stabilität"[39]. Kurze Zeit später übertrug er diese Interpretation in seinem berühmten Aufsatz „Vom ‚Pöbel' zum ‚Proletariat'" auf die Industriegesellschaft[40]. Wieder ging es darum, wie die durch die Industrialisierung aus dem Lot geratene Gesellschaft in eine – den neuen Verhältnissen angepaßte – neue Form gebracht wurde. Im Grunde, so argumentierte Conze, habe die Industrialisierung nicht zur Verelendung der Massen geführt, wie häufig behauptet werde, sondern im Gegenteil deren Existenzgrundlage gesichert.

Was sich an diesen Texten ablesen läßt, gilt für die Geschichtsschreibung der „Rothfelsianer" insgesamt[41]. Zuerst ging es um Ordnung und Stabilität. Immer wieder läßt sich dasselbe Bild beobachten. „Einheit" ist die erste leitende Vorstellung: Ein Raum muß eine Einheit bilden. An der Oberfläche erblickt man mehrere Ethnien und Nationalitäten, aber darunter läßt sich

---

[37] Vgl. Otto Brunner, Land und Herrschaft. Grundfragen der territorialen Verfassungsgeschichte Südostdeutschlands im Mittelalter, Leipzig 1939.
[38] Conze, Agrarverfassung, S. 110.
[39] Ebenda, S. 106.
[40] Vgl. Werner Conze, Vom „Pöbel" zum „Proletariat". Sozialgeschichtliche Voraussetzungen für den Sozialismus in Deutschland, in: Vierteljahrsschrift für Sozial- und Wirtschaftsgeschichte 41 (1954), S. 333–364.
[41] Eine Auswahl von etwa 65 Texten, in denen das im Folgenden skizzierte Muster besonders deutlich zu Tage tritt, ist nachgewiesen in Etzemüller, Sozialgeschichte als politische Geschichte, S. 283, Anm. 57; vgl. auch ebenda, S. 271–295.

eine tiefverwurzelte Einheit erkennen⁴². „Grenze" bildet die zweite wichtige Leitvorstellung: Grenzen müssen eindeutig sein, sie teilen außen und innen, den abgegrenzten Raum von einem Rest. Der „Einheit" korrespondiert die Dualität von „Desintegration" und „Reintegration", der „Grenze" die von „Angriff" und „Abwehr". Der Ansturm aus dem Osten auf die Grenze der deutschen Nation und die drohende soziale Revolution im Innern, Verteidigung nach außen und Befriedung im Innern, Bevölkerungsdruck oder Bevölkerungssog, Übervölkerung oder verfaßte Bevölkerung – diese miteinander verknüpften Grundvorstellungen lassen sich als Bauprinzipien in zahlreichen Texten der „Rothfelsianer" identifizieren.

Man wird davon ausgehen können, daß sie eine ganz spezifische Gestalt vor Augen hatten, wenn sie die Geschichte der deutschen Nation schrieben, nämlich „das Reich". Damit ist weniger das konkrete Deutsche Reich gemeint, sondern ein Gebilde, eine „mentale Karte", die durch klare Außengrenzen und eine homogene Flächenfarbe gekennzeichnet war und die eine Metapher für die Integrität der deutschen Nation bildete: deutlich abgegrenzt nach außen, homogen im Innern. „Das Reich" war ein Prinzip, Dinge zu denken, ohne daß es zu durchschauen war. Was die Historiker im Königsberger Umfeld auch untersuchten, stets stießen sie darauf, daß Deutschland eindeutige Grenzen nach außen aufwies und im Innern homogen war. Auf diese Weise stellte „Das Reich" ein festes Gefüge dar, in das historiographisch alles und jeder sicher und fest eingebunden werden konnte. Erst diese spezifische „mentale Karte" ermöglichte das Bedrohungsbild von Angriff und Desintegration, und es legitimierte zugleich die politische Aufgabe der Wissenschaftler, sich um die Abwehr der Bedrohung zu bemühen. Das Prinzip der politischen Landkarte mit ihren eindeutigen Grenzen und homogenisierenden Flächenfarben bestimmte ganz deutlich die Geschichtsschreibung der „Rothfelsianer"⁴³.

Gleichzeitig sind diese Texte (vor allem die aus der Nachkriegszeit) durch ein implizites chronologisches Muster strukturiert. Bereits in der Zwischenkriegszeit hatten die Königsberger Historiker und Soziologen das Zeitalter der Industrialisierung als die Zeit ausgemacht, in der die Instabilität der Gesellschaftsverfassung permanent geworden sei. Die Vormoderne dagegen galt ihnen als Epoche der Stabilität der sozialen wie der demographischen Ordnung. Damals gab es zwar Störungen, aber die gestörte Gemeinschaft fiel, wie Otto Brunner in „Land und Herrschaft" gezeigt hatte, automatisch in den Zustand der geordneten Verfassung zurück. Niemand konnte sie aus-

---

⁴² Das wird noch einmal besonders deutlich in Werner Conze, Ostmitteleuropa von der Spätantike bis zum 18. Jahrhundert, München 1992.
⁴³ Daß es auch anders geht, verdeutlicht Noel Malcolm, Bosnia. A Short History, London 1996, der die Geschichte Bosniens entlang des Models der *physikalischen* Karte schreibt: als Geschichte einer kulturell vielfältigen Region, der erst sehr spät politische Grenzen und ethnische Einheiten aufgezwungen werden – von den Serben.

hebeln. Diese Gewißheit war im Zeitalter der Industrialisierung entschwunden. Die Gebietsabtretungen, Bevölkerungsverschiebungen, ethnischen und nationalen Konflikte nach dem Ersten Weltkrieg waren der sinnfällige Ausdruck einer Welt in latenter Auflösung. Gunther Ipsen hatte die grundsätzliche Sorge vor Desintegration schon 1940 auf den Punkt gebracht: „[A]m Ende [der Verelendungsspirale] steht und kann nur stehen – der Umsturz."[44] Trotzdem waren die Königsberger der optimistischen Ansicht, zuerst durch Mitarbeit in Ostforschung und Volksgeschichte, dann als (Sozial-)Historiker in der Bundesrepublik, zur Stabilisierung beitragen zu können. Ihr Bild von der Geschichte wird nämlich grundsätzlich durch einen chronologischen Dreischritt charakterisiert: Ausgangspunkt ist eine vergangene, integrierte Welt. Dann werden eindringlich die Auflösung der stabilen Gesellschaftsordnung und soziale Konflikte beschrieben. Schließlich wird herausgearbeitet, daß die Gesellschaftsverfassung erneut integriert worden ist, sei es durch volksdeutsche Sprachinsulaner, sei es durch vorausschauende, sozial denkende Unternehmer[45].

So ist in großem Stile historiographisch die Geschichte einer Einheit des „Reichs" entworfen. Zunächst legitimierte diese Geschichtsschreibung eine Art offensiver Verteidigung gegen den andrängenden „Bolschewismus", die nahtlos in die nationalsozialistische Bevölkerungspolitik überging. Dann, nach dem Scheitern dieses Projekts, sollte die Geschichtsschreibung dazu dienen, den Kommunismus zu delegitimieren, der sich als Irrtum erwiesen hatte: Die Arbeiterschaft in Deutschland war letztlich integriert, nicht ausgegrenzt worden. Bismarck hatte mit der Sozialversicherung den Anfang gemacht, die Weimarer Republik hatte den Arbeitern die politische Partizipation beschert, in der Bundesrepublik war die Integration vollendet worden. Es gab keinen deutschen Sonderweg, der auf 1933 hinführte. Das „Dritte Reich" war ein Sonderfall, die Linie lief auf 1945 zu, wo sich zeigen sollte, daß die positiven Kontinuitäten der deutschen Geschichte alle Verwerfungen überdauert hatten. Trotz aller Korrekturen, die man an diesem hier nur skizzierten Bild natürlich anbringen muß[46], ist unübersehbar, daß

---

[44] Gunther Ipsen, Agrarische Bevölkerung, in: D. Gusti (Hrsg.), Arbeiten des XIV. Internationalen Soziologen Kongresses [sic] Bucaresti. Mitteilungen. Abteilung B – Das Dorf, I. Band, Bukarest o.J. [1940], S. 8–22, hier S. 22. Es handelt sich um die letzten, effektvollen Worte eines Vortrages, der 1939 auf dem ausgefallenen Budapester Soziologentag hätte gehalten werden sollen.

[45] Bedenken gegen das seiner Meinung nach zu grobe Schema Auflösung, Krise, Integration erhob einzig Carl Jantke, Zur Deutung des Pauperismus, in: Ders./Dietrich Hilger (Hrsg.), Die Eigentumslosen. Der deutsche Pauperismus und die Emanzipationskrise in Darstellungen und Deutungen der zeitgenössischen Literatur, Freiburg/München 1965, S. 7–47, hier S. 7–9. Faktisch weicht aber auch sein Bild von diesem Schema nicht ab.

[46] Es trifft vor allem auf die Nachkriegszeit zu, auch wenn das Modell bereits vor 1945 angelegt ist, und es trifft nicht für alle „Rothfelsianer" gleich stark zu, vielleicht am stärksten für die eher sozialhistorisch orientierten wie Conze, Jantke oder auch Schieder; und natürlich waren

die „Rothfelsianer" im großen und ganzen *einem* Denkmuster folgten, gemeinsam *ein* Bild von der Vergangenheit konstruierten und andere Aspekte systematisch, wenn auch nicht bewußt, ausschlossen[47].

Eine entscheidende Verschiebung ist allerdings bereits angedeutet. Nach dem Ende des „Dritten Reiches" wurden andere inhaltliche Schwerpunkte gesetzt. Die Industriegesellschaft verdrängte als Untersuchungsgegenstand das Landvolk. Statt offensiv die Ausdehnung von stabilisierenden Agrarverfassungen zu unterstützen, kam die potentielle Destabilisierung der Gesellschaftsverfassung durch Übervölkerung in den Blick. Gleichzeitig wurde der Blick nach innen gerichtet, auf die drohende Desintegration durch soziale Unruhen. Dieser Anpassung der Geschichtsschreibung an eine neue politische Situation korrespondierte ein erstaunlicher politischer Pragmatismus. Schon in den fünfziger Jahren lehnten die „Rothfelsianer" den alten Konfrontationskurs der Ostforschung ab und bekannten sich zur Koexistenz mit der Sowjetunion. 1972 unterstützten sie schweren Herzens sogar die Unterzeichnung der Ostverträge, weil sie deren Ablehnung für politisch verheerend hielten.

Wieso aber konnte der skizzierte Denkstil trotz dieser Anpassungsleistung und trotz des Übergangs von der Diktatur zur Demokratie in seiner Grundstruktur weiterbestehen? Das hat mehrere Gründe. Zum ersten war da die doppelte Entnazifizierung, nämlich die der deutschen Geschichte und die der Historiker, die in beiden Fällen nicht sehr weit ging. Bekanntlich hat kaum ein Historiker seine Stelle auf Dauer verloren; nur einige wenige, die politisch als schwer belastet galten, mußten gehen. Wenn es im Grunde aber keine wirklich Schuldigen gab, so gab es auch keinen Grund, Methoden, leitende Werte und Vorstellungen der Geschichtswissenschaft in Frage zu stellen. Der Nationalsozialismus hat in den Augen der Historiker ihre Profession kaum berührt. Ähnlich sah es mit der deutschen Geschichte aus. Der Nationalsozialismus wurde als „Betriebsunfall" deklariert und damit aus der deutschen Geschichte hinausdefiniert[48]. Diese Deutung der Vergangenheit wurde weder in Deutschland noch von den Alliierten wirkungsvoll in Frage gestellt. Wenn es zugleich vielen Historikern aus dem Osten (und den Königsbergern) gelang, Professuren im Westen zu erhalten, ohne daß sich ernsthafter Protest erhoben hätte, war das nicht eine indirekte Würdigung ihrer wissenschaftlichen Arbeit? Hinzu kam, daß auch die junge

---

die Texte nicht durch ein Modell ferngesteuert, sie vollzogen nicht einfach nur einen Denkstil, sondern man wird immer auch individuelle Besonderheiten feststellen können.

[47] Das ist natürlich durch den Vergleich mit anderen Denkstilen zu profilieren. Prominentester Vergleichsfall dürfte der Denkstil der „Bielefelder Schule" sein. Vgl. ansatzweise Etzemüller, Sozialgeschichte als politische Geschichte, S. 344–350.

[48] Vgl. Peter Reichel, Zwischen Dämonisierung und Verharmlosung: Das NS-Bild und seine politische Funktion in den 50er Jahren. Eine Skizze, in: Axel Schildt/Arnold Sywottek (Hrsg.), Modernisierung im Wiederaufbau. Die westdeutsche Gesellschaft der 50er Jahre, Bonn 1993, S. 679–692.

Republik unter den Bedingungen des Kalten Krieges ihre Dienste gern in Anspruch nahm. Noch bevor Entnazifizierung und Reetablierung abgeschlossen waren, konnten so auch die historiographischen Konzepte der Zwischenkriegszeit wiederbelebt werden: „Die Lage von 1918 hat sich 1945 in einem nach allen Richtungen gesteigerten Masse wiederholt."[49] Wie damals drückte Rußland gegen das „Abendland", nur daß mittlerweile mehr als die Hälfte Deutschlands dem „Bolschewismus" zum Opfer gefallen war, während KPD und SED gemeinsam am Umsturz der Bundesrepublik arbeiteten. Diese Einsicht, daß man das Zwischenkriegsprojekt nun noch intensiver vorantreiben müsse, trug auch in der jungen Bundesrepublik ihre Früchte. Sie führte mit dem Segen des Westens eine antikommunistisch orientierte Ostpolitik, die mit der dualistischen Weltsicht der Ostforschung korrespondierte – so konnten Regierung und Wissenschaft erneut eine intellektuelle wie materielle Annäherung erzielen.

Schließlich immunisierte auch ein interessantes Verständnis von Objektivität die historiographische Arbeit gegen Selbstkritik. Wissenschaft sollte „ideologiefrei" und „objektiv" sein. Unter Objektivität hat man nach der Definition von Hans Rothfels den „Ausschluß des willkürlich Subjektiven"[50] zu verstehen, womit nicht gesagt war, daß ein Historiker der Geschichte wertfrei gegenübertreten könne. Das war nicht möglich, aber jede Form willkürlicher Wertungen war zu unterlassen. Ähnlich sah es mit dem Ideologiebegriff aus. Ideologisch war eine Geschichtsschreibung, die sich einer weltanschaulichen Lehre verpflichtet hatte, etwa der „bolschewistischen". Ideologiefrei war sie dann, wenn sie bewußt von derartigen Weltanschauungen Abstand hielt. Da deutsche Historiker der Meinung waren, daß sie auch im „Dritten Reich" subjektive Wertungen und explizit weltanschauliche Elemente aus ihrer wissenschaftlichen Arbeit herausgehalten hatten, konnten sie nach 1945 rückblickend der Überzeugung sein, wissenschaftliche Arbeit im reinsten Sinne geleistet zu haben. Die These, daß das „rückständige", „chaotische" „Zwischeneuropa" ordnender deutscher Tatkraft bedurfte, hielten sie für wissenschaftlich überzeugend. Der Nationalsozialismus hatte versprochen, daraus praktische Politik zu machen, aber bei der Lösung der Probleme desaströs versagt, während die Wissenschaft mit ihren Analysen auf dem rechten Wege gewesen sei. Die enge Definition der Begriffe „Objektivität" und „Ideologie" ermöglichte die Annahme, daß die Politik nie in die Wissenschaft habe eingreifen können[51]. Deshalb hörten

---

[49] Herder-Institut an die Universität Tübingen vom 25. 2. 1953, in: Universitätsarchiv Tübingen, 131/153, Philosophische Fakultät, Dekanatsakten.

[50] Hans Rothfels, Die Zeit, die dem Historiker zu nahe liegt, in: Festschrift für Hermann Heimpel zum 70. Geburtstag am 19. September 1971, 3 Bde., Göttingen 1971/1972, Bd. 1, S. 28–35, hier S. 32.

[51] Vgl. nur Hermann Aubin, An einem neuen Anfang der Ostforschung, in: Zeitschrift für Ostforschung 1 (1952), S. 3–17, hier S. 10f.: „Der Nationalsozialismus trat an mit dem Bekenntnis zum Nationalitätsprinzip für alle Völker, das einen Ordnungsgedanken bot, dessen

die (west-) deutschen Historiker schon 1949 gerne auf Gerhard Ritters Wort: „Ich glaube nicht, daß sie [die Geschichtswissenschaft] irgendwelchen Anlaß hat, diese ihre Haltung heute grundsätzlich zu ändern."[52] Was hätte revidiert werden müssen? Die große Transformationsleistung der Geschichtswissenschaft bestand 1945 darin, trotz des Systemwechsels die eigene Linie beibehalten zu haben[53]. Die Historiker als „Ritter der Nation" standen auch nun wieder auf seiten der Regierung, von der sie meinten, daß sie dem Wohle der Nation am besten diene und die kommunistische Gefahr abwehre.

Deshalb konnte der Denkstil ebenso tradiert werden wie das Grundmuster, die Geschichte in der Dichotomie von Ordnung und Chaos zu sehen. Der Denkstil wurde durch den fundamentalen Einschnitt des 8. Mai 1945 nicht beschädigt, die Ereignisse hatten nicht die Macht, eine grundlegend neue Deutung der Welt zu provozieren. Er widerstand zudem der Herausforderung durch konkurrierende Interpretationen der Geschichte. Die Ereignisse der Gegenwart bestätigten den Denkstil sogar, und auch die erfolgreiche Fortsetzung der eigenen Karriere bot keinen Anlaß zum Umdenken[54]. All das ging eine zirkuläre und dadurch selbstimmunisierende Verbindung ein, welche die Tradierung des Denkstiles erlaubte und die Übertragung der früher entwickelten Methoden in die Nachkriegszeit nicht nur ermöglichte, sondern geradezu erforderte. Denn wenn sich die politischen Konstellationen so offenkundig wiederholen, so mußten auch die Gefahren, die sich daraus ergaben, weiterhin mit den bewährten Methoden verfeinert und in größerem Stil bekämpft werden. Das Wissen um konkurrie-

ernsthafte Anwendung wesentlichen Teilen der ostmitteleuropäischen Problematik Abhilfe versprach [...]. Hitler selbst aber machte alle Möglichkeiten, unter Anerkennung der deutschen Teilhaberschaft und mit entscheidender deutscher Hilfe das östliche Mitteleuropa neu zu ordnen und diesen Grenzwall des Abendlandes gegen das bolschewistische Rußland fest zu machen, doppelt zunichte [...]. Rußland [...] brach tief in den deutschen Kern Mitteleuropas ein."

[52] Gerhard Ritter, Gegenwärtige Lage und Zukunftsaufgaben deutscher Geschichtswissenschaft. Eröffnungsvortrag des 20. Deutschen Historikertages in München am 12. September 1949, in: Historische Zeitschrift 170 (1950), S. 1–22, hier S. 8.

[53] Vgl. Etzemüller, Sozialgeschichte als politische Geschichte, S. 296–309. Eine ähnliche Politisierung ohne direktes Engagement und ein ähnliches symbiotisches Verhältnis zwischen Nation und Wissenschaft bzw. Technik ist mittlerweile für die deutschen Physiker, Architekten und Ingenieure herausgearbeitet worden; vgl. Gabriele Metzler, Internationale Wissenschaft und internationale Kultur. Deutsche Physiker in der internationalen Community 1900–1960, Göttingen 2000; Willeke, Die Technokratiebewegung in Nordamerika und Deutschland, bes. S. 131 f., S. 152, S. 160, S. 167 f. u. passim; Durth/Gutschow, Träume in Trümmern, S. 9–11.

[54] Gleiches galt für die Entwicklung eines bestimmten Stranges der westdeutschen Soziologie, der Dortmunder Sozialforschung, die über Personen wie Hans Freyer, Gunther Ipsen, Elisabeth Pfeil, Carl Jantke u.a. an die „Deutsche Soziologie" der Weimarer Republik anknüpfte und das Weltbild von Angriff und Abwehr wie Desintegration und Reintegration durch empirische Forschungen bestätigte (weil es ihnen ebenfalls als Leitbild zu Grunde lag); vgl. hierzu Etzemüller, Sozialgeschichte als politische Geschichte, S. 141–144 u. S. 199–210.

rende Weltdeutungen etwa der „Marburger Schule" beeinträchtigte den Denkstil der „Rothfelsianer" ebensowenig wie die Abendroth-Gruppe sich von der Weltsicht der Rothfels-Gruppe beeinflussen ließ. Man ignorierte sich höflich. Daß die „Rothfelsianer" schon zu Beginn der fünfziger Jahre Abstand nahmen von einem sturen Konfrontationskurs gegen die Sowjetunion, konnte dem Denkstil nichts anhaben. Dieser Realismus war nur eine politische Reaktion auf eine grundlegende Bedrohung, die es zu entschärfen galt. Daß die „Rothfelsianer" auch einige andere Annahmen revidierten, etwa die angebliche Parallele 1918/1945[55], trug ebenfalls nur zum politischen Realismus bei, nicht zur Desintegration des Denkstils.

Diese Homologie zwischen Wissenschaft und Politik läßt sich nicht durch ideologiekritische und herkömmliche ideengeschichtliche Analysen erschließen. Beide Ansätze verbleiben zu sehr an der Oberfläche von Texten, sie suchen nach Ideologie und Intentionen. Was aber, wenn man sie nicht findet? Sind die Texte dann „sauber" und „objektiv"? Dazu ein Beispiel: 1959 gab Werner Markert den Polenband seines wichtigen Osteuropa-Handbuchs heraus. Von Rezensenten wurde ihm bescheinigt, daß er sich durch nüchterne Fairneß gegenüber Polen auszeichne. In der Tat erweisen sich die Aufsätze, wenn man sie mit völkischen Schriften aus dem „Dritten Reich" oder der Propaganda der Vertriebenenverbände aus der Zeit danach vergleicht, als durchaus unpolemisch. Untersucht man aber das kunstvolle Spiel mit der Sprache, die Wortwahl und die Zuordnung bestimmter Wortgruppen genauer, so wird deutlich, daß eine stark deutschzentrierte, vorurteilsbeladene und revisionistische Sicht auf Polen das Handbuch durchzieht. So untendenziös es sein sollte, so tendenziös wirkte es unterschwellig. Es häufen sich etwa negativ konnotierte Attribute, wenn die polnische Intelligenz der Zwischenkriegszeit beschrieben wird: Sie sei dem Volk entfremdet, verbürokratisiert, soziologisch eine Einheit, aber innerlich zerfallen, ein Organismus, der durch persönliche Beziehungen und gesellschaftliche Anschauungen mehr zusammengehalten werde als durch Ideen. Ganz anders ist der Ton, wenn es um das Verhalten der Polen den Deutschen gegenüber geht: Sie hätten die Deutschen unterdrückt, entrechtet, vertrieben, ermordet und einen antideutschen Nationalhaß gepflegt. Der Bericht über die deutschen Verbrechen fällt dagegen sachlich und unemotional aus, außerdem dominiert das Passiv: Die Deutschpolen beteiligten sich an keinen Greueln, die polnische Intelligenz wurde von den Nationalsozialisten „ausgeschaltet", Juden wurden zumeist nur „liquidiert", sie wurden deportiert, wenn von ihrer Vernichtung – leidenschaftslos, denn erwiesenes moralisches Unrecht bedürfe keiner Kommentare – überhaupt die Rede war. Weit weniger

---

[55] Vgl. Mathias Beer, Im Spannungsfeld von Politik und Zeitgeschichte. Das Großforschungsprojekt „Dokumentation der Vertreibung der Deutschen aus Ost-Mitteleuropa", in: VfZ 46 (1998), S. 345–389.

leidenschaftslos und sehr viel ausführlicher kam das Unrecht an den Deutschen seit Ende des Ersten Weltkriegs zur Sprache. Durch die Wahl der Begriffe wurde suggeriert, daß die eigentlichen Verbrechen an den Deutschen verübt worden seien.

Durch diese Technik wurden die Polen zwar nicht direkt verunglimpft – die Autoren brachten ihnen sogar Nachsicht entgegen und konzedierten ihnen, daß sie wegen der Besetzung und Plünderung der „deutschen Ostgebiete" ein Unrechtsbewußtsein hätten –, doch die Konnotationen provozierten verläßliche Wertungen. Das Leid der Deutschen schilderten die Autoren mit Begriffen, deren negative Wertungen eindeutig waren, während das Leid der Polen mit vagen Formulierungen beschrieben wurde, die es erlaubten, sich eines Urteils über die nationalsozialistischen Verbrechen zu enthalten. Man war sich ja einig über deren verwerflichen Charakter. Auf diese Weise wurde die Leidensgeschichte wissenschaftlich umgedreht. In den Rezensionen zum Band wird dann deutlich, daß nur polnische und englische Kritiker sowie der sozialdemokratische Pressedienst die hintergründige Wirkung der vermeintlichen Objektivität erkannten. Die meisten deutschen Leser begrüßten wie selbstverständlich die politische Ausrichtung und konnten trotzdem an Objektivität glauben. Harald Laeuen, selbst Mitarbeiter des Bands, bezeichnete in einer Rezension die Polen als Ausbeuter und Eroberer und prophezeite ihnen, ohne Juden, Deutsche und Ukrainer in der Eintönigkeit und dem Provinzialismus eines national geschlossenen Raumes zu versinken. Andere sprachen davon, daß die Besetzung Polens zum Schicksal der Deutschen geworden sei. Daß Gunther Ipsen nahtlos an seine Vorkriegsthesen über die „ländliche Übervölkerung" anschloß, wurde kritiklos akzeptiert. Man war sich sicher, daß die Polen durch die Sachlichkeit dieses Handbuches endlich gezwungen seien, sich mit der eigenen Vergangenheit und Gegenwart auseinanderzusetzen. Gerade weil sich das Handbuch so offensichtlich von Propaganda unterschied, schien es die wissenschaftlich gewonnene Wahrheit zu enthalten[56].

Man muß die Homologie zwischen Wissenschaft und Politik auf dieser verdeckten Ebene analysieren. Dabei muß man beachten, wie Denkkollektive entstehen und wie sie in einer bestimmten gesellschaftlichen Situation und geprägt durch persönliche Erfahrungen beginnen, einen Denkstil auszubilden, der die Vergangenheit in einer bestimmten Gestalt abbildet, für Produzenten wie Rezipienten aber nicht durchschaubar ist. In der narrativen Struktur von Texten – einzelner Texte wie ganzer Textsamples – sind diese verborgenen Muster aufspürbar; dazu muß man sehr genau auf Begriffe, Metaphern, „mentale Karten", Wiederholungen, Auslassungen und

---

[56] Vgl. Werner Markert (Hrsg.), Osteuropa-Handbuch, Bd. 2: Polen, Köln/Graz 1959, und die gesammelten Rezensionsabschriften für die Mitarbeiter des Osteuropa-Handbuches, in: Universitätsarchiv Tübingen, 131/343, Philosophische Fakultät, Personalakte Werner Markert.

implizite Bilder achten⁵⁷. Was sehen Historiker und was sehen sie nicht, in welcher spezifischen Gestalt nehmen sie die Vergangenheit wahr? Und welche Effekte löst die so formatierte Geschichtsschreibung subkutan bei den Rezipienten aus? Das sind entscheidende Fragen an die Geschichte der Geschichtswissenschaft, die man nur schwer beantworten kann, wenn man vor allem auf Intentionen, Erfahrungen, Verantwortung oder Schuld abhebt. Das radikale Ordnungsdenken der „Rothfelsianer" ist ein Beispiel dafür, wie ein spezifischer Denkstil unreflektiert bestimmte Intentionen produzierte, die ein symbiotisches Verhältnis der Gruppe zu ganz unterschiedlichen politischen Systemen begründen konnten, ohne daß sie – in der Selbstsicht und in den Augen der Öffentlichkeit – gegen das Prinzip wissenschaftlicher Objektivität verstieß. Dieser Prozeß war derart effektiv, daß noch heute die verborgenen Wertorientierungen etwa in Werner Conzes Aufsatz „Vom ‚Pöbel' zum ‚Proletariat'" oder in seinem Buch „Ostmitteleuropa" übersehen werden⁵⁸.

Über die „Rothfelsianer" wird man also eine sehr differenzierte Bilanz ziehen müssen. Zum einen sind sie mit ihrer historiographischen Arbeit stets Teil des politischen Kampfes gewesen. Bis weit in die 1950er Jahre hinein entwickelte ihr Ordnungsdiskurs – die Sorge vor dauernd drohender Desintegration und der Wille zur Ordnung – seine gesellschaftsprägende Kraft, wobei ein mehr oder weniger militanter Antikommunismus unübersehbar war. Der Kommunismus wurde zum Synonym für die destruktiven Tendenzen der industrialisierten Massengesellschaften des 20. Jahrhunderts; nach 1945 galt das auch für den Nationalsozialismus, der zuvor noch Heilung verheißen hatte. Dieser Diskurs und der antikommunistische Grundkonsens wurden durch die „Zäsuren" von 1933 und 1945 nicht wirklich gefährdet, und gerade diese Kontinuität einer spezifischen Weltwahrnehmung – und der politischen Entwicklungen, die daraus folgten – sicherte dem dieser Situation homologen Denkstil der „Rothfelsianer" Stabilität. Gleichzeitig allerdings trug die Rothfels-Gruppe nach 1945 dazu bei, diese ge-

---

⁵⁷ Vgl. nur Stanley Eugene Fish, Is There a Text in This Class? The Authority of Interpretive Communities, Cambridge/MA 1980; Hayden White, Auch Klio dichtet oder die Fiktion des Faktischen. Studien zur Topologie des historischen Diskurses, Stuttgart 1986; Roland Barthes, Mythen des Alltags, Frankfurt a. M. 1964; Umberto Eco, Einführung in die Semiotik, München ⁵1994; Dominick LaCapra, Geschichte und Kritik, Frankfurt a. M. 1987; ders., Geistesgeschichte und Interpretation, in: Ders./Steven L. Kaplan (Hrsg.), Geschichte Denken. Neubestimmungen und Perspektiven moderner europäischer Geistesgeschichte, Frankfurt a. M. 1988, S. 45–86; Hans Robert Jauss, Der Gebrauch der Fiktion in Formen der Anschauung und Darstellung der Geschichte, in: Reinhart Koselleck/Heinrich Lutz/Jörn Rüsen (Hrsg.), Formen der Geschichtsschreibung, München 1982, S. 415–451.
⁵⁸ Vgl. die Besprechung von Heiko Haumann in der Frankfurter Rundschau vom 4. 5. 1993, S. 16. Dem Rezensenten stießen zwar Begriffe wie „deutscher Volksboden" oder „kulturdeutsch" auf, doch er ließ sich durch Klaus Zernacks Nachwort versichern, daß Werner Conze sie ihres ideologischen Gehaltes entkleidet habe.

sellschaftspolitische Konstellation fortzuentwickeln, und zwar zum einen durch ihren politischen Pragmatismus, der einer der zahlreichen Bausteine war, auf denen die westdeutsche Entspannungspolitik beruhte, und zum andern durch ihre Rolle in der bundesdeutschen Geschichtswissenschaft, wo die „Rothfelsianer" die methodische Umorientierung forcierten, d. h. die Sozialgeschichte, die Gegenwartsorientierung der Geschichte und eine weniger deutschzentrierte Perspektive hoffähig machten. Das entsprach genau dem politischen Projekt, die Reste der Nation gegen den „Bolschewismus" zu verteidigen – Werner Conzes Sozialgeschichte ist das vielleicht dezidierteste wissenschaftliche Projekt der Nachkriegszeit, die bedrohte Ordnung zu wahren –, denn es stand in der Tradition der Volksgeschichte bzw. der Leipzig-Königsberger Realsoziologie[59], das eigene Denken *empirischen* Beobachtungen anzupassen. Das ermöglichte analytische Flexibilität, ohne daß der Kern des eigenen Denkens und Wahrnehmens berührt werden mußte.

Von daher gehörten die „Rothfelsianer" zu jenem Teil der konservativen Eliten, die zunächst der Diktatur in die Hände gearbeitet hatten und dann zur Stabilisierung der zweiten Republik beitrugen – nicht aus tiefer demokratischer Überzeugung, sondern aus dem Bewußtsein heraus, daß ein Engagement zugunsten der überraschend erfolgreichen Bundesrepublik der beste Weg war, die Reste der Nation zu schützen. Sie trugen zur Modernisierung der Geschichtswissenschaft bei, indem sie halfen, die alte Volksgeschichte in die frühe Fassung der Sozialgeschichte zu transformieren – zunächst mit dem Ziel, denselben politischen Kampf wie in der Zeit vor 1945 zu führen. Mit den fundamentalen gesellschaftlichen Veränderungen der späten fünfziger Jahre, dem Generationenwechsel der sechziger Jahre und der „silent revolution" im folgenden Jahrzehnt wurden sowohl die permanente Sorge vor gesellschaftlicher Desintegration, das radikale Ordnungsdenken, der Denkstil der „Rothfelsianer" als auch der kämpferische Antikommunismus allmählich obsolet. Die „Rothfelsianer" hatten versucht, die Entstehung der gegenwärtigen Gesellschaft aus dem Prozeß der Industrialisierung heraus zu begreifen – mit einem Sprung über das „Dritte Reich" hinweg, um in Zeiten der Umbrüche nicht allen Halt zu verlieren. Ihr Bezugspunkt war immer wieder die gewahrte Ordnung. Ihre Schüler verblieben zwar im selben Rahmen, betonten in ihren Studien aber einen „deutschen Sonderweg", der direkt auf das „Dritte Reich" zulief, und stellten die Faktoren heraus, die schließlich zur Vernichtung aller Ordnung geführt hatten. Die Rothfels-Gruppe suchte der brüchigen Moderne eine positive Geschichte und damit Identität abzugewinnen. Ihre Nachfolger hielten ihrer Zeit den Spiegel vor; ihre Absicht war es, Identität aus der Kritik der Vergangenheit zu gewinnen. Beide Generationen wußten um die prinzipielle

---

[59] Sie entwickelte an der Sozialforschungsstelle in Dortmund großen Einfluß.

Instabilität der gesellschaftlichen Ordnung, beide versuchten, auf ihre Art zu ihrem Erhalt beizutragen. Insofern ist Geschichtswissenschaft nach wie vor politisch, doch die bedrohte Welt der „Rothfelsianer" existiert nicht mehr[60].

---

[60] Vgl. Etzemüller, Sozialgeschichte als politische Geschichte, S. 310–354.

Hermann Graml

Hans Rothfels und die Vierteljahrshefte für Zeitgeschichte

Daß Hans Rothfels die Vierteljahrshefte für Zeitgeschichte als eine Zeitschrift ansah, die ihm in einem feudalistischen Sinne des Wortes „gehörte", als persönliches und autonom zu verwaltendes „Lehen", daß er das 1952 vorbereitete und 1953 mit dem ersten Jahrgang der Öffentlichkeit präsentierte Organ in der Tat nachhaltig geprägt hat – das sind mittlerweile Binsenwahrheiten. Aber wie hat er die Vierteljahrshefte verwaltet und geprägt?
Zunächst einmal hat Rothfels der Zeitschrift und damit sehr bewußt der in Deutschland – als kritische Durchleuchtung und Erhellung der „Epoche der Mitlebenden"[1] – noch jungen Disziplin Zeitgeschichte die Periode bezeichnet, mit der sich beide beschäftigen sollten: nämlich jene Jahre der großen Krisen – der Krise des Nationalstaats, der Krise der bürgerlichen Gesellschaft und der Krise des europazentrischen Staatensystems –, die 1917 mit dem Eintritt der USA in den Ersten Weltkrieg und mit der Oktoberrevolution in Rußland begonnen habe. Eine solche Definition der unter die Lupe zu nehmenden Zeitspanne schien simpel, ja fast banal zu sein. In ihr steckte jedoch ohne Frage eine abermals sehr bewußte Anstrengung, das Wilhelminische Reich von 1871 bis zum August 1914 aus der kritischen Behandlung vorerst auszuklammern und die NS-Herrschaft – samt den Verbrechen der Nationalsozialisten – als Phänomen der diagnostizierten globalen Krise einzuordnen und zu erklären. In den ersten Jahren nach dem Ende des Zweiten Weltkriegs und angesichts der frühen Höhepunkte des Kalten Krieges war die Definition plausibel und überzeugend. So kann es nicht überraschen, daß die von Rothfels getroffene Entscheidung – denn um eine freie Entscheidung des Tübinger Gelehrten handelte es sich – von nahezu allen Wissenschaftlern, die sich auf dem Felde der Zeitgeschichte zu tummeln begannen, für einige Zeit widerspruchslos akzeptiert wurde.
Die Problematik und die Zeitgebundenheit der Definition liegen allerdings auf der Hand. So mußte die Periodenbestimmung, wie das schon in den sechziger Jahren nicht zuletzt die Fischer-Kontroverse um die Kriegs-

---
[1] Hierzu sein programmatischer Aufsatz „Zeitgeschichte als Aufgabe", in: VfZ 1 (1953), S. 1–8.

und Eroberungspolitik des Kaiserreichs lehrte, rückwärts aufgesprengt werden[2]. Und eigentlich war von Anfang an zu sehen, daß die deutsche Zeitgeschichtsforschung sich zwar nie von der Auseinandersetzung mit der ersten Hälfte des 20. Jahrhunderts lösen kann, ja nicht einmal nach einem Verzicht auf diese Auseinandersetzung trachten darf, daß sie aber mit dem Fortschreiten der Zeit Ereignisse und Entwicklungen in den Blick nehmen würde, die 1952/53 noch Gegenwart und Zukunft waren, damit auch Probleme und Fragestellungen, die bald nicht mehr oder allenfalls nur noch formal in die Rothfelssche Definition passen konnten; auch Blickwinkel und Horizonte mußten sich ändern. Rothfels hat daher relativ früh erlebt, wie sein Epochenbegriff fragwürdig wurde und in Frage gestellt zu werden begann. Er hat darauf nicht sofort und nicht immer mit Zustimmung oder Einsicht reagiert, jedoch nahezu immer mit einer Gelassenheit, die ihn auch dazu befähigte, ihm von der Redaktion in München vorgeschlagenen Beiträgen sein Placet zu geben, die ihm selbst mißfielen oder als unwichtig erschienen[3].

Zweitens gab Rothfels den Vierteljahrsheften gewissermaßen eine „Mission". Man darf davon absehen, daß er die Zeitschrift auch als ein Forum verstand, auf dem über die Deutung, gar über eine „ganzheitliche Sicht" der Epoche debattiert werden sollte[4]. Wohl ist im Laufe der Jahre der eine oder andere Aufsatz in der Zeitschrift publiziert worden, der als Stimme in einer solchen Diskussion gehört werden kann. Im großen und ganzen aber ist Rothfels mit so hochfliegenden Plänen gescheitert, aus Mangel an geeigneten Autoren und mehr noch an der Unverträglichkeit seiner Absicht mit dem Charakter eines geschichtswissenschaftlichen Fachorgans. In anderer Hinsicht, wenn man so will in einem praktischen Aspekt seines stets über Deutschland hinausgreifenden Strebens, ist er hingegen sehr erfolgreich gewesen. Eines der Ziele, die er erklärtermaßen mit der Zeitschrift anvisierte, war die Heranführung der geraume Zeit isoliert gewesenen deutschen

---

[2] Vgl. Fritz Fischer, Griff nach der Weltmacht. Die Kriegszielpolitik des kaiserlichen Deutschland 1914–1918, Düsseldorf ³1964. Fischer wies nach, daß der Anteil des Kaiserreichs am Beginn des Ersten Weltkriegs wesentlich höher war, als die deutsche Geschichtswissenschaft bis dahin, auf die Widerlegung einer alliierten „Kriegsschuldlüge" eingeschworen, behauptet oder gesehen hatte. Auch zeigte er, daß einflußreiche Gruppen der wilhelminischen Gesellschaft spätestens während des Krieges eine Neigung zu imperialistischer Eroberungspolitik entwickelten, die dann auch die amtliche Reichspolitik erheblich beeinflußte. Nach jahrelangen heftigen Kontroversen hat die deutsche Zeitgeschichtsforschung generell akzeptiert, daß starke Wurzeln der nationalsozialistischen Expansionspolitik bereits im kaiserlichen Deutschland aufzufinden sind und daher die Jahre 1917/18 keine Grenze bei der Erforschung des deutschen Irrwegs im 20. Jahrhundert sein können.
[3] Der Verfasser dieses Berichts hatte den Vorzug, an etlichen einschlägigen Diskussionen teilzunehmen.
[4] Rothfels, Zeitgeschichte als Aufgabe, S. 8. Den Ausdruck „Universalgeschichte und Geschichte der Epoche" hat er bereits in einer Sitzung von Kuratorium und Beirat des Instituts für Zeitgeschichte am 17. 5. 1952 verwendet; Ergebnisprotokoll der Sitzung in: Archiv des Instituts für Zeitgeschichte München (künftig: IfZ-Archiv), Bestand Hausarchiv, ID 8/3.

Historiker an die bereits vielfältigen und qualitativ eindrucksvollen Ergebnisse der außerhalb Deutschlands – namentlich in Großbritannien und den USA – geleisteten zeitgeschichtlichen Arbeit. Dazu gehörte auch die Öffnung der Vierteljahrshefte für nichtdeutsche Autoren, und solche vermochte er denn auch in einem Maße anzuwerben, wie das in den fünfziger Jahren angesichts der heiklen Thematik keineswegs erwartet werden durfte; freilich hatte er den Vorteil persönlicher Beziehungen zu etlichen deutschen Historikern, die wie er zur Emigration gezwungen gewesen waren[5].

Aber wenn auch die Deutung der Epoche nicht gelingen konnte, als „Rückgrat" der Zeitschrift begriff Hans Rothfels ohnehin, wie er sich ausdrückte, „die Ereignisgeschichte wesentlich politischer und wirtschaftlich-sozialer Art, insbesondere aus dem Bereich der deutschen Geschichte"[6]. Und hier hat er eine Tätigkeit entfaltet, mit der er die Vierteljahrshefte zum kräftigsten und wichtigsten Instrument bei der Durchsetzung der Zeitgeschichte als Disziplin der Geschichtswissenschaft machte. Kein Thema war ihm unwillkommen. Wer die Inhaltsverzeichnisse der ersten fünfzehn Jahrgänge, der großen Zeit des Herausgebers Rothfels, zur Hand nimmt, wird sehen, daß zwar Aufsätze zu Methodenfragen, für die er wenig Interesse aufbrachte, nicht gerade überrepräsentiert sind, dafür aber kaum ein Problem der deutschen Zeitgeschichte ausgespart ist. Daß einer seiner heutzutage auftretenden Kritiker, Karl Heinz Roth, trotz eines solchen – und doch nicht zu übersehenden – Befundes behauptet, mit den Vierteljahrsheften habe Rothfels „erlaubte und mißliebige Terrains" bei der Erforschung der NS-Zeit abgesteckt[7], kann nur als Klitterung von Wissenschaftsgeschichte bezeichnet werden.

Überraschend kommt solche Klitterung nicht. Wenn er sich mit der Person des Herausgebers der Zeitschrift und mit dem lange Jahre von Rothfels stark beeinflußten Institut für Zeitgeschichte befaßt, zeigt sich Karl Heinz Roth von einer Feindseligkeit beherrscht, die ihn wieder und wieder dazu verleitet, Geschichte nicht zu erforschen, sondern zu erfinden. So kann die von Hedwig Conrad-Martius geschriebene Studie „Utopien der Menschenzüchtung. Der Sozialdarwinismus und seine Folgen", die Roth gefällt und nach seinem Urteil „noch heute besticht"[8], eben deshalb natürlich nicht von einem Institut veröffentlicht worden sein, das von Rothfels gelenkt wurde. Daher reklamiert er die Arbeit für ein Institut, das unter der „Mentorschaft Franz Schnabels" gestanden habe. Ein derartiges Institut hat aber weder in

---

[5] So zu Fritz T. Epstein, Felix Hirsch oder Hans W. Gatzke.
[6] Rothfels, Zeitgeschichte als Aufgabe, S. 8.
[7] Karl Heinz Roth, „Richtung halten": Hans Rothfels und die neo-konservative Geschichtsschreibung diesseits und jenseits des Atlantiks, in: Sozial. Geschichte, Heft 1 (2003), S. 69.
[8] Karl Heinz Roth, Hans Rothfels: Geschichtspolitische Doktrinen im Wandel der Zeiten. Weimar – NS-Diktatur – Bundesrepublik, in: Zeitschrift für Geschichtswissenschaft 49 (2001), S. 1071.

den späten vierziger noch in den frühen fünfziger Jahren existiert. Ganz abgesehen davon, daß Schnabel, obwohl er zeitweilig dem Beirat angehörte, stets Distanz zur Zeitgeschichte wie zum Institut und seiner Tätigkeit gehalten hat. In dem 1955 erschienenen Buch selbst ist im übrigen wörtlich festgehalten: „Verfaßt im Auftrag des Instituts für Zeitgeschichte". An anderer Stelle sagt Roth, Rothfels sei „im Wissen um seine eigene [böse] Rolle gegen Ende der Weimarer Republik" seinen Kollegen nach dem Zweiten Weltkrieg „beim Beschweigen ihrer Verstrickungen in die NS-Diktatur behilflich" gewesen[9]. Er beruft sich dabei auf einen Aufsatz, den Winfried Schulze in der Festschrift für Hans Mommsen publiziert hat. An der betreffenden Stelle liest man dann verblüfft, wie Schulze schildert, daß Rothfels 1960 beim Vorsitzenden des Historikerverbands „heftig" dagegen protestierte, einen nun wirklich in die NS-Diktatur verstrickt gewesenen Kollegen zum Internationalen Historikertag in Stockholm zu entsenden; er hatte lediglich hinzugefügt, falls aber alles schon gelaufen sei, „werde ich natürlich den Mund halten", das heißt einen öffentlichen Protest unterlassen[10].

Wie nationalistisch Rothfels bis in die dreißiger Jahre hinein auch gewesen und wie preußisch-konservativ er in seiner politischen Grundhaltung stets geblieben ist, so hatte er in seinen Emigrationsjahren doch genügend Elemente angelsächsischen Gesellschafts-, Politik- und Geschichtsverständnisses aufgenommen, um nun auch und vor allem die eigene Nation auf den Prüfstand einer kritischen Geschichtswissenschaft zu stellen; er brannte förmlich darauf, die Veränderung und Bereicherung, die er selbst erfahren hatte, mit Hilfe der neuen Zeitschrift an die deutschen Historiker und an die deutsche Nation weiterzugeben[11]. Gerade die üblen Taten der Nationalsozialisten und durchaus auch die Rolle der alten Eliten wollte er in den Vierteljahrsheften behandelt wissen. Um nur einige Beispiele zu nennen: Bereits 1952 hat er Gerhard L. Weinberg, der damals schon mit den deutschen Akten arbeiten konnte, die in die USA verbracht worden waren, aufgefordert, einen Aufsatz über den deutschen Angriff auf Rußland zu schreiben[12]. Von Wolfgang Benz nahm er eine Studie über den „Fall Muehlon" an, obwohl der Autor aus seiner Sympathie für den ehemaligen Krupp-Direktor kein Hehl machte, der während des Ersten Weltkriegs in der Schweiz für

---

[9] Ebenda, S. 1070.
[10] Winfried Schulze, Hans Rothfels und die deutsche Geschichtswissenschaft nach 1945, in: Von der Aufgabe der Freiheit. Politische Verantwortung und bürgerliche Gesellschaft im 19. und 20. Jahrhundert. Festschrift für Hans Mommsen zum 5. November 1995, hrsg. von Christian Jansen, Lutz Niethammer und Bernd Weisbrod, Berlin 1995, S. 95.
[11] Vgl. hierzu Hermann Graml/Hans Woller, Fünfzig Jahre Vierteljahrshefte für Zeitgeschichte 1953–2003, in: VfZ 51 (2003), S. 60. Vgl. dazu auch Äußerungen von Wolfram Fischer, in: Rüdiger Hohls/Konrad Jarausch (Hrsg.), Versäumte Fragen. Deutsche Historiker im Schatten des Nationalsozialismus, Stuttgart/München 2000, S. 101.
[12] Bundesarchiv (künftig: BA) Koblenz, Nachlaß (NL) Rothfels, Nr. 46, Rothfels an Fritz Epstein, 2. 12. 1952. Der Aufsatz, Der deutsche Entschluß zum Angriff auf die Sowjetunion, von Gerhard L. Weinberg erschien in: VfZ 1 (1953), S. 301–318.

pazifistische Organisationen tätig gewesen war und zu den schärfsten Kritikern des wilhelminischen Establishments zählte[13]. Und als der Verfasser dieses Berichts eine Arbeit über Rapallo vorlegte, hat er ausdrücklich Befriedigung über den Aufsatz geäußert, obwohl darin Repräsentanten des Auswärtigen Amts und die Reichswehrführung herb kritisiert wurden, noch herber sein sozusagen indirekter Schüler Theodor Schieder[14], der einen Aufsatz zur Entstehung des Vertrags von Rapallo geschrieben hatte.

Geradezu allergisch reagierte Rothfels auf apologetische Literatur, zumal dann, wenn sie von intelligenten Leuten stammte, die sich seriös zu geben wußten. Nachdem Fritz Hesses Buch „Spiel um Deutschland" erschienen war, das die deutsche Schuld am Kriegsbeginn 1939 zu relativieren, ja praktisch wegzudisputieren suchte, bat er spontan, am 9. Februar 1953, Walter Hofer, einen Schweizer Sachkenner, um eine kritische Stellungnahme, bei der Hofer, wie er sagte, „scharf ins Zeug gehen" müsse; diese „schleichenden Formen der Legendenbildung" seien nämlich „sehr viel ernster zu nehmen [...] als die offenen"[15]. Die Aufgabe ist dann mit Bravour von Helmut Krausnick erledigt worden[16]. Im gleichen Sinne ließ er Hans Buchheim Peter Kleists „Auch Du warst dabei" attackieren[17], und als der Amerikaner David L. Hoggan in einem umfänglichen Werk die Schuld am Kriege von Berlin nach London und Washington verlagerte, nicht ohne dabei viele Dokumente auf dreisteste Weise zu verfälschen, hat er die Vierteljahrshefte ohne Zögern in den Dienst einer Kampagne gegen Hoggan gestellt[18]. Immer wieder, so in einer Besprechung am 5. Dezember 1953, äußerte er die Absicht, einen großen Aufsatz über „schleichende Apologetik" schreiben zu lassen[19]. Nicolas Berg hingegen, ein weiterer Vertreter des Rothfelsdebunking, behauptet, ohne mit der Sache wirklich vertraut zu sein: „Rothfels etablierte den allgemeinen apologetischen Reflex der Deutschen nach 1945 als Wissenschaft."[20]

---

[13] Vgl. Wolfgang Benz, Der „Fall Muehlon". Bürgerliche Opposition im Obrigkeitsstaat während des Ersten Weltkriegs, in: VfZ 18 (1970), S. 343–365.
[14] Vgl. Theodor Schieder, Die Entstehungsgeschichte des Rapallo-Vertrages, in: Historische Zeitschrift 204 (1967), S. 545–609; Hermann Graml, Die Rapallo-Politik im Urteil der westdeutschen Forschung, in: VfZ 18 (1970), S. 366–391.
[15] BA, NL Rothfels, Nr. 46, Rothfels an Walter Hofer, 9. 2. 1953.
[16] Vgl. Helmut Krausnick, Legenden um Hitlers Außenpolitik, in: VfZ 2 (1954), S. 217–239.
[17] Vgl. Hans Buchheim, Zu Kleists „Auch Du warst dabei", in: VfZ 2 (1954), S. 177–192.
[18] Vgl. Gotthard Jasper, Über die Ursachen des Zweiten Weltkrieges. Zu den Büchern von A. J. P. Taylor und David L. Hoggan, in: VfZ 10 (1962), S. 311–340; Hermann Graml, David L. Hoggan und die Dokumente, Sonderdruck der VfZ, August 1963 (auch in: Geschichte in Wissenschaft und Unterricht, August 1963).
[19] BA, NL Rothfels, Nr. 46.
[20] Nicolas Berg, Der Holocaust und die westdeutschen Historiker. Erforschung und Erinnerung, Göttingen 2003, S. 163. Volker Ullrich hat in der „ZEIT" (Nr. 29, 10. 7. 2003, S. 39) Berg zwar auch mit Kritik bedacht, aber ihm immerhin „solides Quellenstudium" bescheinigt. Wie das hier angeführte Beispiel zeigt, kann diesem wohlwollenden Urteil nicht zugestimmt werden. Wohl hat es „Quellenstudium" gegeben. Berg hat den Nachlaß Rothfels im

Daß Rothfels tiefer bohrende Fragen nach der Mitschuld am Aufstieg der NS-Bewegung, die etwa Industrie und Reichswehrführung zugemessen werden muß, nicht in seiner Zeitschrift geduldet habe, wird von Roth vor allem an einem „Fall Hallgarten" erläutert. Rothfels habe das Erscheinen einer Arbeit von Georg Hallgarten „verhindert", die unheilvolle Machenschaften der Schwerindustrie und des Chefs der Heeresleitung, des Generals Hans v. Seeckt, im Jahre 1923 entlarvte. Damit habe er, so meint sein Kritiker, „eine folgenreiche Richtungsentscheidung getroffen"[21]. Nun können Herausgeber und Redaktion einer Zeitschrift vielleicht mit der Annahme und der Veröffentlichung eines Aufsatzes so etwas wie eine „Richtungsentscheidung" treffen, nicht aber durch die Ablehnung eines Manuskripts. Auch darf darauf aufmerksam gemacht werden, daß das „verhinderte" Opus schon 1955 von der Europäischen Verlagsanstalt zu Frankfurt veröffentlicht worden ist; die Art der Vorwürfe, die gegen Rothfels erhoben werden, setzt ja unter anderem voraus, daß die tatsächlich gegebene Pluralität der zeitgeschichtlichen Forschungs- und Publikationslandschaft in der Bundesrepublik Deutschland nicht existiert und ein Tübinger Professor über einen Einfluß verfügt habe, der nur mit der Allgewalt eines Zaren der Geschichtswissenschaft verglichen werden kann. Doch sind das Überlegungssplitter am Rande. Die eigentliche Frage lautet hier: Wie stellt sich dieser sogenannte Fall Hallgarten dar, wenn man ihn etwas näher ansieht?

1952 hat Hermann Mau, der noch im selben Jahr tödlich verunglückte zweite Leiter des Instituts für Zeitgeschichte, während eines Besuchs in den USA Georg – nun George F. W. – Hallgarten kennengelernt und ihn zur Mitarbeit an den geplanten Vierteljahrsheften eingeladen. Hallgarten sagte zu, ohne daß ihn die „erbitterte Feindschaft", die er laut Roth zeitlebens gegen den bereits nominierten Herausgeber Rothfels hegte[22], erkennbar störte, und die beiden vereinbarten eben jene Arbeit über Schwerindustrie und Seeckt im Jahre 1923; Hallgarten hatte nämlich erklärt, daß er Zugang zu einem dafür wichtigen Quellenbestand habe[23]. Werner Conze, künftiger Mitherausgeber der Zeitschrift, nahm diesen Rekrutierungserfolg des Institutsleiters ohne Enthusiasmus zur Kenntnis. Zwar sei, schrieb er an Rothfels, gegen eine Mitarbeit Hallgartens nichts einzuwenden, doch nehme man ihn besser nicht unter die Autoren auf, die in der Werbung für das neue Organ genannt werden sollten, da er durch sein Buch über den Imperialismus seinen „wissenschaftlichen Ruf weithin verscherzt" habe[24]. Rothfels war

Bundesarchiv gesehen und in Korrespondenzen des IfZ gestöbert. Doch kann von „solide" keine Rede sein. Wahrgenommen hat Berg in den Quellen nur das, was ihm eine Brille wahrzunehmen erlaubte, die von seinen Vorurteilen verklebt war.
[21] Roth, „Richtung halten", S. 70.
[22] Ebenda, S. 44.
[23] Diesen Quellenbestand selbst in Augenschein zu nehmen, bemühten sich Herausgeber und Redaktion der VfZ vergeblich.
[24] BA, NL Rothfels, Nr. 46, Werner Conze an Rothfels, 22. 7. 1952.

positiver, „weil man", so lobte er Hallgarten, „immer von Ihnen die Behandlung überaus interessanter Dinge erwarten darf"[25].

Anfang 1953 schickte dann Hallgarten das Manuskript, ein von Faktenfehlern, von unbelegten Zitaten und von Interpretationen ohne Quellenbasis strotzendes Opus, das den Autor als Verfechter einer arg simplen, im Grunde pseudo-marxistischen Geschichtserklärung auswies. Rothfels ließ erkennen, daß er die Arbeit zutiefst mißbilligte und nur zu gerne wieder losgeworden wäre, schon wegen der handwerklichen Schwächen, vor allem aber wegen der ideologisch-politischen Tendenz, die er zwar eigentlich erwarten mußte, aber wohl nicht so dick aufgetragen erwartet hatte. Er wolle nicht sein „Bedauern verhehlen", schrieb er am 13. März 1953 an Hallgarten, „daß Sie die überaus interessanten Dinge, die Ihre Forschung ans Licht gebracht hat oder bringt, durch Ihre Hinneigung zur Monokausalität im Werte beeinträchtigen. Es gibt gewisse rote Tücher, [in] die Sie Ihre Hörner offenbar blindlings senken."[26] Der Aufsatz enttäusche nicht die Erwartung „auf etwas sehr spannend zu Lesendes", stelle jedoch zugleich der Redigierung in Stilfragen, in Quellenbenutzung, in unklaren und unkontrollierbaren Zitaten und sachlichen Unrichtigkeiten „so umfassende Aufgaben, daß weder ich noch das Institut bisher dazu Zeit gefunden haben". Die Bearbeitung werde lange dauern, und wenn er, Hallgarten, unter diesen Umständen das Manuskript zurückziehen wolle, könne er, Rothfels, das verstehen. So schreibt kein Herausgeber an einen Autor, den er halten will.

Die Brücken wurden aber nicht abgebrochen, von Zurückziehung oder Ablehnung des Manuskripts war zunächst keine Rede. Vielmehr richtete Hallgarten einen Brief an Rothfels, in dem er beteuerte, Bewunderung für Clausewitz und Anerkennung für Bismarcks Genie – also für zwei Hauptgestalten der Rothfelsschen Forschungen – zu haben; auch gegen Seeckt empfinde er keine Antipathie[27]. In der Münchner Redaktion saß derweilen Schriftleiter Helmut Krausnick und bosselte an Hallgartens Werk herum. Doch gibt es keinen Konflikt, der nicht durch das Hinzutreten eines Rechtsanwalts eskalieren kann. Hallgarten hatte in München einen Anwalt, Dr. Schülein, zum Vertreter seiner Interessen bestellt.

Über dessen Aktivitäten drangen Gerüchte nach Tübingen, und am 8. Juni 1953 sah sich Rothfels veranlaßt, Hallgarten zu warnen, „daß Ihr Vertreter in München sich in Drohungen, sogar politischen, zu ergehen geneigt scheint, was nicht nur nicht gerade besondere Willigkeit erzeugt, sondern [...] mich u. U. zwingen würde, aus Prinzipsgründen renitent zu sein"[28].

---

[25] BA, NL Rothfels, Nr. 46, Rothfels an Hallgarten, 13. 3. 1953.
[26] Ebenda.
[27] BA, NL Rothfels, Nr. 46, Hallgarten an Rothfels, 24. 4. 1953.
[28] BA, NL Rothfels, Nr. 46, Rothfels an Hallgarten, 8. 6. 1953.

Dr. Schülein hielt nichts davon, solche Wetterzeichen zu beachten. Am 11. September 1953 verfaßte Krausnick einen Brief an Hallgarten, in dem er etliche sachliche Irrtümer in dessen Arbeit benannte und um Verständnis dafür bat, daß Herausgeber und Redaktion angesichts der „mindestens recht eigenwilligen" Kommentare und Kombinationen, die das Manuskript enthalte, „in das zugrundegelegte Material einmal selbst Einblick zu nehmen" wünschten[29]. Just an diesem Tag kam folgende Epistel des Dr. Schülein auf seinen Schreibtisch: „Ich muß nun höflich, aber mit allem Nachdruck darum bitten, daß innerhalb längstens einer Woche die Wünsche meines Mandanten [hinsichtlich der Form und des Termins einer Veröffentlichung] erfüllt werden, da ich es lebhaftest bedauern würde, wenn die Sache im anderen Falle zu Weiterungen führen müßte, die außerordentlich unangenehm wären."[30] Ein veritables Ultimatum.

Krausnick fügte seinem noch nicht abgegangenen Brief den Schlußsatz hinzu: „Nach Diktat des Vorstehenden habe ich den Brief Ihres Rechtsvertreters, des Herrn Dr. Schülein, erhalten. Danach muß ich Ihrem Ermessen die Ihnen geeignet scheinenden Schritte überlassen." Und an Rothfels schrieb er, „wir können uns ja wohl nicht darauf einlassen, daß wir in dieser Weise zum Abdruck eines Artikels genötigt werden sollen"[31]. Hans Rothfels stimmte dem zu und unterrichtete Hallgarten über den Standpunkt von Herausgebern und Redaktion: Sie alle hätten dem Autor Hallgarten gute Absicht bei der „Durcharbeit und Kontrolle des Manuskripts" bezeugt, um „zu retten, was zu retten sei", doch komme jetzt eine Fortsetzung der Zusammenarbeit natürlich nicht mehr in Frage. Er fügte hinzu: „Ich bedauere es auch in unserem Interesse, weil Ihr Artikel ohne Zweifel sehr interessante, ja aufregende Dinge enthält. Wir Herausgeber, insbesondere Herr Eschenburg, der ja Stresemann nahestand, sind mit Ihnen einer Meinung über das bedenkliche Hineinregieren der Schwerindustrie und die Problematik mindestens der Reichswehrpolitik und sähen das gerne präzise dargestellt. Gerade deshalb müssen wir Bedenken tragen, wenn es nicht in stichfester, sondern in reißerischer Weise und mit ungenauer, z. T. irreführender Interpretation geschieht."[32] Daß Rothfels von der Zurückweisung des Ultimatums sofort wieder zu Kritik an Hallgartens Manuskript überging, zeigt klar, wie willkommen ihm das Vorgehen des Rechtsanwalts war. Auf der anderen Seite erlaubt der Gang der Dinge durchaus den Schluß, daß ohne Dr. Schüleins Hang zu Ultimaten die Arbeit Hallgartens am Ende doch in den Vierteljahrsheften erschienen wäre. Im übrigen war der Abbruch der Beziehungen nur temporär. Bereits 1955 haben Rothfels und Hallgarten

---

[29] BA, NL Rothfels, Nr. 46, Krausnick an Hallgarten, 11. 9. 1953.
[30] BA, NL Rothfels, Nr. 46, Dr. Schülein an Krausnick, 4. 9. 1953.
[31] BA, NL Rothfels, Nr. 46, Krausnick an Rothfels, 11. 9. 1953.
[32] BA, NL Rothfels, Nr. 46, Rothfels an Hallgarten, 24. 12. 1953.

wieder ganz freundschaftlich über gemeinsame Publikationsprojekte korrespondiert[33].

Das ist auch nicht weiter verwunderlich, denn in erster Linie begriff und handhabte Rothfels seine Zeitschrift als Instrument historisch-politischer Aufklärung und der Restaurierung von Humanitas in Deutschland. Er wollte mit ihr den Schleier zerreißen, den die Propaganda des NS-Regimes – eines Regimes, von dem zwölf Jahre lang eine nahezu totale Kontrolle der Informationen ausgeübt worden war, von Zeitung und Rundfunk bis zum Schulbuch – über das Geschehen im Dritten Reich und auch über die als „Systemzeit" verteufelte Weimarer Republik geworfen hatte.

Das bedeutete nicht zuletzt die Aufnahme von Beiträgen über die spezifischen NS-Verbrechen. Nun findet sich bei Nicolas Berg ein Satz, der Rothfels das genau gegenteilige Verhalten vorwirft. Der Herausgeber der Vierteljahrshefte habe die Auffassung vertreten, „von den Lagern zu sprechen", heiße, „eine Politik des Hasses und der Rache fortzusetzen", weshalb er eine „Strategie" verfolgt habe, „die in der Revisionismus-Debatte nach 1945 die Frage nach Holocaust und Antisemitismus regelrecht verhinderte"[34]. Wer die Vierteljahrshefte durchblättert, stellt freilich fest, daß Rothfels dieser „Strategie" auf höchst seltsame Weise diente. Zum Beispiel brachte er schon in den ersten Jahrgängen Aufsätze des israelischen Wissenschaftlers Alexander Bein zur Geschichte des Antisemitismus[35], von H. G. Adler eine Studie über Phänomene in den Konzentrationslagern[36] und von Helmut Krausnick eine Arbeit über die 1939/40 geschehene Ermordung zahlloser Angehöriger der polnischen Intelligenz, über eine Aktion also, von der viele in Deutschland erstmals durch die Vierteljahrshefte und ihre Herausgeber Kenntnis erhielten[37]. Rothfels selbst hat als erster Historiker – vor Reitlinger – die Nation mit den Realitäten der Vernichtungslager konfrontiert, indem er im zweiten Heft des ersten Jahrgangs seiner Zeitschrift Kurt Gersteins Augenzeugenbericht zu den Massenvergasungen veröffentlichte, ein Dokument, das damals nicht nur in Deutschland als Sensation wirkte. Später edierte er noch Quellen zur sogenannten „Umsiedlung" der Juden im Generalgouvernement, und 1955 faßte er den Plan zu einer großen Dokumentation über die Judenverfolgung[38]; der Plan ist aus nicht mehr genau

---

[33] BA, NL Rothfels, Nr. 46, z. B. Hallgarten an Rothfels, 4. 2. 1956.
[34] Berg, Der Holocaust und die westdeutschen Historiker, S. 164.
[35] Vgl. Alexander Bein, Der moderne Antisemitismus und seine Bedeutung für die Judenfrage. „Antisemitismus" als Wort und Begriff, in: VfZ 6 (1958), S. 340–360; ders., „Der jüdische Parasit". Bemerkungen zur Semantik der Judenfrage, in: VfZ 13 (1965), S. 121–149.
[36] Vgl. H. G. Adler, Selbstverwaltung und Widerstand in den Konzentrationslagern der SS, in: VfZ 8 (1960), S. 221–236.
[37] Vgl. Helmut Krausnick, Hitler und die Morde in Polen. Ein Beitrag zum Konflikt zwischen Heer und SS um die Verwaltung der besetzten Gebiete, in: VfZ 11 (1963), S. 196–209.
[38] BA, NL Rothfels, Nr. 46, Rothfels an Treue, 16. 6. 1955. In diesem Brief betonte Rothfels auch die Notwendigkeit einer engen Beziehung zwischen dem IfZ und der Wiener Library in London.

erkennbaren Gründen unverwirklicht geblieben, wahrscheinlich scheiterte er, wie ähnliche Projekte des Instituts für Zeitgeschichte, sowohl an Geldmangel wie an den Schwierigkeiten des Quellenzugangs in den Ländern östlich des eisernen Vorhangs[39]. Im übrigen war Rothfels nicht unschuldig daran, daß im Institut für Zeitgeschichte die früheste Darstellung der „Reichskristallnacht"[40] entstanden ist.

Rothfels hat Stil und Ton dieser und anderer Beiträge erheblich beeinflußt. Er war ein leidenschaftlicher Redakteur, der zwar nur selten den Inhalt eines Aufsatzes antastete, jedoch die Sprache einem gnadenlosen „editing" unterwarf, wobei er sich gelegentlich darauf berief, solches sei in den USA üblich[41]. Worauf es ihm vor allem ankam, war Nüchternheit. Das entsprach seinem Wesen, dem alles Schreierische und Schrille zuwider war, doch antwortete er damit auch auf ein taktisches Gebot jener Jahre. Die Deutschen hatten sich, eben weil die Weimarer Republik und das Dritte Reich Zeiten fanatisch verfochtener Überzeugungen und rauschhafter Glaubenszustände gewesen waren, mit und nach der Niederlage in ein Volk von Skeptikern verwandelt. Ein Historiker, der jetzt gehört werden wollte, mußte allzu angestrengte Überredung vermeiden, erst recht jeden Anklang an Propaganda. Daß Rothfels – und ebenso seine kongenialen Mitstreiter Theodor Eschenburg und Helmut Krausnick – diesem Gesetz so streng wie möglich zu entsprechen suchten, ist ein wesentlicher Grund des sofortigen und nachhaltigen Erfolgs der Zeitschrift gewesen.

Ein anderer Grund bestand darin, daß es Herausgebern und Redaktion immer wieder gelang, glaubwürdige Zeugen wichtiger Ereignisse und Entwicklungen aufzuspüren und – sachgerecht kommentiert und eingeordnet – in der Zeitschrift zu Wort kommen zu lassen. Der Gerstein-Bericht und H. G. Adlers Studie über die Konzentrationslager sind schon erwähnt worden, ein anderes Beispiel ist der Bericht, den Alexander Freiherr v. Neubronn über seine Rolle und seine Erfahrungen als „deutscher General" bei Pétains Vichy-Regierung niedergeschrieben hat[42]. Es lag – und liegt – in der Natur der Sache, wie man sieht, daß bestimmte Informationen zu historischem

---

[39] Zeitgebundene Schwierigkeiten solcher Art, mit denen sich die deutsche Zeitgeschichtsforschung von Ende der vierziger bis noch in die sechziger Jahre plagen mußte, werden von Kritikern wie Berg und Roth mit einer nicht recht verständlichen und vor allem zu vielen Fehlurteilen führenden Verständnislosigkeit behandelt oder einfach ignoriert.

[40] Der in Mode gekommene Ausdruck „Reichspogromnacht" verdunkelt eher, nebenbei gesagt, daß es sich eben nicht um einen zwar reichsweiten, aber spontanen Ausdruck von Volkszorn gehandelt hat, sondern um eine von Goebbels und Hitler ausgelöste und befohlene Aktion etlicher Organisationen des NS-Regimes; siehe hierzu Die Tagebücher von Joseph Goebbels. Im Auftrag des Instituts für Zeitgeschichte und mit Unterstützung des Staatlichen Archivdienstes Rußlands hrsg. von Elke Fröhlich, Teil I, Bd. 6: August 1938 – Juni 1939, bearb. von Jana Richter, München 1998, S. 178–186.

[41] So am 4. 8. 1956 in einem Brief an Edgar R. Rosen, in: BA, NL Rothfels, Nr. 46.

[42] Vgl. Alexander Freiherr v. Neubronn, Als „deutscher General" bei Pétain, in: VfZ 4 (1956), S. 227–250.

Geschehen nur aus den Reihen von Tätern kommen können. Wenn Aufbau und Funktionsweise des Reichssicherheitshauptamts oder anderer SS-Einrichtungen begriffen werden sollen, ist das Zeugnis eines intimen Mitarbeiters von Heinrich Himmler und Reinhard Heydrich wie Werner Best selbstverständlich nützlicher als das Zeugnis eines Opfers der SS. Wenn Auslösung und Mechanik der „Reichskristallnacht" untersucht werden, braucht der Historiker weniger die Erzählungen verfolgter und geschundener jüdischer Geschäftsleute oder Ärzte, sondern mehr – neben dem Bild, das die Akten bieten – die freiwilligen oder gerichtlich erzwungenen Aussagen von SA-Führern und Gestapobeamten.

Daß dadurch die Perspektive der Täter im Geschichtsbild herrschend werde und die Perspektive der Opfer verschwinde, ist eine Behauptung, die zwar eine Gefährdung – wenn auch lediglich eine nur selten real werdende Gefährdung – benennt, doch dürfen aus der Sorge vor solch möglichen Fehlern nicht die simpelsten Gesetze historischen Erkenntnisstrebens außer Kraft gesetzt werden. Allerdings gehen die jetzt auftretenden Kritiker von Rothfels auch in dieser Hinsicht ohnehin einen langen Schritt weiter und unterstellen dem Herausgeber der Vierteljahrshefte und Patron des Instituts für Zeitgeschichte sogar die Absicht, die Perspektive der Täter dominant zu machen.

So schreibt Karl Heiz Roth ohne spürbare Skrupel, Rothfels habe „den verschwiegenen Schulterschluß des Instituts mit den historisierenden Wehrmachtgenerälen der ‚Organisation Gehlen'" gefördert[43]. Das entbehrt insofern nicht einer gewissen Komik, als Roth die Frage gestellt werden könnte, mit wie vielen Generälen – neben ihrem Chef – er denn die später zum Bundesnachrichtendienst mutierte „Organisation Gehlen" gesegnet oder geschlagen glaubt. Ernsthaft gesprochen, handelt es sich jedoch auch hier um eine aus schierer Feindseligkeit geborene und in polemische Form gegossene Erfindung. Nur fünf Personen können gemeint sein. Die eine ist Hermann Foertsch, ein politisch denkender Offizier aus der Schule des Generals und Reichskanzlers Kurt v. Schleicher, der nun, nach dem Ende der NS-Herrschaft, das eigene Erleben – er war 1937/38 ein leidenschaftlich Anteil nehmender Beobachter der Krise um den Kriegsminister Werner v. Blomberg und den Chef der Heeresleitung Werner Freiherrn v. Fritsch gewesen – mit anderen jetzt zur Verfügung stehenden Quellen zu einem wissenschaftlich fundierten Buch über jene Krise verarbeitete. Zu diesem Zweck hat Dr. Foertsch, ehemals General, anderthalb Jahre auf Honorarbasis im Institut für Zeitgeschichte verbracht, das sich die Kennerschaft eines politisch unbelasteten Insiders gerne zunutze machte; auch sollte Foertsch eine Studie über das Verhältnis zwischen Reichswehr und Nationalsozialis-

---

[43] Roth, „Richtung halten", S. 69.

mus vor 1933 schreiben⁴⁴. Es mag wohl sein, daß sich Gehlen und Foertsch vor 1939 – danach mit Sicherheit nicht – über den Weg gelaufen sind, schließlich war der Generalstab der Wehrmacht in den dreißiger Jahren eine überschaubare Gruppe, aber zur „Organisation Gehlen" oder zu ihrem Vorläufer, der Abteilung Fremde Heere Ost im Oberkommando des Heeres, hat Foertsch nicht gehört.

Der zweite, der gemeint sein kann, ist der Generalleutnant a. D. Hermann Böhme, der mit dem Institut in Verbindung kam, weil er, der an den entsprechenden Verhandlungen teilgenommen hatte, eine Arbeit über den deutsch-französischen Waffenstillstand von 1940 vorhatte, die er dann auch, ohne dem Institut je anzugehören, gegen ein angemessenes Honorar angefertigt hat⁴⁵. Abermals profitierte das Institut von einer Verbindung intimer Zeugenschaft mit dem Bedürfnis nach historischer Rechenschaftslegung. In einer Zeit, in der staatliche Akten noch kaum zugänglich waren, durfte solcher Gewinn nicht nur als erlaubt, sondern als Glücksfall gelten, und im übrigen war auch Böhme, der in sowjetischer Gefangenschaft Aufrufe des Bundes Deutscher Offiziere und des Nationalkomitees „Freies Deutschland" unterschrieben hatte, ohne jeden politischen Makel. Die „Organisation Gehlen" wäre so ziemlich die letzte Organisation gewesen, die Böhme als seinen Arbeitgeber akzeptiert hätte. Überdies hatten weder Foertsch noch Böhme irgend etwas mit Rothfels zu tun.

Ansonsten tauchten im Umkreis des Instituts und der Zeitschrift nur noch drei Generäle auf, der bereits genannte Neubronn als Autor eines autobiographischen Berichts und Hans Speidel, der viele Jahre eine fruchtbare Rolle im Wissenschaftlichen Beirat des Instituts gespielt hat, freilich nicht als ehemaliger General der Wehrmacht oder als General der Bundeswehr, der zu den höchsten Kommandohöhen der NATO aufstieg, sondern als ein durch Lehrtätigkeit und eine gute Studie über die Invasion der Alliierten in Frankreich ausgewiesener Professor. Daß er eine auffallende Karriere in der NATO machen konnte, ohne daß in Frankreich oder Belgien, wo er jahrelang stationiert gewesen war, auch nur ein leises Murmeln des Protests vernehmbar wurde, hing damit zusammen, daß er politisch nicht belastet, ja als Stabschef des Feldmarschalls Rommel an den Vorbereitungen zum 20. Juli 1944 beteiligt gewesen war. Wiederum kann von einer Verbindung mit der „Organisation Gehlen" nicht die Rede sein. Dazu kommt nur noch Hans Speidels Bruder Helm, der den Vierteljahrsheften seine Kenntnisse der Zusammenarbeit zwischen Reichswehr und Roter Armee zur Verfügung stellte. Der ehemalige Luftwaffengeneral hatte mit Gehlen erst recht nichts zu tun.

---

⁴⁴ Vgl. Hermann Foertsch, Schuld und Verhängnis. Die Fritsch-Krise im Frühjahr 1938 als Wendepunkt in der Geschichte der nationalsozialistischen Zeit, Stuttgart 1951.
⁴⁵ Vgl. Hermann Böhme, Entstehung und Grundlagen des Waffenstillstands von 1940, Stuttgart 1966.

Die Liste solcher – man kann es nicht anders nennen – böswilligen Unterstellungen, die Roth offenkundig zum Prinzip seiner wissenschaftlichen Arbeit erhoben hat, ließe sich leicht verlängern. Generell überschätzt er den Einfluß, den Rothfels – bei aller Dominanz in der Praxis – auf den Kurs der Zeitschrift und der Zeitgeschichtsforschung ausgeübt hat. Denn Rothfels war kein Mann der großen Konzepte, der ständig neue Themen im Auge gehabt hätte. Dieser Herausgeber suchte nicht eigentlich Themen, sondern Autoren. Unermüdlich war er auf der Jagd, er wandte sich an Margret Boveri, an Gordon Craig, an Carl Jacob Burckhardt, an Fritz Epstein oder an Erich Matthias. Keine Absage konnte ihn lange entmutigen. Die Themen aber sollten die gefundenen Autoren bringen. Rothfels erhob das geradezu zum herausgeberischen Prinzip. Noch Jahrzehnte nach dem Start der Zeitschrift hat er dem stürmisch auf vorausschauende thematische Planung dringenden späteren Direktor des Instituts für Zeitgeschichte, Martin Broszat, entgegengehalten, „das Moment der Zufälligkeit des Angebots" sei doch für die Vierteljahrshefte „nicht [...] so unbefriedigend" gewesen[46]. Selbst auf dem Feld der Widerstandsforschung, die ihm auf Grund lebhaft empfundener geistiger Verwandtschaft mit dem Kreisauer Kreis und nicht zuletzt zur Entlastung – um nicht zu sagen: zur Entsühnung – der so tief gefallenen Nation am Herzen lag, herrschte die Fahndung nach Autoren vor, regierte bis zu einem gewissen Grade der Zufall.

Mit alledem machte Hans Rothfels eine Zeitschrift, die der Entwicklung der deutschen wie der internationalen Zeitgeschichtsforschung über entscheidende Jahre hinweg kräftige und wichtige Impulse gab, die außerdem der Abwendung der Deutschen vom Nationalsozialismus klare und in der Tat wirksame Orientierungshilfen bot; beides war 1953 eine Hoffnung des Herausgebers, aber daß sich die Hoffnung auf so eindrucksvolle Weise erfüllen würde, hätte damals niemand – nicht einmal er selbst – zu prophezeien gewagt. Rothfels ist nicht sakrosankt. Seine geistig-politischen Gefährdungen zu zeigen, Kritik an seiner Abneigung gegen gesellschaftliche und auch wissenschaftliche Modernisierungen zu üben, ist nicht nur zulässig, sondern richtig und unumgänglich. Gleichwohl ist festzuhalten, daß sich dieser preußische Konservative und langjährige deutsche Nationalist mit seiner Leistung als Herausgeber der Vierteljahrshefte für Zeitgeschichte, seiner eigentlichen Lebensleistung, Respekt, Bewunderung und Dank verdient hat.

---

[46] Protokoll über die Besprechung der Herausgeber der Vierteljahrshefte für Zeitgeschichte am 24. April 1971 im Institut für Zeitgeschichte, München, in: IfZ-Archiv, Bestand Hausarchiv, ID 8.

Mathias Beer

Hans Rothfels und die Traditionen der deutschen Zeitgeschichte

Eine Skizze

1. „Erfindung der Zeitgeschichte" nach 1945?

„Der Begriff Zeitgeschichte und die Praxis zeitgeschichtlicher Forschung und Lehre sind in Deutschland erst nach 1945 heimisch geworden. Den Impuls dazu gab die durch den Zusammenbruch von 1945 ausgelöste Ratlosigkeit und Verwirrung, die es zum dringenden Bedürfnis machte, nach dem Sturz bisher gültiger Ideale und im Chaos scheinbar sinnlos gewordener deutscher Geschichte wieder Orientierungsmerkmale zu gewinnen. Nachdem das Geschehen weniger Jahre Deutschland, Europa und die Welt von Grund auf verwandelt hatte, ergab sich die elementare Notwendigkeit, dieses umstürzende Geschehen historisch erkennend zu bewältigen. Die Betroffenheit der Zeitgenossen von Geschichte rief nach zeitgeschichtlicher Klärung."[1] Diese Sätze von 1957 und ihre Begründung aus der Feder von Martin Broszat, dem späteren Direktor des Instituts für Zeitgeschichte in München, ziehen sich, zum Teil wortwörtlich, bis heute wie ein roter Faden durch die gesamte, in ihrem Umfang überschaubare Literatur, die die deutsche Zeitgeschichte zum Thema hat. „Die eigentliche Entdeckung der jüngsten Vergangenheit als besonderes Forschungsfeld einer historischen Teildisziplin datiert in Deutschland nach 1945"[2], lautet das Urteil von Hans Günter Hockerts. Den auslösenden Impuls für diese „Entdeckung" sieht er wie Martin Broszat im Zusammenbruch der Zivilisation in der deutschen Katastrophe. Ein vergleichbares Urteil findet sich in einer der lange Zeit

---

[1] Martin Broszat, Aufgaben und Probleme zeitgeschichtlichen Unterrichts, in: Geschichte in Wissenschaft und Unterricht 8 (1957), S. 529–550. Erneut veröffentlicht in: Nach Hitler. Der schwierige Umgang mit unserer Geschichte. Beiträge von Martin Broszat, hrsg. von Hermann Graml und Klaus-Dietmar Henke, München 1987, S. 9–35, Zitat S. 9.
[2] Hans Günter Hockerts, Zeitgeschichte in Deutschland. Begriff, Methoden, Themenfelder, in: Aus Politik und Zeitgeschichte B 28–30 (1993), S. 3–19. Auch abgedruckt in: Historisches Jahrbuch 113 (1993), S. 98–127, Zitat S. 101.

spärlichen Einführungen³ in das Studium der Zeitgeschichte. Die Neubegründung der Zeitgeschichte als Teildisziplin nach 1945 sei eine Antwort auf die Katastrophe des Zweiten Weltkriegs. Der von ihr bewirkte Verlust historisch-politischer Orientierungsfähigkeit habe „schlagartig das Defizit einer nicht vorhandenen Tradition zeitgeschichtlicher Forschung ins allgemeine Bewußtsein" gerufen⁴. Horst Möller zufolge besteht kein Zweifel: „So oder so: Für die deutsche Zeitgeschichte war und blieb der Nationalsozialismus nach 1945 die Initialzündung."⁵ Sebastian Conrad spricht geradezu von einer Erfindung der Zeitgeschichte nach dem Zweiten Weltkrieg als Antwort auf „die methodischen Widerstände gegen eine ‚Geschichte ohne Distanz' (Michael Freund), die epistemologische Herausforderung durch die moderne Massengesellschaft und das politisch motivierte Bedürfnis nach einer privilegierten und gleichzeitig institutionell separierten Erforschung des Nationalsozialismus"⁶. Die Reihe vergleichbarer Einschätzungen ließe sich mühelos fortsetzen, allerdings mit dem gleichen Fazit: Zeitgeschichte als eine wissenschaftliche Disziplin ist in Deutschland auf die Zeit nach 1945 zu datieren.

Ohne Zweifel hat die Zeitgeschichte als eine wissenschaftliche Teildisziplin nach 1945 in Deutschland einen bedeutsamen Aufschwung erfahren. Das trifft für die DDR mit ihrer spezifischen Zeitgeschichte zu, deren Entwicklung und Einfluss auf die westdeutsche Historiographie hier nicht weiter verfolgt wird⁷. In noch höherem Maß gilt diese Einschätzung aber für die Bundesrepublik. Nur einige der Indizien, die dafür sprechen, seien genannt: Erstens sind sie in der Institutionalisierung der Zeitgeschichte in Form des „Deutschen Instituts für Geschichte der nationalsozialistischen Zeit", dem späteren Institut für Zeitgeschichte in München zu sehen. Zwei-

---

[3] Vgl. Bodo Scheurig, Einführung in die Zeitgeschichte, Berlin 1962, 2., überarb. und erg. Auflage, Berlin 1970; Gerhard Schulz, Einführung in die Zeitgeschichte, Darmstadt ²1997; Horst Möller/Udo Wengst (Hrsg.), Einführung in die Zeitgeschichte, München 2003; Gabriele Metzler, Einführung in das Studium der Zeitgeschichte, Stuttgart 2004.
[4] Matthias Peter/Hans-Jürgen Schröder, Einführung in das Studium der Zeitgeschichte, Paderborn u. a. 1994, S. 24.
[5] Horst Möller, Das Institut für Zeitgeschichte und die Entwicklung der Zeitgeschichtsschreibung in Deutschland, in: Ders./Udo Wengst (Hrsg.), 50 Jahre Institut für Zeitgeschichte. Eine Bilanz, München 1999, S. 1–68, Zitat S. 2.
[6] Sebastian Conrad, Auf der Suche nach der verlorenen Nation. Geschichtsschreibung in Westdeutschland und Japan 1945–1960, Göttingen 1999, S. 223.
[7] Vgl. Karl Bittel, Arbeit und Aufgaben des Deutschen Instituts für Zeitgeschichte in Berlin, in: Zeitschrift für Geschichtswissenschaft 4 (1956), S. 1253–1255; Geschichtliche Zeittafel 1945–1953. Der Kampf um die nationale Einheit und um einen Friedensvertrag mit Deutschland, hrsg. vom Deutschen Institut für Zeitgeschichte, Berlin (Ost) 1953; Heinz Heitzer, „Zeitgeschichte" 1945 bis 1958. Ihre Grundlegung als Spezialdisziplin der Geschichtswissenschaft der DDR, in: Zeitschrift für Geschichtswissenschaft 35 (1987), S. 99–115; vgl. auch Martin Sabrow, Das Diktat des Konsenses. Geschichtswissenschaft in der DDR 1949–1969, München 2001; Christoph Kleßmann, DDR-Historiker und „imperialistische Ostforschung". Ein Kapitel deutsch-deutscher Wissenschaftsgeschichte im Kalten Krieg, in: Deutschland-Archiv 35 (2002), S. 13–31.

tens erkennt man sie in neuen, einschlägigen Periodika, allen voran die seit 1953 erscheinenden „Vierteljahrshefte für Zeitgeschichte". Deren erstes Heft wurde vom programmatischen, eine kaum zu überschätzende Wirkung entfaltenden Artikel von Hans Rothfels „Zeitgeschichte als Aufgabe" eingeleitet[8]. Ein weiteres Indiz dafür, daß die Zeitgeschichte als Fach nach 1945 „heimisch geworden" ist, kann drittens in der allmählichen Verankerung des Forschungsfeldes und der Teildisziplin Zeitgeschichte in der westdeutschen Geschichtswissenschaft gesehen werden. 1956 wurde auf dem deutschen Historikertag eine Sektion „Zeitgeschichte" eingerichtet. Gab es 1954 in der Bundesrepublik lediglich einen Lehrstuhl mit der Denomination „Neueste Geschichte" bzw. „Zeitgeschichte", so stieg die Zahl einschlägiger Lehrstühle an bundesdeutschen Hochschulen bis 1969 auf vier und schließlich 1984 auf 31[9]. Die Zeitgeschichte etablierte sich in knapp vier Jahrzehnten auch als universitäre Subdisziplin. Ausdruck der allmählichen Entwicklung von institutioneller Randständigkeit hin zu einer anerkannten, im Lehr- und Forschungsbetrieb verankerten Teildisziplin war das Erscheinen der ersten „Einführung in die Zeitgeschichte" im Jahre 1962[10]. Zwar war damals die Skepsis gegenüber der Zeitgeschichte noch nicht ganz gewichen. 1961 äußerte Gerhard Ritter Bedenken gegen solche Historiker, „die nichts weiter beherrschten als die Geschichte der letzten 30 Jahre"[11]. Und Hans Buchheim meinte zur gleichen Zeit, bei der Zeitgeschichte handle es sich um eine interessante methodologische Variante: „Sie ist aber eigentlich als Gegenstand von Dissertationen nicht geeignet."[12] Doch auch solche Bedenken waren bald überwunden.

Mit dem Siegeszug der Zeitgeschichte verfestigte sich zugleich die Meinung, Zeitgeschichte als eine wissenschaftliche Teildisziplin sei in Deutschland etwas Neues, aus der Zeit nach 1945 Stammendes. Der schon erwähnte Aufsatz von Hans Rothfels, der in den Rang einer Ikone erhoben wurde, und die Lebensgeschichte[13] seines Verfassers haben dazu beigetragen, daß

---

[8] Vgl. Hans Rothfels, Zeitgeschichte als Aufgabe, in: VfZ 1 (1953), S. 1–8.
[9] Vgl. Peter Weingart u.a., Die sog. Geisteswissenschaften: Außenansichten. Die Entwicklung der Geisteswissenschaften in der BRD 1954–1987, Frankfurt a.M. 1991, S. 213.
[10] Vgl. Scheurig, Einführung.
[11] Christoph Cornelißen, Gerhard Ritter. Geschichtswissenschaft und Politik im 20. Jahrhundert, Düsseldorf 2001, S. 174.
[12] Hans Buchheim, Die nationalsozialistische Zeit im Bewußtsein der Gegenwart, in: Karl Forster (Hrsg.), Gibt es ein deutsches Geschichtsbild?, Würzburg 1961, S. 37–63, Zitat S. 62.
[13] Vgl. Hans Mommsen, Hans Rothfels, in: Hans-Ulrich Wehler (Hrsg.), Deutsche Historiker, Bd. 9, Göttingen 1982, S. 127–147; Werner Conze, Hans Rothfels, in: Historische Zeitschrift 237 (1983), S. 311–360; Klemens von Klemperer, Hans Rothfels (1891–1976), in: Hartmut Lehmann/James van Horn Melton (Hrsg.), Paths of Continuity. Central European Historiography from the 1930s to the 1950s, Cambridge 1994, S. 119–135; Winfried Schulze, Hans Rothfels und die deutsche Geschichtswissenschaft nach 1945, in: Christian Jansen/Lutz Niethammer/Bernd Weisbrod (Hrsg.), Von der Aufgabe der Freiheit. Politische Verantwortung und bürgerliche Gesellschaft im 19. und 20. Jahrhundert. Festschrift für Hans Mommsen zum 5. November 1995, Berlin 1995, S. 99–116; Karl Heinz Roth, Hans Rothfels: Ge-

diese Auffassung Allgemeingut geworden ist. Darüber hinaus mangelt es an systematischen Untersuchungen zur Genese der deutschen Zeitgeschichtsforschung. Die Perspektive der Publikationen zur Zeitgeschichte ist in der Regel von 1945 aus in die Gegenwart gerichtet. Es werden Methoden und Themenfelder dargestellt; und es werden, besonders intensiv nach 1989, mögliche Periodisierungen der Zeitgeschichte diskutiert[14]. Von einer ersten, zweiten, dritten Zeitgeschichte ist die Rede, neuerdings von der „neuesten Zeitgeschichte"[15]. Ausgangspunkt ist dabei immer der angenommene Anfang nach 1945. Die Geschichte des Begriffs „Zeitgeschichte" wird immer wieder nachgezeichnet und die Zeitgeschichtsschreibung, die es immer schon gegeben hat, bis zu ihrem Vater Thukydides zurück verfolgt[16]. Es mangelt aber an Untersuchungen, welche nach der Geschichte der deutschen Zeitgeschichte fragen. Dabei lassen ältere und neuere historiographiegeschichtliche Studien erkennen, daß schon auf andere „umstürzende Geschehen" als den Nationalsozialismus in der deutschen Geschichte des 20. Jahrhunderts mit „zeitgeschichtlicher Klärung" reagiert wurde[17]. Es gab

schichtspolitische Doktrinen im Wandel der Zeiten. Weimar – NS-Diktatur – Bundesrepublik, in: Zeitschrift für Geschichtswissenschaft 12 (2001), S. 1061–1073.

[14] Vgl. Horst Möller, Zeitgeschichte. Fragestellungen, Interpretationen, Kontroversen, in: Aus Politik und Zeitgeschichte B 2 (1988), S. 3–16; Paul Erker, Zeitgeschichte als Sozialgeschichte. Forschungsstand und Forschungsdefizite, in: Geschichte und Gesellschaft 19 (1993), S. 202–238; Anselm Doering-Manteuffel, Deutsche Zeitgeschichte nach 1945. Entwicklung und Problemlagen der historischen Forschung zur Nachkriegszeit, in: VfZ 41 (1993), S. 1–29; Hockerts, Zeitgeschichte; Anselm Doering-Manteuffel, Zeitgeschichte nach der Wende 1989/90, in: ... und über Barmen hinaus. Studien zur Kirchlichen Zeitgeschichte. Festschrift für Carsten Nicolaisen zum 4. April 1994, hrsg. von Joachim Mehlhausen, Göttingen 1995, S. 613–625; Christoph Kleßmann/Martin Sabrow, Zeitgeschichte in Deutschland nach 1989, in: Aus Politik und Zeitgeschichte B 39 (1996), S. 3–14; Christoph Kleßmann, Zeitgeschichte in Deutschland nach dem Ende des Ost-West-Konflikts, Essen 1998.

[15] Vgl. Hans-Peter Schwarz, Die neueste Zeitgeschichte, in: VfZ 51 (2003), S. 5–28.

[16] Vgl. Konrad Barthel, Das Problem der Zeitgeschichte, in: Die Sammlung 9 (1954), S. 487–501; Eberhard Jäckel, Begriff und Funktion der Zeitgeschichte, in: Ders./Ernst Weymar (Hrsg.), Die Funktion der Geschichte in unserer Zeit, Stuttgart 1975, S. 162–176; Reinhart Koselleck, Begriffsgeschichtliche Anmerkungen zur „Zeitgeschichte", in: Victor Conzemius/Martin Greschat/Hermann Kocher (Hrsg.), Die Zeit nach 1945 als Thema kirchlicher Zeitgeschichte. Referate der internationalen Tagung in Hünigen/Bern (Schweiz) 1985, Göttingen 1988, S. 17–31.

[17] Vgl. Ernst Schulin, Zeitgeschichtsschreibung im 19. Jahrhundert, in: Festschrift für Hermann Heimpel, hrsg. von den Mitarbeitern des Max-Planck-Instituts für Geschichte, Bd. 1, Göttingen 1971, S. 102–139; ders., Zur Restauration und langsamen Weiterentwicklung der deutschen Geschichtswissenschaft nach 1945, in: Ders., Traditionskritik und Rekonstruktionsversuch. Studien zur Entwicklung von Geschichtswissenschaft und historischem Denken, Göttingen 1979, S. 133–162; Bernd Faulenbach, Nach der Niederlage. Zeitgeschichtliche Fragen und apologetische Tendenzen in der Historiographie der Weimarer Zeit, in: Peter Schöttler (Hrsg.), Geschichtsschreibung als Legitimationswissenschaft 1918–1945, Frankfurt a. M. 1997, S. 31–51; Götz Aly, Rückwärtsgewandte Propheten. Willige Historiker – Bemerkungen in eigener Sache, in: Ders., Macht – Geist – Wahn. Kontinuitäten deutschen Denkens, Berlin 1997, S. 153–183; Ralph Jessen, Zeithistoriker im Konfliktfeld der Vergangenheitspolitik, in: Konrad H. Jarausch/Martin Sabrow (Hrsg.), Verletztes Gedächtnis. Erinnerungskultur und Zeitgeschichte im Konflikt, Frankfurt a. M./New York 2002, S. 153–175.

offenbar auch schon vor 1945 eine Geschichtsschreibung zur Geschichte, „während sie noch qualmt"[18]. Schon die europäische „Urkatastrophe" des Ersten Weltkriegs hat mehr als nur „Versuche zur Selbstvergewisserung"[19] gezeitigt. Besonders Karl Dietrich Bracher betont mit dem von ihm geprägten, auf die Nachkriegszeiten nach dem Ersten und nach dem Zweiten Weltkrieg bezogenen Begriff der „doppelten Zeitgeschichte" die Interdependenz einer alten, auf die Zeit nach 1917/18 zu datierenden, und einer neuen, sich nach 1945 entwickelnden zeitgeschichtlichen Forschung[20].

Aber nicht allein vor dem Hintergrund der Tatsache, daß die beiden Weltkriege die gesamte erste Hälfte des 20. Jahrhunderts auf spezifische Art geprägt haben, gilt es, die wissenschaftliche Subdisziplin deutsche Zeitgeschichte „in ihren Haupt- und Wendepunkten neu zu überdenken"[21]. Die Auseinandersetzung mit den Traditionen der wissenschaftlichen Disziplin Zeitgeschichte hat auch die von Hans Rothfels so sehr betonte, in wissenschaftsgeschichtlichen Studien aber dennoch wenig beachtete „Betroffenheit"[22] des Historikers mit einzubeziehen. Mit der Betroffenheit, also den Erlebnissen und Erfahrungen des Historikers, fließt selbst erlebte Zeit mit in die historische Zeit, mit in den Prozess der Geschichtsschreibung ein[23]. Die in jüngster Zeit vorgelegten biographischen Studien von Historikern, die dem Lebenslauf folgend einen Längsschnitt über markante politische Zäsuren liefern[24], lassen das jeweilige Mischungsverhältnis von „außerwissenschaftlichem oder lebensgeschichtlichem Impuls und innerwissenschaftlicher Objektivierung"[25], von Elementen der Diskontinuität und der Kontinuität in einem neuen Licht erscheinen. Ein solcher Zugang kann

---

[18] Barbara Tuchman, Wann ereignet sich Geschichte?, in: Dies., In Geschichte denken. Essays, Düsseldorf 1982, Zitat S. 31.
[19] Konrad H. Jarausch, Zeitgeschichte und Erinnerung. Deutungskonkurrenz oder Interdependenz?, in: Ders./Sabrow (Hrsg.), Verletztes Gedächtnis, S. 9–37, Zitat S. 19.
[20] Vgl. Karl Dietrich Bracher, Die doppelte Zeitgeschichte – zwei gegenwärtige Vergangenheiten, in: Ders., Geschichte und Gewalt. Zur Politik im 20. Jahrhundert, Berlin 1981, S. 233–252; Ders., Doppelte Zeitgeschichte im Spannungsfeld politischer Generationen. Einheit trotz Vielfalt historisch-politischer Erfahrungen?, in: Bernd Hey/Peter Steinbach (Hrsg.), Zeitgeschichte und politisches Bewußtsein, Köln 1986, S. 53–71.
[21] Hockerts, Zeitgeschichte, S. 124.
[22] Rothfels, Zeitgeschichte; ders., Einleitung. Sinn und Aufgabe der Zeitgeschichte, in: Ders., Zeitgeschichtliche Betrachtungen. Vorträge und Aufsätze, Göttingen 1959, S. 9–16.
[23] Vgl. Eric J. Engstrom, Zeitgeschichte as Disciplinary History – On professional identity, self-reflexive narratives, and discipline-building in Contemporary German History, in: Tel Aviver Jahrbuch für deutsche Geschichte 29 (2000), S. 399–425, bes. S. 402; Hans Günter Hockerts, Zugänge zur Zeitgeschichte. Primärerfahrung, Erinnerungskultur, Geschichtswissenschaft, in: Jarausch/Sabrow (Hrsg.), Verletztes Gedächtnis, S. 9–37.
[24] Vgl. Cornelißen, Gerhard Ritter; Thomas Etzemüller, Sozialgeschichte als politische Geschichte. Werner Conze und die Neuorientierung der westdeutschen Geschichtswissenschaft nach 1945, München 2001.
[25] Winfried Schulze, Historiker und die Erfindung der Bundesrepublik. Kontinuitäten und Neuansätze in der Geschichtswissenschaft, in: Tel Aviver Jahrbuch für deutsche Geschichte 29 (2000), S. 379–389, Zitat S. 380.

dazu beitragen, das Verhältnis von Tradition und Innovation bei der Genese der wissenschaftlichen Disziplin Zeitgeschichte näher zu bestimmen. Folgt man der zutreffenden Einschätzung, „eine ‚Stunde Null' ist der 8. Mai 1945 für die Historiographie nicht gewesen, so fundamental dieser Einschnitt auch war"[26], so ist es nur konsequent, bei Fragen zu den Wurzeln der Zeitgeschichte als einer eigenen Disziplin den Blick auch auf die Zeit vor 1945 zu richten. Das um so mehr, weil vor dem Hintergrund des Stellenwertes von Traditionen in allen anderen Bereichen der Geschichtswissenschaft, die in der jüngeren Forschung intensiv thematisiert und diskutiert werden[27], die angenommene, mit dem Postulat des Neuanfangs verbundene Traditionslosigkeit der Disziplin Zeitgeschichte wenig überzeugend erscheint.

Wenn der vorliegende Beitrag nach Traditionen der deutschen Zeitgeschichte fragt, so heißt das weder die Diskussion um den Begriff „Zeitgeschichte" fortzusetzen, noch die Entwicklung der zeitgeschichtlichen Geschichtsschreibung in Deutschland über 1945 hinaus zurückzuverfolgen. Das Augenmerk ist vielmehr auf die deutsche Zeitgeschichte als eine Disziplin gerichtet, also ein Fach innerhalb der Geschichtswissenschaft, welches sich durch ein eigenes Forschungsfeld, durch spezifische Fragestellungen und spezifische Methoden sowie durch spezifische Institutionen und Publikationsorgane auszeichnet. Eine theoretisch-methodische Reflexion der Besonderheiten, die das Fach kennzeichnen, d. h. auch das eigene Selbstverständnis, ist ein weiteres Element, das herangezogen wird, um von Zeitgeschichte als einer wissenschaftlichen Disziplin sprechen zu können. Davon ausgehend fragt die hier vorgestellte Skizze[28] nach Kontinuitäten und Brüchen in der Geschichte der deutschen Zeitgeschichte vom Beginn des 20. Jahrhunderts bis in die 1960er Jahre. Dabei gilt dem Verhältnis von Politik und Wissenschaft ein besonderes Augenmerk.

[26] Möller, Zeitgeschichte, S. 4.
[27] Vgl. Schöttler (Hrsg.), Geschichtsschreibung als Legitimationswissenschaft; Christoph Cornelißen, Geschichtswissenschaft und Politik im Gleichschritt? Zur Geschichte der deutschen Geschichtswissenschaft im 20. Jahrhundert, in: Neue Politische Literatur 42 (1997), S. 275-309; Winfried Schulze/Otto Gerhard Oexle (Hrsg.), Deutsche Historiker im Nationalsozialismus, Frankfurt a. M. 1999; Michael Fahlbusch, Wissenschaft im Dienst der nationalsozialistischen Politik? Die „Volksdeutschen Forschungsgemeinschaften" von 1931-1945, Baden-Baden 1999; Ingo Haar, Historiker im Nationalsozialismus. Deutsche Geschichtswissenschaft und der „Volkstumskampf" im Osten, Göttingen 2000; Rüdiger Hohls/Konrad H. Jarausch (Hrsg.), Versäumte Fragen. Deutsche Historiker im Schatten des Nationalsozialismus, Stuttgart/München 2000.
[28] Die Skizze – und mehr kann es nicht sein – greift auf einschlägige Publikationen des Autors zurück. Vgl. Mathias Beer, Die Landesstelle Schlesien für Nachkriegsgeschichte 1934 bis 1945. Geschichtswissenschaft und Politik im Lichte neuer Aktenfunde, in: Matthias Weber/Carsten Rabe (Hrsg.), Silesiographia. Stand und Perspektiven der historischen Schlesienforschung. Festschrift für Norbert Conrads zum 60. Geburtstag, Würzburg 1998, S. 119-143; ders., Der „Neuanfang" der Zeitgeschichte nach 1945. Zum Verhältnis von nationalsozialistischer Umsiedlungs- und Vernichtungspolitik und der Vertreibung der Deutschen aus Ostmitteleuropa, in: Schulze/Oexle (Hrsg.), Deutsche Historiker im Nationalsozialismus, S. 274-301; http://edoc.hu-berlin.de/e_histfor.

Die These, wonach sich in diesem zeitlichen Rahmen der allmähliche Ausdifferenzierungsprozeß der deutschen Zeitgeschichte vollzogen hat, wird anhand dreier Beispiele untermauert. Das erste Beispiel analysiert einen Text zur Theorie der Zeitgeschichte aus der Zeit des Ersten Weltkriegs und präsentiert Beispiele institutionalisierter Zeitgeschichtsforschung in der Zwischenkriegszeit. Das zweite stellt eine der Institutionen vor, in der Zeitgeschichtsforschung in den dreißiger und vierziger Jahren außeruniversitär praktiziert wurde. Das dritte bezieht sich auf den außeruniversitären „Neuanfang" der Zeitgeschichte nach 1945, wie er anhand der Gründungsgeschichte des Instituts für Zeitgeschichte nachzuvollziehen ist. Grundsätzliche Bemerkungen zu den Wegen deutscher Zeitgeschichte hin zu einer wissenschaftlichen Disziplin beschließen die Ausführungen. Sie verdeutlichen, daß die deutsche Zeitgeschichte Traditionen hat, die über das Jahr 1945 zurückreichen. Sie sind aber aufgrund der spezifischen Entwicklung der Geschichtsschreibung im Anfangsjahrzehnt der Bundesrepublik in Vergessenheit geraten. Dadurch wurde der bis in die Gegenwart vertretenen Auffassung Tür und Tor geöffnet, die wissenschaftliche Disziplin Zeitgeschichte sei in Deutschland eine „Entdeckung" der Zeit nach 1945.

2. Der Erste Weltkrieg und „Das Studium der Zeitgeschichte"

Betrachtet man das Jahrzehnt um den Ersten Weltkrieg etwas genauer, so sind erste Zweifel an der postulierten Erfindung der Zeitgeschichte nach 1945 angebracht. „Der Krieg von 1914 hat", wie Fritz Ernst gerade bezogen auf die Geschichtswissenschaft festgestellt hat, „in alles verwandelnd eingegriffen. Bei den Deutschen hat er insbesondere das Verhältnis zur Geschichte und zur Gegenwart verändert; die Gewichte innerhalb der historischen Arbeiten wurden verschoben."[29] Eine solche Verschiebung macht schon ein Blick in die Historische Zeitschrift von 1916 deutlich. Darin heißt es, die neueste Geschichte und insbesondere die Vorgeschichte des Weltkrieges würden fortan stärker berücksichtigt. Der für den Bereich der neuesten Geschichte der Zeitschrift zuständige Berichterstatter war Justus Hashagen[30].

---

[29] Fritz Ernst, Zeitgeschehen und Geschichtsschreibung. Eine Skizze, in: Die Welt als Geschichte 17 (1957), S. 137–189, Zitat S. 179.
[30] Zur Person von Justus Hashagen (1877–1961) siehe Staatsarchiv Hamburg (STAH), Hochschulwesen, Dozenten- und Personalakten IV, Nr. 370: handgeschriebener Lebenslauf, 26. 9. 1925. Das Verdienst, Hashagen, „einen vergessenen Hamburger Historiker", wieder ins Gedächtnis gerufen zu haben, gebührt Peter Borowsky, Justus Hashagen, ein vergessener Hamburger Historiker, in: Zeitschrift des Vereins für Hamburgische Geschichte, 84 (1998), S. 163–183; ders., Geschichtswissenschaft an der Hamburger Universität 1933 bis 1945, in: Eckart Krause/Ludwig Huber/Holger Fischer (Hrsg.), Hochschulalltag im „Dritten Reich". Die Hamburger Universität 1933–1945, Teil II: Philosophische Fakultät, Rechts- und Staats-

Hashagen, auf dessen Biographie hier nicht vertieft eingegangen werden kann, nahm 1926 als Nachfolger von Gerhard Ritter den Ruf an die Universität in Hamburg an. Im Gutachten der Berufungskommission der Philosophischen Fakultät Hamburg heißt es zu den Publikationen von Hashagen, „sie gehören zu den seltenen Erscheinungen der Kriegsliteratur, die mit unbeirrbarer Sachlichkeit allen Ernstes darangehen, zeitgeschichtliche Probleme mit den Mitteln wissenschaftlich-methodischer Kritik zu lösen: weit entfernt von billiger Rhetorik, statt dessen ausgerüstet mit einer erstaunlichen Kenntnis der Tatsachen und der zeitgeschichtlichen Quellen"[31]. Hashagen wurde dem an zweiter Stelle der Berufungsliste gesetzten Hans Rothfels vorgezogen. Bei ihm, „ein so ausgezeichnetes Talent", wertete die Berufungskommission den „Zwang zu wesentlich zeitgeschichtlicher Betätigung"[32] negativ. Eine Schrift von Hashagen wurde von der Berufungskommission besonders hervorgehoben. Sie erschien 1915 und trägt den Titel „Das Studium der Zeitgeschichte"[33]. In „sehr anregender und vielbeachteter Weise" habe Hashagen in dieser Veröffentlichung „Vorschläge zur Reform und Neubelebung des wissenschaftlichen Studiums der Zeitgeschichte" vorgelegt[34]. Vor dem Hintergrund des ausgebrochenen Ersten Weltkriegs setzt sich Hashagen darin, ein Novum in der deutschen Geschichtswissenschaft, mit den grundsätzlichen Fragen auseinander, die die Zeitgeschichte als wissenschaftliche Disziplin aufwirft. Daß es sich dabei um ein Novum handelte, zeigt ein Blick in Bernheims Lehrbuch der historischen Methode[35].

Hashagen fragt zunächst nach dem Wert des Studiums der Zeitgeschichte und unterscheidet dabei, in dieser Reihenfolge, drei Arten: den politischen, den pädagogischen und den wissenschaftlichen Wert. Bezogen auf den politischen Wert unterstreicht er mit dem Hinweis auf eine schon seit Jahren vorhandene breite zeitgeschichtliche Literatur in England und Frankreich die außen- und innenpolitische Bedeutung einer „ernsthaften, breit angelegten zeitgeschichtlichen Literatur"[36]. Indem sie Politiker gründlich und systematisch belehre, könne sie dem politischen Dilettantismus vorbeugen und stelle insofern eine politische Macht dar. Die Bedeutung der Zeit-

---

wissenschaftliche Fakultät, Berlin/Hamburg 1991, S. 537–588; Helmut Heiber, Universität unterm Hakenkreuz, Teil 1: Der Professor im Dritten Reich. Bilder aus der akademischen Provinz, München 1991, S. 307–316 u. S. 398.
[31] STAH, Hochschulwesen II, Ai 3/18, Bd. 1, 25. 7. 1925.
[32] Ebenda.
[33] Vgl. Justus Hashagen, Das Studium der Zeitgeschichte, Bonn 1915; Borowsky, Justus Hashagen, S. 166 erwähnt eine zweite Auflage dieser Publikation. Die Nachforschungen zu einer solchen zweiten Auflage des Bandes sind bisher ergebnislos geblieben. In den deutschen Bibliotheken ist sie nicht nachweisbar.
[34] STAH, Hochschulwesen II, Ai 3/18, Bd. 1, 26. 2. 1923.
[35] Vgl. Ernst Bernheim, Lehrbuch der historischen Methode, Leipzig 1889, ⁶1908; ders., Einleitung in die Geschichtswissenschaft, Leipzig 1905.
[36] Hashagen, Das Studium der Zeitgeschichte, S. 6.

geschichte als „diplomatisch-politisches Kampf- und Machtmittel" betont der Autor auch an anderer Stelle[37]. Der von Hashagen erkannte pädagogische Wert wissenschaftlich betriebener Zeitgeschichtsforschung knüpft an diese Überlegungen unmittelbar an. Sie könne die staatsbürgerliche Erziehung befördern helfen, die Hashagen sowohl im Wachhalten der „vaterländischen Gesinnung" sah, als auch, was ihm genau so wichtig war, dem Heranführen an die außerdeutsche Geschichte.

Der Zeitgeschichte als einer wissenschaftlichen Disziplin gilt die besondere Aufmerksamkeit der Überlegungen Hashagens. Der wissenschaftliche Wert der Zeitgeschichte würde grundsätzlich als äußerst problematisch eingeschätzt; deshalb sei die wissenschaftlich ausgerichtete Zeitgeschichte in Deutschland zum „Stiefkinde des Historikers, Völkerrechtlers und des wissenschaftlich interessierten Politikers, Publizisten und Journalisten herabgesunken."[38] Daß der wissenschaftliche Wert der Zeitgeschichte angezweifelt wurde, lag Hashagen zufolge auch am Begriff „Zeitgeschichte": „Schon der Name Zeitgeschichte, sagt man, täuscht etwas falsches vor. Er ist ein Wechselbalg, ein Widerspruch in sich selbst. Denn Zeit bedeutet hier doch wohl vornehmlich Gegenwart. Und von der Gegenwart gibt es noch keine Geschichte."[39] Neben den grundsätzlichen Fragen, die bereits die Begrifflichkeit aufwirft, spricht Hashagen damit die Grundforderung nach Distanz an, die ihm bei einer wissenschaftlichen Maßstäben genügenden historischen Forschung als unerläßlich erschien. Als methodische Voraussetzung erkannte er den Grundsatz der Distanz auch für die Zeitgeschichte an. Dennoch legte Hashagen aber auf einen graduellen Unterschied Wert, der seiner Ansicht nach die Vergangenheitsgeschichte und die Zeitgeschichte unterscheidet und den die Zeitgeschichte anzuerkennen habe. Sie müsse sich, so Hashagen, „bescheiden ihrer wissenschaftlichen Inferiorität gegenüber der älteren Schwester bewußt bleiben."[40]

An den methodischen Grundsätzen der bewährten historischen Methode sowie an den Erfahrungen der Vergangenheitsgeschichte habe sich die Zeitgeschichte auszurichten, und diese habe sie sich zu eigen zu machen: „Die Forderung der Quellenmäßigkeit ergeht also auch an die Zeitgeschichte."[41] Die erforderliche breite Quellengrundlage würde in der Zeitgeschichte durch „die lebendige Anschauung des zeitgenössischen Beobachtens und Erlebens"[42] ergänzt. Darin sah Hashagen ausdrücklich einen Vorteil der wissenschaftlich betriebenen Zeitgeschichte gegenüber der Vergangenheits-

---

[37] Ebenda, S. 34–36.
[38] Ebenda, S. 8f. So beurteilt unabhängig von Hashagen auch Schulin, Zeitgeschichtsschreibung im 19. Jahrhundert, die Lage der Zeitgeschichtsschreibung am Ende des 19. und zu Beginn des 20. Jahrhunderts.
[39] Hashagen, Das Studium der Zeitgeschichte, S. 9.
[40] Ebenda, S. 10.
[41] Ebenda, S. 19.
[42] Ebenda, S. 10.

geschichte. Den Einwand, der zeitgeschichtlichen Forschung stünden nur in geringem Maße Quellen zur Verfügung, ließ Hashagen nicht gelten. In seinen Überlegungen zur Praxis zeitgeschichtlicher Forschung weist er darauf hin, daß alle historische Forschung lückenhaft sei; Lücken könnten aber gerade in der Zeitgeschichte z. B. durch die systematische Auswertung der Presse bis zu einem gewissen Grad wettgemacht werden. Zudem sei es auch Aufgabe einer wissenschaftlich betriebenen Zeitgeschichtsforschung, durch entsprechende Editionen für die Quellengrundlage zu sorgen, abgesehen von den anderen, ebenfalls noch zu einem Großteil fehlenden Hilfsmitteln. Dafür und für die Bewältigung „der riesenhaften Masse des Stoffes"[43], sowohl amtlicher als auch privater Natur, schien es Hashagen unabdingbar zu sein, Zeitgeschichtsforschung „genossenschaftlich" zu betreiben. Er forderte also Teamwork. Dabei habe Sammeln, Sichten und Auswerten des Materials Hand in Hand zu gehen. Hashagen verband damit die Erwartung, daß die Zeitgeschichte auch besondere Arbeitstechniken ausbilden werde, die die historische Methode der Vergangenheitsgeschichte befruchten könnten.

Gerade als Hilfsorgan der allgemeinen Geschichtswissenschaft, also als Teildisziplin, maß Hashagen der Zeitgeschichte eine wichtige Funktion zu, nämlich, eine Verbindung zwischen der von der Historie untersuchten Vergangenheit und der Gegenwart herzustellen. Für Hashagen gab es daher auch kein Ereignis oder keinen bestimmten Zeitpunkt, zu dem Zeitgeschichte und damit Zeitgeschichtsforschung beginnt: „Zeitgeschichte ist bei näherer Betrachtung ähnlich wie die französische *histoire contemporaine* oder die englische *contemporary history* keineswegs nur die neuste Geschichte von einem Datum ab."[44] Zeitgeschichte sei die „nähere Vorgeschichte des gegenwärtigen Zustandes" und ihre Hauptaufgabe sei „die Erforschung der Vorgeschichte des gegenwärtigen Zustandes"[45]. Die Erforschung der Zeitgeschichte dürfe auch nicht räumlich ein- oder gar abgegrenzt erfolgen, sondern sie müsse immer nationale und internationale Forschung zugleich sein und habe, gerade auch angesichts ihres politischen Wertes, strengen wissenschaftlichen Maßstäben zu entsprechen. Auch für die Zeit nach dem tobenden Ersten Weltkrieg, der nach Auskunft des Autors als wichtiger Impuls für das Entstehen seiner Schrift anzusehen ist, plädierte Hashagen für einen gründlichen, d. h. systematischen Aufbau der Zeitgeschichte als historische Disziplin.

Vor dem Hintergrund des Ausgangs des Ersten Weltkriegs, der, wie Hashagen sich später äußerte, mit keinem früheren Zusammenbruch des Rei-

---

[43] Ebenda, S. 31.
[44] Ebenda, S. 15 und 19. Der französische und der englische Begriff sind im Original kursiv gesetzt.
[45] Ebenda, S. 19.

ches vergleichbar war⁴⁶, wurde Hashagens Programm in den Dienst „nationaler Selbstbehauptung" gestellt. Die Initiative ging nicht von wissenschaftlicher, sondern von politischer Seite aus, die Hashagen in seiner Schrift aber aufgefordert hatte, sich für das „wissenschaftlich befruchtete Studium der Zeitgeschichte" zu interessieren. Anders als in den Jahrzehnten zuvor wurden Akten nicht nur freigegeben, sondern in großem Umfang ediert. In Deutschland begann, wie Hans Schleier, Ulrich Heinemann und Wolfgang Jäger gezeigt haben, im Winter 1918/19 die Ära der Aktenveröffentlichungen und Memoiren⁴⁷. Eine besondere Rolle kam hier dem Kriegsschuldreferat des Auswärtigen Amtes zu, das, gestützt auf den fachwissenschaftlichen Sachverstand von Historikern, 1921 eine „Zentralstelle zur Erforschung der Kriegsursachen"⁴⁸ einrichtete. Die dem eigenen Selbstverständnis nach wissenschaftliche Zentralstelle sollte helfen, die Öffentlichkeit des In- und Auslandes von der Notwendigkeit der Klärung der Kriegsschuldfrage zu überzeugen. Zu den Arbeitsschwerpunkten der Zentralstelle gehörte es, einschlägige Quellen zu sammeln und zu sichten, wissenschaftliche und literarische Auskünfte zu erteilen, wissenschaftliche Arbeiten zu vermitteln und Merkblätter zu einzelnen Bereichen der „Schuldfrage" aufgrund neuester Literatur zu veröffentlichen. Die Zentralstelle, die zum 1. Januar 1937 aufgelöst wurde, gab auch eine Zeitschrift heraus.

Wie die außeruniversitäre Zentralstelle waren auch die in staatlichem Auftrag publizierten Akten zur Vorgeschichte und Geschichte des Ersten Weltkrieges in erster Linie ein Mittel im Kampf für die Rehabilitierung Deutschlands. Allein die in nur einem halben Jahrzehnt herausgegebene Quellenpublikation „Die große Politik der europäischen Kabinette 1871–1914"⁴⁹ umfasst 40 Bände. Damit wurde eine breite Quellengrundlage für die zeitgeschichtliche Forschung gelegt, für die Hashagen in seiner Schrift nachdrücklich geworben hatte. An beiden Unternehmen, der Zentralstelle und der Aktenpublikation, waren ebenso wie im Parlamentarischen Untersuchungsausschuß des Reichstags für Schuldfragen des Weltkriegs Historiker beteiligt. Sie gaben nicht nur politische Kommentare zum Versailler Vertrag ab und lieferten nicht allein Deutungsversuche, sondern sie stellten sich mit ihrer wissenschaftlichen Arbeit auch in den Dienst der

---

⁴⁶ Vgl. Justus Hashagen, Historikerpflichten im neuen Deutschland, in: Eiserne Blätter. Zeitschrift für deutsche Politik und Kultur 1 (1920), S. 706–710, hier S. 709.
⁴⁷ Vgl. Hans Schleier, Die bürgerliche deutsche Geschichtsschreibung der Weimarer Republik, Köln 1975; Ulrich Heinemann, Die verdrängte Niederlage. Politische Öffentlichkeit und Kriegsschuldfrage in der Weimarer Republik, Göttingen 1983; Wolfgang Jäger, Historische Forschung und politische Kultur in Deutschland. Die Debatte 1914–1980 über den Ausbruch des Ersten Weltkrieges, Göttingen 1984.
⁴⁸ Vgl. Heinemann, Die verdrängte Niederlage, bes. S. 72–74 u. S. 95–119; Jäger, Historische Forschung, S. 44–88.
⁴⁹ Vgl. Die große Politik der europäischen Kabinette, 1871–1914. Sammlung der Diplomatischen Akten des Auswärtigen Amtes, hrsg. von Johannes Lepsius, Albrecht Mendelssohn Bartholdy und Friedrich Thimme, 40 Bde., Berlin 1922–1927.

„gedemütigten Nation"⁵⁰. Justus Hashagen bildete dabei keine Ausnahme. Während des Krieges war er in der Leitung des „Vaterländischen Unterrichts" beim Stellvertretenden Generalkommando in Koblenz tätig. Nach dem Krieg arbeitete er eine Zeitlang als „Hilfsarbeiter für Kriegsschuldfrage" im Auswärtigen Amt in Berlin⁵¹. Wie viele andere Historiker wollte er mithelfen, die im Versailler Vertrag festgeschriebene Alleinschuld des Deutschen Reiches am Ausbruch des Ersten Weltkriegs zu widerlegen.

Unabhängig von diesen Entwicklungen, aber vor dem gleichen Hintergrund und als Reaktion auf die traumatische Wirkung des Ausgangs des Krieges, entstanden weitere Institutionen mit zeitgeschichtlicher Zielsetzung. Auch die Gründung des Reichsarchivs, das am 1. Januar 1920 seinen Betrieb in Potsdam aufnahm, war eine Folge des deutschen Zusammenbruchs⁵². Ihm wurde die Sammlung, Verwahrung und Verwaltung des gesamten Urkunden- und Aktenmaterials des Reiches seit seiner Gründung übertragen, zudem die unparteiische und wissenschaftliche Erforschung der jüngsten Geschichte des Reiches aufgrund amtlichen Materials. Zusätzliche Quellen sollten durch Umfragen und durch Befragen von Persönlichkeiten der Zeitgeschichte geschaffen werden. Der Grundstein für die Weltkriegsbücherei, der späteren Bibliothek für Zeitgeschichte in Stuttgart, wurde ebenfalls in dieser Zeit gelegt⁵³. Eine bereits 1911 geäußerte Forderung aufgreifend, begannen die Archive in den 1920er Jahren „zeitgeschichtliche Sammlungen" einzurichten, wobei das Reichsarchiv eine Vorreiterrolle spielte. Mit solchen Quellensammlungen, die persönliche Erlebnisse, Erfahrungen und Erinnerungen einschlossen, sollten einerseits Vorgänge dokumentiert werden, die in amtlichen Unterlagen kaum oder keinen Niederschlag gefunden hatten. Mit den Worten des Historikers Paul Wentzcke, der von 1912 bis 1935 als Stadtarchivar in Düsseldorf tätig war und für eine Geschichte des Ruhrkampfes „von unten" plädierte: „Persönliches Ausfragen, Aufzeichnungen aus Gewerkschaftskreisen und andere Zeugnisse erschlie-

---

50 Vgl. Klaus Schwabe, Wissenschaft und Kriegsmoral. Die deutschen Hochschullehrer und die politischen Grundfragen des Ersten Weltkrieges, Göttingen 1969; Wolfgang J. Mommsen (Hrsg.), Kultur und Krieg. Die Rolle der Intellektuellen, Künstler und Schriftsteller im Ersten Weltkrieg, München 1996; Christoph Cornelißen, „Schuld und Weltfrieden". Politische Kommentare und Deutungsversuche deutscher Historiker zum Versailler Vertrag 1919–1933, in: Gerd Krumeich (Hrsg.), Versailles 1919. Ziele – Wirkung – Wahrnehmung, Essen 2001, S. 237–258.
51 STAH, Hochschulwesen, Dozenten- und Personalakten IV, Nr. 370: Handgeschriebener Lebenslauf vom 26. 9. 1925; vgl. auch Borowsky, Justus Hashagen, S. 166.
52 Vgl. Ernst Müsebeck, Der systematische Aufbau des Reichsarchivs, in: Preußische Jahrbücher 191 (1923), S. 294–318, bes. S. 298; Walter Vogel, Der Kampf um das geistige Erbe. Zur Geschichte der Reichsarchividee und des Reichsarchivs als „geistiger Tempel deutscher Einheit", Bonn 1994.
53 Vgl. Jürgen Rohwer, Die Bibliothek für Zeitgeschichte und ihre Aufgabe in der historischen Forschung, in: Ewald Lissberger u. a. (Hrsg.), In Libro Humanitas. Festschrift für Wilhelm Hoffmann zum 60. Geburtstag, Stuttgart 1962, S. 112–138; Bibliothek für Zeitgeschichte (Hrsg.), 75 Jahre Bibliothek für Zeitgeschichte: 1915–1990, Stuttgart 1990.

ßen das Erlebnis der Zeit. [...] Kaum ein einziger Fall ist in den Akten zu finden. Ein Geschichtsschreiber, der nur auf diese angewiesen ist und nicht mehr die Ausdeutung durch mündliche Überlieferung verwertet, muß ein ganz falsches, irreführendes Bild entwerfen."[54]

Andererseits sah man solche Zeugnisse als Ausdruck des Handelns breiter Schichten der Gesellschaft an. „Seitdem das ‚Volk‘ als Ganzes am politischen Leben teilnimmt, haben auch die schriftlichen Zeugnisse an Korrespondenzen und Aufzeichnungen, die es hinterläßt, zeitgeschichtliche Bedeutung,"[55] schrieb damals Helmuth Rogge, Leiter der zeitgeschichtlichen Sammlung des Reichsarchivs und nach 1945 Mitarbeiter des Bundesarchivs. Der Grundstein zu den großen Sammlungen von Feldpostbriefen wurde ebenso in dieser Zeit gelegt wie jener für die besondere Beachtung von Nachlässen, auf die Ludwig Dehio 1922 auf der Tagung der deutschen Geschichts- und Altertumsvereine aufmerksam gemacht hatte. In den 1920er Jahren fand, wie Veit Valentin im Berliner Tagblatt schrieb, nicht nur der Begriff „Zeitgeschichte" in Abgrenzung zu Universalgeschichte, Vorgeschichte, Lokalgeschichte und Geschichte schlechthin Einzug in den Sprachgebrauch der Historiker. Es wurde auch öffentlich dazu aufgerufen, Professuren für Zeitgeschichte einzurichten[56]. Gerhard Ritter hielt 1931 eine Vorlesung „über das Wesen der Zeitgeschichte"[57].

Auf den katastrophalen Ausgang des Ersten Weltkriegs reagierten Historiker in einem politisierten außen- und innenpolitischen Umfeld mit „zeitgeschichtlicher" Klärung. Die neu entstandenen, von der Politik geförderten Institutionen, Publikationsorgane und Forschungen sind Beleg dafür. Unverkennbar ist aber, daß, auf die „Schmach von Versailles" fixiert, sich die von der Politik angeregte und geförderte zeitgeschichtliche Forschung fast ausschließlich auf die nationale Geschichte bezog. Dem durch neue Grenzpfähle amputierten Nationalstaat wurde nicht nur von Hans Rothfels das Modell eines sich aus dem Volkstum erneuernden und expandierenden deutschen Reiches gegenübergestellt. Solche Entwicklungen waren der Anlaß für Hashagen, um 1923 an zentraler Stelle, der Historischen Vierteljahrschrift, das Messen mit zweierlei Maß, „den Krebsschaden der zeitge-

---

[54] Paul Wentzcke, Geschichte des Ruhrkampfes als Aufgabe und Erlebnis, in: Elsass-Lothringisches Jahrbuch 8 (1929), S. 383–405, Zitate S. 392 u. S. 398. Für den Hinweis auf diese Publikation danke ich Christoph Cornelißen.
[55] Helmuth Rogge, Zeitgeschichtliche Sammlungen als Aufgabe moderner Archive, in: Archivalische Zeitschrift 41 (1932), S. 167–177, Zitat S. 174; ders., Nachlässe und private Archive im Reichsarchiv, in: Korrespondenzblatt des Gesamtvereins der deutschen Geschichts- und Altertumsvereine 75 (1927), Sp. 53–61.
[56] Vgl. Veit Valentin, „... wer in erheblicher und für die breite Öffentlichkeit erkennbarer Weise das Zeitgeschehen beeinflusst hat.", in: Berliner Tageblatt und Handelszeitung Nr. 254, 1. 6. 1929, 1. Beiblatt.
[57] Bundesarchiv (künftig: BA) Koblenz, N 1166:43. Vgl. dazu Cornelißen, Gerhard Ritter, Kap. XI, bes. S. 526 f.

schichtlichen Arbeit"⁵⁸ anzuprangern. Unter Betonung des nationalen deutschen Standpunktes und der Funktion der Zeitgeschichte als Wissenschaft plädierte Hashagen erneut für eine paritätische Behandlung aller Staaten. Zudem forderte er die Zeithistoriker auf, neben der Stoffsammlung zu vergleichenden Betrachtungen aufgrund begrifflich-soziologischer Schulung überzugehen.

3. Institutionalisierte Zeitgeschichtsforschung während des Zweiten Weltkriegs

Eine solche methodische Ausweitung fand in der Folgezeit nicht nur, ausgehend von der Landesgeschichte, in der allgemeinen Geschichte in Gestalt der Volksgeschichte statt, wie Willi Oberkrome gezeigt hat⁵⁹. Auch im Bereich der Zeitgeschichte kam der neue Ansatz zum Tragen. Günstig erwies sich dafür das spezifische gesellschaftliche Umfeld einer national-revanchistisch politisierten Weimarer Republik. In diesem Kontext und als Teil von ihm entwickelte die nationalstaatlichen Perspektiven verpflichtete zeitgeschichtliche Forschung dezidert völkische Züge. Die Entstehung, Zielsetzung und Tätigkeit der bis in die jüngste Vergangenheit unbekannt gebliebenen „Zentralstelle für Nachkriegsgeschichte"⁶⁰ – ein Beispiel aus einer Reihe von Institutionen zeitgeschichtlicher Forschung – und ihrer Dependancen in Königsberg und Breslau geben Einblick in diese spezifische Ausgestaltung der Zeitgeschichte. Zudem lassen sich am Beispiel der Zentralstelle einige der Verbindungslinien zu Institutionen verdeutlichen, die nach dem Ersten Weltkrieg als Forschungsstellen mit einem genuin zeitgeschichtlichen Forschungsschwerpunkt entstanden waren.

In der zweiten Hälfte der 1920er Jahre wurden im Reichsarchiv gemäß seinem Auftrag, die jüngste Geschichte des Reiches zu dokumentieren und zu erforschen, „Forschungsarbeiten über die Nachkriegsgeschichte" aufgenommen. Sie waren auf Initiative des späteren Präsidenten des Reichsarchivs, General Hans von Haeften, eingeleitet worden, der damals als Leiter einer entsprechenden Forschungsabteilung im Reichsarchiv fungierte⁶¹. Weil „die Akten nur das Gerippe ergeben", hielt er es für unerläßlich, das Quellenmaterial zu ergänzen: „Die Idee der zeitgenössischen Interviews ist

---

⁵⁸ Justus Hashagen, Beurteilungsmaßstäbe der Zeitgeschichte, in: Historische Vierteljahrsschrift 21 (1922/23), S. 444–449, hier S. 445.
⁵⁹ Vgl. Willi Oberkrome, Volksgeschichte. Methodische Innovation und völkische Ideologisierung in der deutschen Geschichtswissenschaft 1918–1945, Göttingen 1993.
⁶⁰ Vgl. Beer, Die Landesstelle Schlesien für Nachkriegsgeschichte, in: Weber/Rabe (Hrsg.), Silesiographia; Haar, Historiker im Nationalsozialismus, S. 126–134, S. 175–182 u. S. 239–242.
⁶¹ Dazu und zum Folgenden BA Berlin, 1506:347, Aufzeichnungen über die Sitzung der Historischen Reichskommission vom 8. März 1933, bes. Bl. 54–56.

hieraus entstanden." Im Anschluß an die kriegsgeschichtlichen Arbeiten des Reichsarchivs zum Ersten Weltkrieg sollten die Ereignisse der unmittelbaren Nachkriegszeit umfassend und planmäßig auf der Grundlage von Akten und mündlichen Auskünften erforscht werden.

Das Reichsarchiv – und mit ihm verbunden die Historische Kommission für das Reichsarchiv, zu deren Mitgliedern Hans Rothfels gehörte – war nicht die einzige Institution, in der vergleichbare Forschungen durchgeführt wurden, wie die Tätigkeit der 1928 ins Leben gerufenen Historischen Reichskommission (HRK) zeigt. Aufgabe der HRK war gemäß ihrer Satzung die „Erforschung der Geschichte des neuen Deutschland"[62]. Die Kommission, der Friedrich Meinecke und Hermann Oncken vorstanden, schenkte der zeitgeschichtlichen Forschung besonderes Augenmerk. Es wurde eine „Sammlung zeitgeschichtlichen Materials" angelegt, u. a. mit Protokollen interviewter Persönlichkeiten des öffentlichen Lebens, und es wurden einschlägige Forschungsvorhaben vergeben und finanziell gefördert. Die HRK, der auch von Haeften angehörte, übernahm im März 1932 mit Zustimmung des Reichsministeriums des Inneren vom Reichsarchiv „die Forschungsarbeiten über die Nachkriegsgeschichte", die den Inhalt eines eigenen Unterausschusses der HRK bildeten. Mehrere von der Kommission in Absprache mit dem Reichsarchiv unternommene Anläufe, die notwendigen Mittel für Forschungsarbeiten über die Nachkriegsgeschichte zu erhalten, scheiterten. Erst als im Oktober 1932 aus dem persönlichen Fond des Reichspräsidenten 15.000 Reichsmark bereitgestellt wurden, war die Anschubfinanzierung gesichert[63].

Zur gleichen Zeit sah sich die HRK durch Vertreter der Politik in der Kommission, insbesondere durch den einflußreichen Zentrumspolitiker Georg Schreiber und den Vertreter des Reichsinnenministeriums Ernst Vollert[64], aber auch durch den Generaldirektor der preußischen Staatsarchive Albert Brackmann[65], gedrängt, die eigenen zeitgeschichtlichen Arbeiten stärker in den Dienst der Reichspolitik zu stellen und einschlägige Forschungsarbeiten auf Reichsebene zu koordinieren[66]. Diesem Ziel diente ein Treffen des Unterausschusses der HRK für nachkriegsgeschichtliche Forschung mit Vertretern des Reichsarchivs und des Geheimen Staatsarchivs, Institutionen, in denen vergleichbare Forschungen durchgeführt wurden. Als Ergebnis der Unterredung von Anfang Juni 1933 wurde eine Arbeits-

---

[62] Ebenda, 1506:345, Satzung, Vorstand und Mitglieder der HRK.
[63] Ebenda, 1506:347, Friedrich Meinecke an Reichspräsident von Hindenburg, 6. 3. 1934.
[64] Vgl. Ernst Vollert, Albert Brackmann und die ostdeutsche Volks- und Landesforschung, in: Hermann Aubin u. a. (Hrsg.), Deutsche Ostforschung. Ergebnisse und Aufgaben seit dem ersten Weltkrieg. Bd. 1, Leipzig 1942, S. 3–11.
[65] Vgl. Michael Burleigh, Albert Brackmann, Ostforscher (1871–1952). The years of retirement, in: Journal of Contemporary History 23 (1988), S. 573–588.
[66] BA Berlin, 1506:347, Aufzeichnungen über die Sitzung der Historischen Reichskommission vom 8. März 1933, Bl. 37–61.

gemeinschaft gebildet, an der Mitarbeiter der drei Einrichtungen beteiligt waren[67]. Sie stand unter der Leitung des Vertreters der HRK, Oberarchivrat Erich Otto Volkmann vom Reichsarchiv, der auch als Gutachter im Untersuchungsausschuß des Reichstags zu den „Ursachen des deutschen Zusammenbruchs" 1918/19 tätig war. Die Arbeitsgemeinschaft, die bald unter der Bezeichnung „Forschungsstelle für Nachkriegsgeschichte" firmierte, wurde aus der HRK ausgegliedert und bezog eigene Räume in der Wilhelmstraße 90 in Berlin. Diese Entwicklung wurde maßgeblich von Albert Brackmann, der grauen Eminenz der Ostforschung[68], bestimmt. Aufgrund seines Amtes als Generaldirektor der preußischen Staatsarchive und seiner Funktion als Vorstandsmitglied der Nordostdeutschen Forschungsgemeinschaft hatte er eine einflußreiche Position im Bereich der Wissenschaft, zugleich verfügte er über sehr gute politische Beziehungen. 1934, nach der Auflösung der HRK, die er aktiv mitbetrieben hatte, übernahm Brackmann als Generaldirektor der preußischen Staatsarchive mit Zustimmung des Reichsinnenministeriums und des Auswärtigen Amtes die Leitung der Forschungsstelle für Nachkriegsgeschichte, deren Aufgaben er an dezidiert politischen Zielen ausrichtete. Die Forschungsstelle sollte nach Brackmanns Worten „die Außenpolitik und den Grenzkampf des Reiches, insbesondere den Revisionskampf um den Vertrag von Versailles" durch wissenschaftliche Forschung unterstützen. Die Forschungsstelle, seit 1934 „Zentralstelle für Nachkriegsgeschichte" und vorrangig für die Überlieferung der Reichs- und preußischen Ministerien zuständig, plante zu diesem Zweck eine Reihe von Landesstellen einzurichten[69]. Entsprechende Vorbereitungen wurden bereits zur Jahreswende 1933/34 eingeleitet. Nur zwei, in Königsberg[70] und in Breslau[71], kamen tatsächlich zustande; sie wurden zu einem großen Teil von den Provinzialbehörden finanziert. Koordiniert wurden alle Aktivitäten von der Zentralstelle in Berlin, die „Richtlinien für die Errichtung der nachkriegsgeschichtlichen Forschung in Berlin und den Provinzen" aufstellte[72].

Die Aufgaben der Zentralstelle und ihrer Zweigstellen als institutionalisierte, allein auf die Zeitgeschichte ausgerichtete außeruniversitäre Einrichtungen umfaßten im wesentlichen zwei Bereiche: Erstens, die Sicherung

---

[67] Ebenda, Aufzeichnungen über die Sitzung des Unterausschusses der Historischen Reichskommission für die nachkriegsgeschichtlichen Forschungen am 2. Juni 1933, Bl. 164 f.
[68] Vgl. Michael Burleigh, Germany turns Eastwards. A study of *Ostforschung* in the Third Reich, Cambridge 1988; Eduard Mühle, „Ostforschung". Beobachtungen zu Aufstieg und Niedergang eines geschichtswissenschaftlichen Paradigmas, in: Zeitschrift für Ostforschung 46 (1997), S. 317–350; Fahlbusch, Wissenschaft im Dienst der nationalsozialistischen Politik?
[69] Dazu und zum Folgenden siehe Geheimes Staatsarchiv Preußischer Kulturbesitz (künftig: GStAPK), I HA Rep. 178 F, Paket 9080, Mappe 1, Jahresbericht der Forschungsstelle für Nachkriegsgeschichte, 3. 3. 1934.
[70] Vgl. dazu die folgenden Ausführungen.
[71] Vgl. Beer, Die Landesstelle Schlesien für Nachkriegsgeschichte, in: Weber/Rabe (Hrsg.), Silesiographia.
[72] GStAPK, I HA Rep. 178 F, Paket 9074, 30. 9. 1934.

einschlägiger Quellen aus dem Bereich der Reichs- und preußischen Behörden sowie der Grenzprovinzen und, damit verbunden, die Aufgabe, Quellenwerke zur Zeitgeschichte zu veröffentlichen; zweitens, darauf aufbauend, Darstellungen zu unterschiedlichen zeitgeschichtlichen Themen zu erarbeiten. Schwerpunkte der auf die abgetretenen Gebiete im Westen und Osten konzentrierten Forschung waren u. a. die Waffenstillstandsverhandlungen bis Versailles, die Ostpolitik der Reichsregierung, der Verlust der Ostgebiete, die Entstehung des Genfer Abkommens für Schlesien und der rheinische Separatismus. Drei Mitarbeiter der Zentralstelle gilt es namentlich zu erwähnen, weil sie für unsere Fragestellung von Bedeutung sind: Hans von Belleé, der erste Leiter des Geheimen Staatsarchivs Preußischer Kulturbesitz nach 1945, sowie Paul Kluke und Helmut Krausnick, beide frühe Mitarbeiter und in dieser Reihenfolge Direktoren des nach 1945 gegründeten Instituts für Zeitgeschichte in München.

Zunächst war die Finanzierung der Zentralstelle für Nachkriegsgeschichte noch nicht gesichert. Dank seiner guten Beziehungen gelang es Brackmann jedoch, vorübergehend Mittel der Notgemeinschaft der Deutschen Wissenschaft zu erhalten. Schließlich wurde die Zentralstelle Anfang 1937 dem Preußischen Ministerpräsidenten zugeordnet und von dort finanziert. 1940 verfügte die Zentralstelle über einen Etat von 100.000 Reichsmark. Die Potenz der Zentralstelle wird zudem dadurch unterstrichen, daß Vereinnahmungspläne des „Reichsinstituts für die Geschichte des neuen Deutschlands"[73] erfolgreich abgewehrt werden konnten. Mit dem Beginn des Zweiten Weltkriegs bestimmte immer mehr die Verwertbarkeit der Forschungen für die nationalsozialistische Eroberungs- und Rassenpolitik die Arbeit der Zentralstelle und ihrer regionalen Ableger. Noch 1944 unterstrich Brackmann die Bedeutung der Forschungsarbeiten über die „Volkstumsfragen im Osten und Südosten"[74] bei künftigen politischen Verhandlungen, für die die Wissenschaft das „Rüstzeug" liefern sollte.

Einige Aspekte der Tätigkeit der Zentralstelle sollen am Beispiel der Königsberger Dependance, der „Landesstelle Ostpreußen für Nachkriegsgeschichte" erläutert werden[75]. Deren Leiter von der Gründung im Jahre 1934 bis zur Auflösung 1945 war Theodor Schieder, Jahrgang 1908, Angehöriger der von Ulrich Herbert beschriebenen, vom Zusammenbruch des Reiches geprägten „Generation der Sachlichkeit"[76]. Nicht allein auf ihn

---

[73] Vgl. Helmut Heiber, Walter Frank und sein Reichsinstitut für Geschichte des neuen Deutschlands, Stuttgart 1966.
[74] GStAPK Rep. 90 N, Nr. 64, 11. 10. 1944.
[75] Neben Aly, Rückwärtsgewandte Propheten, in: Ders., Macht – Geist – Wahn, auch Beer, Der „Neuanfang" der Zeitgeschichte nach 1945, in: Schulze/Oexle (Hrsg.), Deutsche Historiker im Nationalsozialismus, und den gelegentlichen Hinweisen bei Haar, Historiker im Nationalsozialismus, stützen sich die folgenden Ausführungen auf die einschlägige, im GStAPK befindliche Überlieferung der Landesstelle Ostpreußen für Nachkriegsgeschichte.
[76] Vgl. Ulrich Herbert, „Generation der Sachlichkeit". Die völkische studentische Bewegung

übte der bis 1934 in Königsberg lehrende, dann entlassene und später in die USA emigrierte Hans Rothfels eine nachhaltige Wirkung aus. Schieder kam 1934 nach Königsberg, wo Theodor Oberländer den Kontakt zu Albert Brackmann herstellte, der ihn schließlich mit dem Aufbau und der Leitung der Landesstelle Ostpreußen für Nachkriegsgeschichte beauftragte. 1935 veröffentlichte Schieder einen kleinen Aufsatz, in dem er die Aufgaben der Landesstelle umriß[77]. Ausgehend von der grundsätzlichen Frage, wann ein Gegenstand geschichtlich wird, verneinte Schieder die Möglichkeit, politisches Tagesgeschehen und Geschichte klar voneinander zu trennen, und sprach sich für eine dezidiert politische Geschichtsschreibung aus. Darin und in der Forderung, Geschichtsschreibung habe in der Gegenwart sinnstiftend zu wirken, werden Argumente aufgegriffen, wie sie Hashagen 1915 formuliert hatte. Wie dieser verwies Schieder auf den Nachholbedarf, den die deutsche „neueste Geschichte" gegenüber dem Ausland habe, wobei er insbesondere auf entsprechende systematische Forschungen in Polen abhob. Anders als Hashagen, aber wie der erwähnte Paul Wentzcke, betonte Schieder in der Geschichte „das Erlebnis des Volkes als eine über die Jahrhunderte und Generationen hinweg lebendige Einheit". Das Wirken des Volkes sollte die Landesstelle auf der Ebene der „Lokal- und Heimatgeschichte", also der mikrogeschichtlichen Ebene, und der makrogeschichtlichen Ebene, im Rahmen „des gesamtosteuropäischen politischen Kraftfeldes" untersuchen. Unter Nachkriegsgeschichte wurde die unmittelbar auf den Krieg folgende Zeit, „Kriegsende und Zusammenbruch, das Versailler Diktat und seine Durchführung, die innere Entwicklung" verstanden, eine Zeit, die nach Schieder von der Gegenwart durch „die große geschichtliche Krise der nationalsozialistischen Revolution" getrennt wurde.

Die Ziele der Landesstelle sollten Schieder zufolge in drei Schritten verwirklicht werden. Als erstes war geplant, die geschichtliche Überlieferung staatlicher Behörden, des Militärs und, für Schieder ganz wichtig, jene „des ostdeutschen Volkes" aufzuspüren und zu sichern. Den durch die Wirren der Nachkriegszeit und moderne Kommunikationsmittel bedingten Ausfall schriftlicher Quellen wollte man durch direkte Befragung, durch Fragebogen oder die Aufforderung zur Niederschrift von Erinnerungen wettmachen. Die Landesstelle sollte dabei „nur Sammlungs- und Bearbeitungsstelle" sein, die die Unterlagen dem Preußischen Staatsarchiv in Königsberg

---

der frühen zwanziger Jahre in Deutschland, in: Frank Bajohr/Werner Johe/Uwe Lohalm (Hrsg.), Zivilisation und Barbarei. Die widersprüchlichen Potentiale der Moderne. Detlef Peukert zum Gedenken, Hamburg 1991, S. 115–144; Ingo Haar, „Revisionistische" Historiker und Jugendbewegung. Das Königsberger Beispiel, in: Schöttler (Hrsg.), Geschichtsschreibung als Legitimationswissenschaft, S. 52–103.

[77] Vgl. Theodor Schieder, Die Aufgaben der Landesstelle Ostpreußen für Nachkriegsgeschichte, in: Der Ostpreußische Erzieher. Kulturzeitschrift für die deutsche Ostmark 1935, Nr. 48, S. 750–752. Dort auch die folgenden Zitate.

zuführte. In einem zweiten Schritt war geplant, das Material nach Grundsätzen der historisch-politischen Bedeutung zu ordnen und zu registrieren. Schließlich sollte die Landesstelle drittens zu einer wissenschaftlichen „Mittelstelle für Nachkriegsgeschichte" werden, also aufklärend in die breite Öffentlichkeit wirken.

Das übergeordnete Ziel der Landesstelle sah Schieder in der „geistigen Vorbereitung und Grundlegung deutscher Ostgeschichte der Nachkriegszeit, jener Epoche, die in jeder Beziehung die stärkste politische Erschütterung des Ostens bildet seit den napoleonischen Kriegen." Große thematische Bereiche, die man zu untersuchen plante, waren zum einen „der Zusammenbruch und die Novemberrevolte in Ostpreußen; die besonderen Formen des Volksverrats, wie sie in der Verbindung der USP mit den Polen in Allenstein, der Matrosenwehr in Königsberg mit den Bolschewisten bestehen. Die Bedeutung der Niederwerfung der Spartakistenherrschaft in Königsberg." Andere Untersuchungen sollten den großen Problemkreis über „die Widerstandsversuche des ostpreußischen Volkes gegen den Versailler Vertrag" einschließlich der Volksabstimmung thematisieren.

Legt man allein die durch Kriegseinwirkungen geschmälerte Überlieferung der Landesstelle Ostpreußen für Nachkriegsgeschichte zugrunde, so besteht kein Zweifel, daß einige der von Schieder anvisierten Pläne zumindest ansatzweise verwirklicht wurden. Die Schlagwortkartei, nach der die gesammelten Quellen erschlossen wurden, die entwickelten Fragebogen und die durchgeführten Befragungen, die überwiegend unveröffentlichten Karten, Statistiken und kleineren Studien, die Forschungs- und Reiseberichte, der umfangreiche Briefverkehr sprechen dafür, daß die von Hashagen der zeitgeschichtlichen Forschung gestellten Aufgaben im Rahmen der der politischen Volksgeschichte verpflichteten Landesstelle partiell erfüllt wurden.

Nicht erreicht wurde allerdings das hochgesteckte Forschungsziel. Mit geringen Ausnahmen gingen bis Kriegsende aus keinem der skizzierten Forschungsfelder Publikationen hervor. Das lag an der dünnen Personaldecke, aber noch mehr daran, daß die Tätigkeit der Landesstelle mit Beginn des Zweiten Weltkriegs entsprechend der Vorgaben der Berliner Zentralstelle eine Neuausrichtung erfuhr. Der „praktisch-politische, propagandistische"[78] Nutzen der Forschungen für Politik und Verwaltung stand jetzt eindeutig im Vordergrund. Die Landesstelle Ostpreußen steuerte Unterlagen für die Presseverwertung der „Publikationsstelle im Geheimen Staatsarchiv Berlin-Dahlem" (Puste) bei und lieferte Material für deren „polnische Propaganda-Aktion", u.a. zum historisch begründeten Widersinn der Korridorfrage. Nach dem Angriff auf Polen bot die Publikationsstelle Theodor Schieder einen „Einsatz" an, den er nicht ausschlug. Unter dem Eindruck

---

[78] GStAPK, I HA Rep. 178 F, Paket 9078, 2. 10. 1939.

der Rede Adolf Hitlers vom 6. Oktober 1939, in der er eine „neue Ordnung der ethnographischen Verhältnisse" ankündigte, erarbeitete Schieder gemeinsam mit anderen Ostforschern die sogenannte Polendenkschrift[79]. Darin werden Alternativen zum Verlauf der künftigen deutschen Ostgrenze erörtert, für die „Bevölkerungsverschiebungen allergrößten Ausmaßes" als erforderlich angesehen wurden; unter anderem wurde die Ausweisung eines Teils der polnischen Bevölkerung und im Gegenzug die Ansiedlung von Volksdeutschen sowie „die Herauslösung der Juden aus den polnischen Städten" vorgeschlagen.

Bevölkerungspolitische Untersuchungen standen in der Folgezeit auch auf der Tagesordnung der Landesstelle Ostpreußen für Nachkriegsgeschichte. Sie fanden ihren Niederschlag in Forschungen der Landesstelle zur völkischen Zusammensetzung des neugebildeten ostpreußischen Regierungsbezirks Zichenau. Nach dem Überfall auf die Sowjetunion kamen Untersuchungen zu den ethnischen und nationalen Verhältnissen des Bezirks Bialystok hinzu. Die Ergebnisse – Texte, Statistiken, Karten – wurden in Form von vertraulichen, nur für den Dienstgebrauch bestimmten Berichten der Zentralstelle, der Puste und auch interessierten Verwaltungen, Ministerien sowie Parteiämtern und NS-Dienststellen zur Verfügung gestellt, u. a. dem Reichsinnenministerium, dem Reichskommissar für die Festigung deutschen Volkstums und dem Hauptschulungsamt der NSDAP. Die „Erforschung der innerdeutschen Wanderbewegung, der Umvolkungsvorgänge, der Volkstumsstatistik und der Grenzziehung im Nordosten" wurde bis zum Kriegsende fortgesetzt. Denn, so Brackmann 1944, „ob es später zu Friedensverhandlungen kommen wird oder nicht –, auf jeden Fall darf es sich nicht wiederholen, daß das Kriegsende die deutschen Staatsmänner wie 1918 ohne das Rüstzeug für die Verteidigung der deutschen Rechte findet. Dieses Rüstzeug kann aber nicht ohne gründliche wissenschaftliche Vorarbeit geschaffen werden."[80]

Die Zentralstelle für Nachkriegsgeschichte bestand bis zum Ende des Krieges fort und wurde formal nie aufgelöst. Es gab auch Überlegungen und Versuche, sie wieder zu aktivieren, die aber ohne Ergebnis blieben. Mitarbeiter der Zentralstelle gehörten Jahre später zum Kreis jener Historiker, die wesentlichen Anteil an der angeblichen „Erfindung" der Zeitgeschichtsforschung in der Bundesrepublik hatten.

---

[79] Vgl. Angelika Ebbinghaus/Karl Heinz Roth, Vorläufer des „Generalplan Ost". Eine Dokumentation über Theodor Schieders Polendenkschrift vom 7. Oktober 1939, in: 1999. Zeitschrift für Sozialgeschichte des 20. und 21. Jahrhunderts 7 (1992), Heft 1, S. 62–94.
[80] GStAPK, I HA Rep. 178 F, Paket 9078, 23. 10. 1944.

4. Der sogenannte „Neuanfang" der Zeitgeschichte nach 1945

Die beispiellose Katastrophe, in der das Tausendjährige Reich nach zwölf Jahren endete, löste auch in der deutschen Historikerschaft Erschütterung und Verzweiflung aus: „Wir sind allesamt im Dickicht. In einem dunklen Wald sind wir vom Weg abgekommen."[81] Mit diesen Worten leitete der Tübinger Historiker Rudolf Stadelmann 1945/46 seine Vorlesung im ersten Nachkriegssemester ein. Sie waren Ausdruck der Ratlosigkeit und Verwirrung, die, wie Martin Broszat es formulierte, „nach dem Sturz bisher gültiger Ideale [...] im Chaos scheinbar sinnlos gewordener deutscher Geschichte" nach zeitgeschichtlicher Klärung riefen[82]. An individuellen Versuchen, die unfaßbaren Ereignisse der jüngsten Vergangenheit einzuordnen, zu bewerten und zu deuten, mangelte es nicht. „Die deutsche Katastrophe"[83] von Friedrich Meinecke ist ein solcher Versuch. Das Buch trägt den bezeichnenden Untertitel „Betrachtungen und Erinnerungen". Das „Problem der Orientierung in unserer Gegenwart" beschäftigte auch Peter Rassow in einem Vortrag von 1947. Dabei stellte er Überlegungen grundsätzlicher Art zum Verhältnis des Historikers zu seiner Gegenwart an[84]. Gerhard Ritter ließ Hans Rothfels in den USA wissen, er habe sich „jetzt ganz der Zeitgeschichte zugewandt". Er sah sich durch seine „Schicksale in diese Aufgabe geradezu gedrängt"[85]. Siegfried A. Kaehler, der nach „dem furchtbarsten und sinnlosesten Krieg deutscher Geschichte" in seiner ersten Vorlesung im September 1945 vom „dunklen Rätsel deutscher Geschichte" sprach, sah es kurze Zeit später als notwendig an, vor neuen Geschichtslegenden zu warnen. Ausdrücklich verglich er dabei den Ersten mit dem Zweiten Weltkrieg: „Wie konnte es möglich werden, daß aus der Propagandalegende von 1914/18 die schreckliche Wahrheit von 1939/45 geworden ist?"[86]

Wie nach dem Ersten Weltkrieg wurde auch jetzt der Ruf nach eigenen Institutionen laut, deren Aufgabe darin gesehen wurde, das unfaßbare Ge-

---

[81] Zit. nach Winfried Schulze, Deutsche Geschichtswissenschaft nach 1945, München 1989, ²1993, S. 16.
[82] Broszat, Aufgaben und Probleme, S. 529.
[83] Vgl. Friedrich Meinecke, Die Katastrophe. Betrachtungen und Erinnerungen, Wiesbaden 1947.
[84] Vgl. Peter Rassow, Der Historiker und seine Gegenwart, in: Ders., Die geschichtliche Einheit des Abendlandes. Reden und Aufsätze, Köln/Graz 1960, S. 115–135.
[85] Christoph Cornelißen, Zeitgeschichte im Übergang von der NS-Diktatur zur Demokratie. Gerhard Ritter und die Institutionalisierung der Zeitgeschichte in Westdeutschland, in: Matthias Middell/Gabriele Lingelbach/Frank Hadler (Hrsg.), Historische Institute im internationalen Vergleich, Leipzig, 2001, S. 339–361, Zitat S. 343.
[86] Vgl. Siegfried A. Kaehler, Vom dunklen Rätsel deutscher Geschichte. Eröffnungsrede der Vorlesung über „Das Zeitalter des Imperialismus", gehalten am 18. 9. 1945, in: Die Sammlung 1 (1945/46), S. 141–153; ders., Neuere Geschichtslegenden und ihre Widerlegung I und II, in: Die Sammlung 3 (1948), S. 71–89 und 139–150, Zitat S. 80.

schehen der letzten Jahre erklärend verständlich zu machen. Erste, unabhängig voneinander gemachte Vorschläge zur Gründung solcher Einrichtungen, die mit dazu beitragen sollten, die beispiellose Katastrophe zu bewältigen, in die der Nationalsozialismus Deutschland geführt hatte, gingen nicht von Historikern aus. Schon im Juli 1945 regte der frühere Legationsrat im Auswärtigen Amt, Rudolf Holzhausen, an, einen „deutschen Forschungs- und Aufklärungsausschuss" ins Leben zu rufen. Er sollte „in sachlicher Weise das Wirken des Nazismus – beginnend schon beim ersten Weltkrieg" erforschen und auf dieser Grundlage in der breiten Öffentlichkeit aufklärend wirken[87]. Ausdrücklich verglich Holzhausen die Lage nach dem Ersten mit jener nach dem Zweiten Weltkrieg: „Man hätte nach dem Niederbruch von 1918 die Ursachen der Katastrophe erforschen, die begangenen Fehler klarstellen und die Nutzanwendung aus den gewonnenen Erkenntnissen ziehen müssen." Dieser Fehler sollte jetzt nicht wiederholt und die Gelegenheit zu einer „tiefgreifenden demokratischen Umerziehung" genutzt werden. Als geeignetes Instrument dafür sah er eine eigens dafür zu schaffende Einrichtung, eine „Forschungs- und Aufklärungsstelle für die Geschichte der nationalsozialistischen Zeit". Sie sollte, gestützt auf das vorliegende Schrift- und Druckmaterial sowie auf die Vernehmungen beteiligter Personen, „eine sachliche Darstellung der Nazizeit" erarbeiten „und darüber eine Schriftenreihe veröffentlichen." Diese Publikationen waren als „grundlegendes und richtungsgebendes Lehr- und Aufklärungsmaterial in Schulen, Universitäten, Bibliotheken, bei den Behörden, in allen politischen, wissenschaftlichen, wirtschaftlichen und kulturellen Organisationen" gedacht.

Solche in größerer Zahl vorgelegten Pläne haben einerseits zur Entstehung der Landeszentralen für politische Bildung und der 1952 geschaffenen „Bundeszentrale für den Heimatdienst", seit 1962 „Bundeszentrale für politische Bildung", geführt[88]. Auch hier handelt es sich nur auf den ersten Blick um genuine Neugründungen nach 1945. Als „Muster" dafür diente die im Auftrag der Reichsregierung 1918 eingerichtete „Reichszentrale für den Heimatdienst", die bis 1933 bestand[89]. Mit Vorschlägen zur Schaffung einer „Forschungs- und Aufklärungsstelle für die Geschichte der nationalsozialistischen Zeit" ist andererseits auch die lange Entstehungsgeschichte des „Deutschen Instituts für Geschichte der nationalsozialistischen Zeit",

---

[87] Vgl. Archiv des Instituts für Zeitgeschichte München, ED 105, Gründungsunterlagen 1945–1949, 19. 7. 1945 und 7. 10. 1946.
[88] Vgl. Uwe Uffelmann, Demokratiegründung und politische Bildung. Das „Amt für Heimatdienst" und die Anfänge der Arbeitsgemeinschaft „Bürger im Staat" in Württemberg-Baden, in: Zeitschrift für Württembergische Landesgeschichte 51 (1992), S. 383–410; Benedikt Widmaier, Die Bundeszentrale für politische Bildung. Ein Beitrag zur Geschichte staatlicher politischer Bildung in der Bundesrepublik Deutschland, Frankfurt a. M. u. a. 1987.
[89] Vgl. Klaus W. Wippermann, Politische Propaganda und staatsbürgerliche Bildung. Die Reichszentrale für Heimatdienst in der Weimarer Republik, Köln 1976.

später „Institut für Zeitgeschichte"[90] in München, verbunden. Das nicht nur im Entwurf von Holzhausen erwähnte Begriffspaar „Forschen und Aufklären" bestimmte die Vorgeschichte des Instituts. Seine Gründungsgeschichte ist wesentlich vom Tauziehen zwischen Politik und Wissenschaft um die Frage bestimmt, wie die Anteile von politischer Aufklärung und wissenschaftlicher Forschung bei den vom Institut wahrzunehmenden Aufgaben gewichtet sein sollten. Von seiten der Politik wurde vehement eine von ihr wesentlich mitbestimmte Aufklärung der breiten Öffentlichkeit über die Zeit des Nationalsozialismus als wichtigste Aufgabe des Instituts gefordert. Eine solche Aufgabe traute man der in der NS-Zeit kompromittierten Geschichtswissenschaft nicht zu: „Die Wissenschaftler haben Deutschland politisch einen schlechten Dienst geleistet."[91] Dagegen setzten Vertreter der Geschichtswissenschaft mit Nachdruck auf eine politisch unabhängige wissenschaftliche Forschungseinrichtung. Andernfalls, so wurde von Historikern befürchtet, könnte das Vorhaben „in politisch-journalistische Hände fallen und damit des Ernstes wissenschaftlicher Untersuchung entbehren"[92].

Das spannungsreiche Verhältnis zwischen einer „politisch" und einer „wissenschaftlich" motivierten Position, ein wesentliches Merkmal der noch nicht erschöpfend untersuchten Gründungsgeschichte des Münchner Instituts für Zeitgeschichte, ist nachgezeichnet worden und braucht daher hier nicht aufgerollt zu werden. Übersehen wurden aber bisher deutliche Hinweise auf in die Zeit des Ersten Weltkriegs zurückreichende zeitgeschichtliche Traditionen. Der Bezug auf solche Traditionen erfolgte entweder, indem man sich von ihnen distanzierte, sie als abschreckendes Beispiel hinstellte, oder aber, indem man in ihnen Erfahrungen sah, an die das neu zu gründende Institut anknüpfen sollte.

Einer der entschiedensten Verfechter einer bewußten Distanzierung von den zeitgeschichtlichen Vorhaben der Zwischenkriegszeit war der Vertreter Hessens im Kuratorium des Instituts, Hermann Brill. Er warnte vor dem „abschreckenden Beispiel der Aktenpublikationen des Auswärtigen Amtes" nach dem Ersten Weltkrieg. Dieses dürfe sich nicht wiederholen. Der Historischen Kommission beim Reichsarchiv, einer der Institutionen, in deren

---

[90] Vgl. Hellmuth Auerbach, Die Gründung des Instituts für Zeitgeschichte, in: VfZ 18 (1970), S. 529–554; John Gimbel, The Origins of the *Institut für Zeitgeschichte*. Scholarship, Politics, and the American Occupation, 1945–1949, in: The American Historical Review 70 (1964/65), S. 714–731; Institut für Zeitgeschichte (Hrsg.), Institut für Zeitgeschichte. Selbstverständnis, Aufgaben und Methoden der Zeitgeschichte, München ¹1972; Schulze, Deutsche Geschichtswissenschaft, S. 229–242; Wolfgang Benz, Wissenschaft oder Alibi? Die Etablierung der Zeitgeschichte, in: Walter H. Pehle/Peter Sillem (Hrsg.), Wissenschaft im geteilten Deutschland. Restauration oder Neubeginn nach 1945?, Frankfurt a. M. 1992, S. 11–25; Möller, Das Institut für Zeitgeschichte, in: Ders./Wengst (Hrsg.), 50 Jahre; Cornelißen, Zeitgeschichte im Übergang, in: Middell/Lingelbach/Hadler (Hrsg.), Historische Institute.
[91] Gimbel, The Origins, S. 721; Auerbach, Die Gründung, S. 533.
[92] Ebenda, S. 536.

Rahmen zeitgeschichtliche Forschung in der Zwischenkriegszeit institutionalisiert gewesen war, warf er Versagen vor, wodurch sie 1933 mit ermöglicht habe[93]. Demgegenüber gab es vereinzelte Stimmen, die dafür plädierten, die Arbeit des geplanten Instituts außenpolitisch zu nutzen, um den deutschen Standpunkt in der Schuldfrage darzulegen. Entlastendes wurde auch von einer quantitativ abzusichernden Untersuchung des deutschen Widerstands gegen den Nationalsozialismus erwartet[94].

Auch auf seiten der Historikerschaft, die sich im Rahmen der Historischen Kommission bei der Bayerischen Akademie der Wissenschaften in einer frühen Phase der Institutsgründung mit der Frage der wissenschaftlichen Erforschung der nationalsozialistischen Epoche – allerdings keineswegs in einer politisch-publizistisch ausgerichteten Einrichtung – befaßte, wurde auf vergleichbare Vorhaben aus früherer Zeit verwiesen. Es wurde empfohlen, bei der Behandlung der Akten des Dritten Reiches auf Erfahrungen mit Aktenpublikationen nach dem Ersten Weltkrieg zurückzugreifen. Der Wissenschaft dürfe aber nicht noch einmal der Vorwurf gemacht werden, „auf Befehl wissenschaftliche Dinge zu veröffentlichen oder veröffentlicht zu haben" oder daß sie „lebensfremd und dann ihre Veröffentlichungen zu schwer und unlesbar seien"[95]. Weil die rasche Publikation des Aktenmaterials nach 1918 günstig gewirkt habe, sollte nach Meinung der Historischen Kommission das einschlägige Quellenmaterial auch jetzt bald veröffentlicht werden.

Parallelen zwischen der ersten und zweiten Nachkriegszeit zog auch Gerhard Ritter, der bei der Gründung des Instituts eine wichtige Rolle spielte[96]. Der nach dem Ersten Weltkrieg eingesetzte Parlamentarische Untersuchungsausschuß habe Material gesammelt, erinnerte er. Es sei aber in Bibliotheken verstaubt und von der Öffentlichkeit unbeachtet geblieben. Die wesentliche Ursache dafür sah Ritter darin, daß es sich um einen politischen Ausschuß gehandelt habe. Demgegenüber sei die Vorgeschichte des Ersten Weltkriegs an Hand der Akten des Auswärtigen Amtes untersucht und dargestellt worden. Diese, wie er betonte, wissenschaftliche Arbeit, sei nicht nur im Inland gewürdigt worden. Sie habe sich „in der ganzen Welt (Widerlegung der Kriegsschuld-These) durchgesetzt." Ritter sprach sich daher entschieden für ein wissenschaftliches Profil des zu gründenden Instituts aus, das unabhängig forschen und nicht unter politischem Druck stehen sollte. Nicht allein bei der inhaltlichen Ausrichtung, sondern auch bei der organisatorischen Verortung und den Aufgaben des Instituts griff Ritter auf Erfahrungen zeitgeschichtlicher Forschung nach dem Ersten Weltkrieg zu-

---

[93] Vgl. ebenda, S. 533, Anm. 19; Schulze, Deutsche Geschichtswissenschaft, S. 230.
[94] Vgl. Gimbel, The Origins; Schulze, Deutsche Geschichtswissenschaft, S. 230.
[95] Ebenda, S. 231 f.
[96] Dazu und zum Folgenden Auerbach, Die Gründung, S. 537 u. S. 547; Cornelißen, Zeitgeschichte im Übergang, in: Middell/Lingelbach/Hadler (Hrsg.), Historische Institute.

rück. Angelehnt an die Organisation des Reichsarchivs, schlug Ritter eine enge Anbindung des neuen Instituts an das damals unmittelbar vor seiner Gründung stehende Bundesarchiv vor. Er war sich darin mit den auf dem ersten Historikertag 1949 in München versammelten Kollegen einig. Sie sprachen sich in einer Entschließung für die schnelle Einrichtung eines „deutschen Instituts zur zentralen Organisierung zeitgeschichtlicher Forschung" aus[97]. Seine wesentlichen Aufgaben wurden darin gesehen, eine Übersicht über das Quellenmaterial der NS-Zeit zu erstellen, diese Unterlagen durch Befragung von Zeitzeugen zu ergänzen und Quellenreihen und Monographien zu publizieren.

Diese Aufgabenstellung findet sich fast unverändert in der Satzung des „Deutschen Instituts für Geschichte der nationalsozialistischen Zeit" wieder: „Zentralnachweisstelle" für die Vorgeschichte und Geschichte des Nationalsozialismus; Vorbereitung und Unterstützung wissenschaftlicher Darstellungen der Geschichte dieser Zeit; das Material allgemeinverständlich auszuwerten und der Öffentlichkeit zugänglich machen[98]. Damit trat die ursprünglich primäre Motivation für die Gründung des Instituts, politische Aufklärungsarbeit zu leisten, zugunsten einer vorrangig wissenschaftlichen Zielsetzung zurück. Die Wahl des Historikers Hermann Mau zum ersten Generalsekretär des Instituts Anfang 1951 erwies sich in dieser Hinsicht als ein Glücksfall. Er verstand es nicht nur, einen Kompromiß zwischen den in der Gründungsphase des Instituts aufeinandertreffenden politischen und wissenschaftlichen Interessen zu finden. Er legte mit der eingeleiteten Quellenarbeit, den ersten Publikationen und mit dem Plan eines eigenen Publikationsorgans auch die Grundlage für die weitere wissenschaftliche Entwicklung des Instituts. Durch seinen frühen Tod war es ihm nicht vergönnt, selbst den Plan einer eigenen Zeitschrift des Instituts umzusetzen. Die Vorbereitungen waren aber bereits so weit gediehen, daß 1953, wesentlich vorangetrieben von dem aus dem Exil zurückgekehrten Hans Rothfels, erstmals die Vierteljahrshefte für Zeitgeschichte erscheinen konnten[99].

Eingeleitet wird das erste Heft von einem kurzen und dennoch eine große Wirkung entfaltenden Beitrag von Hans Rothfels - „Zeitgeschichte als Aufgabe"[100]. Den Start des „technischen Vereinigungspunkts" auf dem Feld der deutschen Zeitgeschichte, wie Rothfels die Fachzeitschrift umschrieb, nahm er in seiner Funktion als Herausgeber zum Anlaß, um grundsätzliche Aspekte der Zeitgeschichte als einer wissenschaftlichen Disziplin anzuspre-

---

[97] Vgl. Historische Zeitschrift 169 (1949), S. 668–670.
[98] Auerbach, Die Gründung, S. 548.
[99] Vgl. Hans Maier, Die Vierteljahrshefte für Zeitgeschichte, in: Möller/Wengst (Hrsg.), 50 Jahre, S. 169–176; Hermann Graml/Hans Woller, Fünfzig Jahre Vierteljahrshefte für Zeitgeschichte, in: VfZ 51 (2003), S. 51–87.
[100] Vgl. Rothfels, Zeitgeschichte, in: VfZ 1 (1953) S. 1–8. Daraus auch die folgenden Zitate.

chen. Er verweist in seinem Beitrag erstens auf den Widerspruch, den der Begriff „Zeitgeschichte" in sich birgt. In Ermangelung eines treffenderen Begriffs plädiert er entschieden dafür, ihn als Bezeichnung für eine wissenschaftliche Disziplin zu verwenden, zu deren „Sammelpunkt" die Vierteljahrshefte für Zeitgeschichte werden sollten. Der Zeitgeschichte weist er zweitens mehrere Aufgaben zu: eine Forschungsaufgabe als wissenschaftliche Disziplin, eine staatsbürgerliche Erziehungsaufgabe und eine politische Aufgabe.

Rothfels betont drittens die „Betroffenheit", die persönlichen Erfahrungen des Historikers in einer Zeit, die er wissenschaftlich behandelt. Wie hoch der Stellenwert dieser Erfahrungen angesetzt wird, ist daran abzulesen, daß sie in der doppelten Definition des Forschungsbereichs der Zeitgeschichte als einer wissenschaftlichen Disziplin, wie Rothfels sie vornimmt, einen zentralen Faktor darstellen. Die Zeitgenossenschaft des Historikers ist zum einen das entscheidende Kriterium, wenn Rothfels unter Zeitgeschichte die „Epoche der Mitlebenden und ihre wissenschaftliche Behandlung" verstanden wissen will, also eine Aufgabe, die zeitlich nicht gebunden ist und sich den jeweiligen Zeitgenossen jeweils neu stellt. Die Zeitgenossenschaft gibt zum anderen auch den Ausschlag, wenn er von Zeitgeschichte als einer neuen universalgeschichtlichen Epoche spricht, die 1917/18 eingesetzt habe, als sich die führende Rolle der beiden späteren, unterschiedlichen Gesellschaftssystemen verpflichteten Großmächte USA und Sowjetunion abzuzeichnen begann. Diese zeitliche Festlegung des Gegenstandes der Zeitgeschichte scheint lediglich dann im Widerspruch zur ersten Definition zu stehen, wenn die Rothfels so wichtige lebensgeschichtliche Komponente außer Acht gelassen wird. Bei der Zäsur, die er mit der russischen Revolution, dem Eintritt der USA in den Krieg und dem Ergebnis des Ersten Weltkriegs ansetzt, handelt es sich auch für den Zeitgenossen Rothfels um einen tiefen, seinen Lebenslauf prägenden Einschnitt. Die „universalgeschichtliche Bedeutung" dieser Zäsur sah Rothfels aus der Perspektive des auf den Zusammenbruch des nationalsozialistischen Deutschlands folgenden Kalten Kriegs bestätigt.

Das Hauptaugenmerk des Beitrags von Rothfels gilt viertens der Zeitgeschichte als einer spezialisierten wissenschaftlichen Disziplin. Auch wenn Rothfels in diesem Bereich einen Nachholbedarf Deutschlands feststellt, spricht er von der Zeitgeschichte keineswegs als von einem voraussetzungslosen Novum in Deutschland. Im Gegenteil, er hält es für geboten, möglichst bald eine Bestandsaufnahme der Vielfalt und Unübersichtlichkeit der einschlägigen Forschung vorzunehmen. Damit ist lediglich eine Aufgabe der wissenschaftlich betriebenen Zeitgeschichte angesprochen. In der Nähe zum Untersuchungsgegenstand sieht Rothfels ein Charakteristikum der Zeitgeschichte, das aber keine unüberwindbaren Probleme im Bereich der Quellen und der Methodik aufwerfe. Der Zeithistoriker müsse sich, anders als der Historiker früherer Epochen der Geschichte, nicht aus der Ferne in diese Zeit hineinversetzen. Aufgabe der Disziplin, die wie jede Geschichtsschreibung vor dem Problem der unvollständigen Überlieferung stehe, sei es, die Quellen aufzuspüren und Aktenpublikationen vorzulegen. Angesichts des durch den Krieg bedingten Ausfalls von Akten der jüngsten Vergangenheit empfiehlt er, das amtliche durch privates Material zu ergänzen. Die Möglichkeit dazu wird vorrangig in der Befragung von Zeitzeugen gesehen[101]. Bei der Auswertung solcher Quellen, von Fragebogen, Prozeßakten, aber auch von Akten, die unter den Bedingungen moderner Nachrichtentechnik, Propaganda und Massenkommunikation entstanden sind, habe die Zeitgeschichte auf die bewährten überlieferten Grundsätze der Geschichtswissenschaft zurückzugreifen. Zugleich stehe sie vor der Aufgabe, neue methodische und technische Hilfsmittel für deren Erschließung zu entwickeln. Auf dieser Grundlage müsse Zeitgeschichtsforschung unter Berücksichtigung der internationalen Rahmenbedingungen themenübergreifend betrieben werden. Nichtsdestotrotz, so Rothfels, würde die „Ereignisgeschichte wesentlich politischer und wirtschaftlich-sozialer Art, insbesondere aus dem Bereich der deutschen Geschichte, das Rückgrat" der zeitgeschichtlichen Forschung bilden. Dabei habe die Zeit der Weimarer Republik, ein „Stiefkind der Forschung", und insbesondere „die nationalsozialistische Phase" im Mittelpunkt zu stehen, wobei kein „heißes Eisen" ausgeklammert werden dürfe.

Dem von Hans Rothfels entworfenen Programm folgten die Vierteljahrshefte für Zeitgeschichte, und ihm folgte auch die Tätigkeit des Instituts für Zeitgeschichte, wie es seit 1952 hieß, in seiner ersten, bis etwa in die Zeit um 1960 reichenden Phase[102]. Einen Schwerpunkt bildeten archivalische und dokumentarische Arbeiten, mit denen gleich drei Abteilungen beschäftigt waren. Dabei wurden die Grundlagen für die Bibliothek, das Archiv und die Sammlung „Zeitzeugenschrifttum" des Instituts gelegt. Daneben bildeten die Öffentlichkeitsarbeit und die Ausarbeitung von Gutachten für Behörden und Gerichte einen zweiten Schwerpunkt. Dadurch bedingt wurden von den Mitarbeitern des Instituts kaum Forschungsprojekte durchgeführt,

---

[101] Rothfels, Zeitgeschichte, S. 4, Anm. 5, führt Beispiele von wissenschaftlichen Institutionen an, in denen damals Zeitzeugenbefragungen durchgeführt wurden, u. a. „Das Institut für Zeitgeschichte in München, das J. G.-Herder-Institut in Marburg (für Ostfragen), die Kommission für die Dokumentation der Vertreibungen; auch das neugegründete Bundesarchiv wird sich der ,Zeitdokumentation' besonders annehmen." Es ist bemerkenswert, daß Rothfels das Institut für Zeitgeschichte in die Reihe von Forschungseinrichtungen und Kommissionen stellt, deren Geschichte sowie deren Erfahrungen in der Zeitzeugenbefragung bis weit in die Zeit des Ersten Weltkriegs zurückreichen. Er deutet damit Traditionen der deutschen Zeitgeschichtsforschung an, ohne sie zu thematisieren.

[102] Vgl. Paul Kluke, Das Institut für Zeitgeschichte in München, in: Schweizer Beiträge zur Allgemeinen Geschichte 12 (1954), S. 239–244; Helmut Krausnick, Zur Arbeit des Instituts für Zeitgeschichte, in: Geschichte in Wissenschaft und Unterricht 19 (1968), S. 90–96. Vgl. auch die einschlägigen Beiträge in: Möller/Wengst (Hrsg.), 50 Jahre.

die sich in eigenständigen Veröffentlichungen niedergeschlagen haben. Quelleneditionen und außerhalb des Hauses entstandene Publikationen oder vom Institut vergebene Forschungsprojekte standen zunächst im Vordergrund der Veröffentlichungstätigkeit. Vorrangig handelte es sich dabei, wie die Vorschläge des Wissenschaftlichen Beirats des Instituts auf seiner konstituierenden Sitzung erkennen lassen, nicht um Themen, die den Nationalsozialismus und insbesondere dessen verbrecherische Politik betrafen. Nach den Worten eines frühen Mitarbeiters des Instituts: Es fehlte im Forschungsprogramm zunächst alles, was man nicht selbst erlebt oder beobachtet hatte[103]. Daß dabei bestimmte Erfahrungen ausgeklammert wurden, sollte allerdings nicht übersehen werden.

5. Traditionsstränge der deutschen Zeitgeschichte

Vergleicht man den Text von Hans Rothfels von 1953, der am postulierten Anfang der westdeutschen Zeitgeschichtsforschung steht, mit jenen von Hashagen und Schieder, so sind eine Reihe von Übereinstimmungen unübersehbar. Alle drei sind unter vergleichbaren gesellschaftlichen und politischen Rahmenbedingungen entstanden, die beiden ersten nach der Urkatastrophe des 20. Jahrhunderts, der dritte nach der deutschen Katastrophe am Ende des Zweiten Weltkrieges. Alle drei stehen am Anfang einer jeweils neuen Zeitgeschichtsforschung und haben programmatischen Charakter. In der verwendeten Begrifflichkeit liegt ein weiteres gemeinsames Merkmal. In allen drei Beiträgen werden die die Zeitgeschichte betreffenden grundsätzlichen Probleme zur Sprache gebracht: Es wird danach gefragt, was Zeitgeschichte ist, und man setzt sich mit den Nach- und besonders den Vorteilen der zeitlichen Nähe des Historikers zu seinem Forschungsgegenstand auseinander. Man findet auch das Bekenntnis zum politisch-erzieherischen Wert von Zeitgeschichte. In den jeweiligen Forschungsprogrammen, deren Hintergrund – eine weitere Gemeinsamkeit – Kriegs- und Nachkriegserfahrungen, und, damit verbunden, der Verlust an historisch-politischer Orientierungsfähigkeit bilden, setzt sich das Verbindende fort: Systematische Bestandsaufnahme der Forschung und ihre Koordination sowie Sicherung der schriftlichen und mündlichen Überlieferung. Die Gemeinsamkeiten lassen sich schließlich auch in den dafür vorgeschlagenen Methoden verfolgen. Überall gehören neben dem Sammeln und der Herausgabe von Akten sowie dem Auswerten von Akten Zeitzeugenbefragungen und die Verwendung von Fragebogen dazu.

---

[103] Vgl. Hans Buchheim/Hermann Graml, Die fünfziger Jahre. Zwei Erfahrungsberichte, in: Möller/Wengst (Hrsg.), 50 Jahre, S. 69–83, Zitat S. 70.

Damit sind die Übereinstimmungen noch nicht erschöpft. Gesagt ist insbesondere nichts über die die neuere Zeitgeschichte bestimmenden wirkungsmächtigen Traditionen der älteren Zeitgeschichte, die in institutioneller, personeller und forschungspraktischer Hinsicht sowie in den verfolgten Zielen gegeben sind. War die ältere zeitgeschichtliche Forschung zunächst noch an das Reichsarchiv und dann an die Historische Reichskommission angebunden, so wurde sie in der Zentralstelle für Nachkriegsgeschichte institutionell eigenständig, und, nicht unbedeutsam, außeruniversitär verankert. Zur außeruniversitären Verankerung kam es auch nach 1945. Für Paul Kluke, der als Mitarbeiter der Zentralstelle für Nachkriegsgeschichte wußte, wovon er sprach, war es, wie er 1955 als Generalsekretär des Instituts für Zeitgeschichte schrieb, klar, „daß eine Forschungsarbeit in der Zeitgeschichte nicht in der Arbeitsweise des Historikers alten Stils erfolgen kann […] sondern, daß nur noch eine Gemeinschaftsarbeit im teamwork Erfolg verspricht. Sie kann auch nicht in dem Universitätsinstitut alten Stils erfolgen. […] Hier müssen […] Institute eingreifen, die sich ganz der Forschung widmen können und dafür einen ausreichenden Stab qualifizierter Mitarbeiter zur Verfügung haben."[104] Erst die außeruniversitäre Verankerung bot die notwendige Grundlage für den späteren Einzug der Zeitgeschichte in die Universitäten.

Für die personellen Verbindungslinien zwischen älterer und neuerer Zeitgeschichte stehen die Namen bedeutender Historiker, deren Einfluß auf die deutsche Zeitgeschichte als wissenschaftliche Disziplin unbestritten ist. Mit Paul Kluke, Helmut Krausnick, Gerhard Ritter, Hans Rothfels und Theodor Schieder sind nur einige der wichtigsten genannt. Die Reflexion ihrer „professional identity" hat mit dazu geführt, daß sie ihre Betroffenheit in den Dienst des sogenannten Neuanfangs der Zeitgeschichte nach 1945 stellten. Werner Conze sprach bezogen auf Hans Rothfels davon, daß er seine Lebenserfahrung in die Zeitgeschichtsforschung eingebracht und sie dort objektiviert habe[105]. Das trifft sicher auch auf die anderen Zeithistoriker der ersten Stunde zu. Die Verbindungslinien sind auch in den gemeinsamen inhaltlichen Merkmalen der hier verfolgten Stränge der zeitgeschichtlichen Forschung zu erkennen. Im Vordergrund stand beim Institut für Zeitgeschichte wie bei den vergleichbaren früheren Einrichtungen mit zeitgeschichtlicher Ausrichtung die Frage der Sicherung und Edition von zeitgeschichtlichen Quellen. Dabei war es, eine weitere Gemeinsamkeit, im wesentlichen das Interesse an der nationalen politischen Entwicklung, von der man sich leiten ließ. Auch nach 1945 beteiligte sich die zeitgeschicht-

---

[104] Paul Kluke, Aufgaben und Methoden der zeitgeschichtlichen Forschung, in: Europa-Archiv 10 (1955), S. 7429–7438, Zitat S. 7433.
[105] Vgl. Werner Conze, Die deutsche Geschichtswissenschaft seit 1945. Bedingungen und Ergebnisse, in: Historische Zeitschrift 225 (1977), S. 1–28, Zitat S. 15.

liche Forschung an der „Suche nach der verlorenen Nation", jetzt allerdings unter Anerkennung der Fehler der Vergangenheit.

Die skizzierten Kontinuitäten lassen erkennen, daß es entgegen der in der Forschung vertretenen Meinung schon nach dem Ersten Weltkrieg nicht nur „vergleichbare zeitgeschichtliche Forschung", sondern auch institutionalisierte zeitgeschichtliche Forschung gab. Auf sie griff man beim „Neuanfang" der Zeitgeschichtsforschung nach 1945 zurück. Von der zeitgeschichtlichen Forschung zu Beginn des Jahrhunderts und der volksgeschichtlich angereicherten Zeitgeschichte der Zwischenkriegszeit führen unübersehbare Verbindungslinien zur modernen deutschen Zeitgeschichtsforschung. Flossen aus der Zeitgeschichte vom Anfang des 20. Jahrhunderts theoretische Überlegungen in die Zeitgeschichte nach 1945 ein, so lieferten die Zeitgeschichte der Weimarer Republik und der nationalsozialistischen Zeit die praktischen Erfahrungen dazu.

Dafür spricht auch, daß Hans Rothfels nicht von einem „Neuanfang" der Zeitgeschichte spricht, sondern von „Zeitgeschichte als Aufgabe", worunter er, wie Hashagen, die wissenschaftliche Behandlung der Epoche der Mitlebenden verstand. Es handelt sich also um eine Aufgabe, die sich unter jeweils neuen Verhältnissen und vor dem Hintergrund der spezifischen Erfahrungen der Historiker sich diesen immer neu stellt. Gerade nach der „deutschen Katastrophe" waren es neue Aufgaben, welche die zeitgeschichtliche Forschung anzugehen hatte. Hans Rothfels sah sie in der Betrachtung der Zeit nach 1917/18 als einer Epoche, im Streben nach einer ganzheitlichen, Wirtschaft, Politik und Kultur verbindenden Sichtweise, in der Behandlung der Zeitgeschichte in einem vergleichenden internationalen Rahmen, in welchen die Erforschung insbesondere der Weimarer Republik und des Nationalsozialismus eingebettet sein sollte. Daß Rothfels sich in seinem Text auf Hashagen bezieht, wird nur in einer Fußnote sichtbar[106]. Sie sollte ebenso wenig übersehen werden, wie die Funktion des Brückenschlags, die der Einleitung zum ersten Heft der Vierteljahrshefte für Zeitgeschichte zukommt. Wie in seiner Rede auf dem ersten Historikertag 1949 in München schlägt Rothfels auch hier einen Bogen über den tiefen Abgrund der NS-Zeit, ohne ihr allerdings auszuweichen, und damit auch über die zeitgeschichtliche Forschung jener Zeit, hin zu den „guten" Traditionen der deutschen Zeitgeschichte vom Beginn des 20. Jahrhunderts.

In der Diskussion über die Zeitgeschichte als wissenschaftliche Disziplin in der Zeit des Ersten Weltkriegs, über die institutionalisierte zeitgeschichtliche Forschung während der NS-Zeit, insbesondere im Rahmen der Zentralstelle für Nachkriegsgeschichte und ihrer Dependancen, und über die Zeitgeschichtsforschung nach 1945 werden Konstanten und Veränderungen in der institutionellen Ausgestaltung, im Ansatz, in der Methode und in der

---

[106] Vgl. Rothfels, Zeitgeschichte, S. 6, Anm. 7.

Zielsetzung der zeitgeschichtlichen Forschung deutlich. Sie lassen erkennen, daß die zeitgeschichtliche Forschung von Anfang an mit explizit innen- und außenpolitischen Zielen – der Rekonstruktion nationaler Identität nach dem verlorenen Ersten Weltkrieg – verbunden war. Das neue methodische Instrumentarium, dem sie verpflichtet war, entfaltete in der NS-Zeit seine menschenverachtende und verbrecherische Wirkung. Daran konnte nach 1945 nicht unmittelbar und schon gar nicht öffentlich angeknüpft werden, auch wenn die Zentralstelle für Nachkriegsgeschichte nicht unbekannt blieb[107]. Mit dem Bemühen der unmittelbaren Nachkriegszeit, den Nationalsozialismus als „Betriebsunfall" aus der deutschen Geschichte heraus zu interpretieren, wurden auch die Traditionen der zeitgeschichtlichen Forschung jener Zeit „zugeschüttet". Es ist dies einer der Gründe für die komplexen und zugleich widersprüchlichen Ausformungen deutscher Zeitgeschichte im 20. Jahrhundert. Daß keiner der Historiker, die für den „Neuanfang" der Zeitgeschichte nach 1945 stehen, öffentlich die Einsicht äußerte, daß die bundesdeutsche Zeitgeschichte einerseits an die Zeitgeschichtsforschung vom Anfang des Jahrhunderts und der Zwischenkriegszeit anknüpfte und andererseits aufgrund der Erfahrung der nationalen, wissenschaftlichen und persönlichen Katastrophe während der NS-Zeit diskreditiert war, führte dazu, daß die Zeitgeschichte in Deutschland nach 1945 neue Wege in alten Bahnen ging. Sie fanden ihren Ausdruck in einer traditionellen politikgeschichtlichen Ausrichtung, dem methodischen Konservatismus, der ihr eigen ist, und dem großen Gewicht außerwissenschaftlicher politischer Interessen[108]. „Die durch den Nationalsozialismus kaum geschwächten Traditionen der methodologischen und inhaltlichen Ausrichtung der Geschichtswissenschaft aus der Zeit vor 1933 wirkten zunächst weiter."[109] Davon verabschiedete sich die deutsche Zeitgeschichte erst in der Zeit um 1960. Wesentliche Impulse dazu kamen von der Politikwissenschaft aus einem anderen Fach und innerhalb der Geschichtswissenschaft von einer neuen Historikergeneration.

Daß einige der aufgezeigten Verbindungslinien weitgehend verborgen geblieben sind, liegt auch an der gesellschaftlichen und politischen Wirklichkeit der fünfziger Jahre, in der noch sehr viele Denk- und Verhaltensmuster von gestern fortlebten. Vor diesem Hintergrund erschien es um so notwendiger, die Behauptung vom Neuanfang, auch dem Neuanfang der Zeitgeschichte, mit allem Nachdruck zu formulieren. Der Blick nach vorn half

---

[107] Vgl. Heiber, Walter Frank und sein Reichsinstitut, S. 160–163.
[108] Vgl. Robert Koehl, Zeitgeschichte and the New German Conservatism, in: Journal of Central European Affairs 20 (1960), S. 131–157; Cornelißen, Zeitgeschichte im Übergang, in: Middell/Lingelbach/Hadler (Hrsg.), Historische Institute.
[109] Christoph Kleßmann, Geschichtsbewußtsein nach 1945. Ein neuer Anfang?, in: Werner Weidenfeld (Hrsg.), Geschichtsbewußtsein der Deutschen. Materialien zur Spurensuche einer Nation, Köln 1987, S. 111–129, Zitat S. 128.

zu verdrängen. Das Interpretationsstereotyp „Zäsur nach 1945" und mit ihm jenes von der „Entdeckung" oder „Erfindung" der Zeitgeschichte nach 1945 erwiesen dabei gute Dienste. Es ist an der Zeit, sich davon auch bei der Betrachtung der Wege der deutschen Zeitgeschichte zu verabschieden. Die deutsche Zeitgeschichte als eine wissenschaftliche Disziplin ist nicht nur aus dem Geist der Vergangenheitsbewältigung nach 1945 geboren worden. Ihre Wurzeln reichen weit, bis zum Beginn des 20. Jahrhunderts zurück. In Abwandlung einer Formulierung von Horst Möller kommt es auch bei der Geschichte der deutschen Zeitgeschichte als einer wissenschaftlichen Disziplin darauf an, „den tatsächlichen historischen Kontext der zu untersuchenden Epoche freizuschälen und aus der Überlagerung der späteren Perzeption zu befreien"[110]. Dann erst wird die lange Inkubationsphase der deutschen Zeitgeschichte sichtbar, die eine Voraussetzung für den sogenannten „Neuanfang" nach 1945 war.

---

[110] Horst Möller, Was ist Zeitgeschichte?, in: Ders./Wengst (Hrsg.), Einführung in die Zeitgeschichte, S. 13–51, Zitat S. 45.

Heinrich August Winkler

Ein Historiker im Zeitalter der Extreme

Anmerkungen zur Debatte um Hans Rothfels

Ich werde meine Bemerkungen in drei Punkte gliedern. Im ersten geht es um Hans Rothfels in den Jahren vor 1933. Im zweiten Teil wende ich mich der Rolle von Hans Rothfels in der Zeit nach dem Zweiten Weltkrieg zu. Drittens frage ich, wie die neue Debatte zu Hans Rothfels einzuordnen und zu erklären ist.

Zum ersten Punkt: Hans Rothfels vor 1933. Die neueste Debatte drängt uns förmlich die Frage auf: Was ist eigentlich originell an Hans Rothfels als politischem Publizisten (wobei die Grenzen zwischen dem Historiker und dem Publizisten natürlich oft fließend sind)? Die Einordnung von Rothfels in zeitgenössische Diskussionszusammenhänge kommt in der neuesten Literatur häufig zu kurz. Hans Rothfels hat nach 1930 einen Rechtsruck durchgemacht; daran gibt es überhaupt keinen Zweifel. Wenn man das umstrittene Manuskript „Der deutsche Staatsgedanke von Friedrich dem Großen bis zur Gegenwart" nimmt, das wohl im Herbst 1929 entstanden ist[1], dann argumentiert er dort offenbar vor dem Hintergrund der offiziellen Kampagne der Reichs- und der preußischen Regierung gegen das von der äußersten Rechten betriebene Volksbegehren zum Young-Plan. Er spricht als konservativer Vernunftrepublikaner, der Friedrich Ebert und Gustav Stresemann gegen die radikalen Nationalisten und Verächter Weimars verteidigt.

Doch das ist noch nicht das letzte Wort von Rothfels zur Weimarer Republik. Er rückt nach rechts, und ich vermute: das hängt auch mit der Entwicklung in seinem jungkonservativen Schülerkreis in Königsberg zusammen[2].

---

[1] Vgl. Hans Rothfels, Der deutsche Staatsgedanke von Friedrich dem Großen bis zur Gegenwart. Vortrag für die Deutsche Welle (1933), in: Bundesarchiv Koblenz, NL Rothfels, 12. Zur Frage der Datierung siehe Heinrich August Winkler, Hans Rothfels – Ein Lobredner Hitlers? Quellenkritische Bemerkungen zu Ingo Haars Buch „Historiker im Nationalsozialismus", in: VfZ 49 (2001), S. 643–652, bes. S. 645, sowie ders., Geschichtswissenschaft oder Geschichtsklitterung? Ingo Haar und Hans Rothfels: Eine Erwiderung, in: Ebenda 50 (2002), S. 635–652, bes. S. 637ff.

[2] Vgl. Ingo Haar, Historiker im Nationalsozialismus. Deutsche Geschichtswissenschaft und der „Volkstumskampf" im Osten, Göttingen 2000, S. 70–97.

Aber ist das, was sich in den Diskussionen nach 1930 in Richtung autoritärer Krisenlösung verändert, beschränkt auf den Kreis der Jungkonservativen oder die so genannte Konservative Revolution[3]?

Es gibt ganz ähnliche Debatten im (vielleicht sollte man sagen: ehemaligen) Linksliberalismus. Vor einiger Zeit ist in der „Zeitschrift für Geschichtswissenschaft" ein interessanter Aufsatz von Christian Jansen über Willy Hellpach und den Kreis um die Zeitschrift „Die Hilfe" erschienen[4]. Und wenn man den sozialdemokratischen Krisendiskurs der frühen dreißiger Jahre hinzunimmt[5], wird man feststellen können: Es gibt eine Menge von Konvergenzen zwischen linken, liberalen und rechten Beiträgen zu diesen Diskussionen.

Das parlamentarische System von Weimar ist 1930 gescheitert. Rudolf Hilferding hat im Sommer 1931 in der von ihm herausgegebenen „Gesellschaft" davon gesprochen, es sei tragisch, ja fast die Quadratur des Kreises, „die Demokratie zu behaupten gegen eine Mehrheit, die die Demokratie verwirft, und das mit den politischen Mitteln einer demokratischen Verfassung, die das Funktionieren des Parlamentarismus voraussetzt"[6]. Seit den Juliwahlen von 1932 gibt es eine klare negative Mehrheit, bestehend aus Nationalsozialisten und Kommunisten, gegen die Weimarer Verfassung. Da hilft nicht mehr die einfache, quasi positivistische Berufung auf die Weimarer Reichsverfassung und das Bekenntnis zum Ideal der parlamentarischen Demokratie. Es geht fortan oder muss gehen um Krisenlösungen, die darauf abzielen, die Substanz der Weimarer Verfassung zu retten und den Rechtsstaat zu bewahren. In dieser Situation ergeben sich merkwürdige Querverbindungen – etwa zwischen Carl Schmitt und Ernst Fraenkel, die sich wechselseitig zustimmend zitieren[7]. Beide plädieren dafür, negative Misstrauensvoten zu ignorieren – ihnen die Legitimation abzusprechen und damit die Wirkung, den Kanzlersturz, aufzuheben.

Fällt Rothfels aus diesem Rahmen heraus? Nur sehr bedingt. Er betont wohl stärker als andere, und zwar unter Berufung auf Bismarck, den berufs-

---

[3] Vgl. Armin Mohler, Die konservative Revolution in Deutschland 1918–1932. Grundriß ihrer Weltanschauungen, Stuttgart 1950; Bernhard Jenschke, Zur Kritik der konservativ-revolutionären Ideologie in der Weimarer Republik. Weltanschauung und Politik bei Edgar Julius Jung, München 1971; Hans Mommsen, Hans Rothfels, in: Hans-Ulrich Wehler (Hrsg.), Deutsche Historiker, Bd. 9, Göttingen 1962, S. 131 ff.

[4] Vgl. Christian Jansen, Antiliberalismus und Antiparlamentarismus in der bürgerlich-demokratischen Elite der Weimarer Republik. Willy Hellpachs Publizistik der Jahre 1925–1933, in: Zeitschrift für Geschichtswissenschaft 49 (2001), S. 773–795.

[5] Vgl. Heinrich August Winkler, Der Weg in die Katastrophe. Arbeiter und Arbeiterbewegung in der Weimarer Republik 1930–1933, Berlin ²1990, S. 802 ff.

[6] Rudolf Hilferding, In Krisennot, in: Die Gesellschaft. Internationale Revue für Sozialismus und Politik (1931/II), S. 1–8, hier S. 1 (I).

[7] Vgl. Carl Schmitt, Legalität und Legitimität, München 1932, S. 84; Ernst Fraenkel, Verfassungsreform und Sozialdemokratie, in: Die Gesellschaft. Internationale Revue für Sozialismus und Politik (1932/II), S. 486–500, bes. S 488 u. S. 491.

ständischen Gedanken, in dem er ein Korrektiv zum Parlamentarismus sieht[8]. Aber das finden wir auch bei Hellpach und in der „Hilfe". Wir finden es auch bei Friedrich Meinecke[9], ja sogar bei einem Sozialdemokraten wie Max Cohen-Reuß[10]. Man kann das (bei einigen der Genannten) als verzweifelte Reaktion auf die Tatsache sehen, dass sich der Reichstag als konstruktives Verfassungsorgan selbst ausgeschaltet hat. In jedem Fall sind es Krisendiskurse vor dem Hintergrund des gescheiterten Parlamentarismus: Das muss man im Auge behalten, wenn man über die Rolle von Hans Rothfels als Kritiker Weimars spricht.

Übrigens bahnt sich in manchen Beiträgen von 1931/32 in gewisser Weise schon ein Minimalkonsens im späteren Widerstand gegen Hitler, ein Konsens zwischen Sozialdemokraten und Konservativen, an: Es gibt kein schlichtes Zurück zu Weimar; es geht um seine Weiterentwicklung, um die Überwindung seiner Schwächen. Ernst Fraenkel hat im Dezember 1932 in der sozialdemokratischen Theoriezeitschrift „Die Gesellschaft" vor „Verfassungsfetischismus" gewarnt[11]. Würde man bei Rothfels auf dieses Wort stoßen, würden das einige sofort als Beleg für seine angeblich faschistoiden Neigungen nehmen. „Weimar – und was dann?" hat Otto Kirchheimer schon 1930 gefragt[12]. Seine Antworten waren ganz andere als die von Rothfels. Aber sie gehören in den gleichen Diskussionszusammenhang: die Krise und das Scheitern des Parlamentarismus von Weimar.

Ein weiteres Stichwort zur Zeit um 1930: Rothfels als Kritiker des Nationalstaates. Seine einschlägigen Äußerungen waren durchgängig ambivalent: Sie lassen sich sowohl als Apologie deutscher Hegemonialansprüche lesen wie auch als Einsicht in tatsächliche Dilemmata[13]. Seine Grundthese lautet sinngemäß: Das westliche Modell des demokratischen Nationalstaates, das auf dem Prinzip des „one man, one vote" beruht, führt, wenn man es ohne weiteres auf ethnisch heterogene Gebiete in Ostmitteleuropa überträgt, zur Vergewaltigung von Minderheiten. Diese Einsicht ist doch wohl nicht etwa schon deshalb a priori falsch, bloß weil sie von einem Konservativen wie Hans Rothfels formuliert worden ist. Wenn man Peter Glotz' Arbeiten aus

---

[8] Vgl. Hans Rothfels, Prinzipienfragen der Bismarckschen Sozialpolitik, in: Ders., Bismarck, der Osten und das Reich, Stuttgart 1960, S. 165–181; ders., Bismarck und der Osten. Eine Studie zum Problem des deutschen Nationalstaats, Leipzig 1934, S. 62ff.

[9] Vgl. Friedrich Meinecke, Ein Wort zur Verfassungsreform (Vossische Zeitung, 12. 10. 1932), in: Ders., Politische Schriften und Reden, hrsg. und eingeleitet von Georg Kotwoski (Werke, Bd. II), Darmstadt 1958, S. 471–476.

[10] Vgl. Max Cohen-Reuß, Verfassungsreform und Aufbauarbeit, in: Sozialistische Monatshefte 38 (1932), S. 744–747.

[11] Fraenkel, Verfassungsreform, S. 491.

[12] Vgl. Otto Kirchheimer, Weimar – und was dann? Analyse einer Verfassung, in: Ders., Politik und Verfassung, Frankfurt a. M. 1964, S. 9–56.

[13] Vgl. Hans Mommsen, Geschichtsschreibung und Humanität – Zum Gedenken an Hans Rothfels, in: Wolfgang Benz/Hermann Graml (Hrsg.), Aspekte deutscher Außenpolitik im 20. Jahrhundert, Stuttgart 1976, S. 9–27, bes. S. 17f.

den 1990er Jahren liest, findet man dort dieselben Argumente – konkret gerichtet gegen die Auflösung der Tschechoslowakei und, vor allem, Jugoslawiens in Nationalstaaten[14].

Dass Rothfels der Ansicht war, eine schematische Übertragung des westlichen Ideals eines auf dem Mehrheitsprinzip beruhenden Nationalstaates auf Ostmitteleuropa sei verfehlt und führe zu großen Problemen[15] – das macht ihn noch nicht zu einem „Reaktionär". Die Problematik beginnt in dem Augenblick, wo diese These zu einem Vehikel deutscher Hegemonialpolitik wird. Da stand Rothfels freilich im Kontext des umfassenden Weimarer Revisionskonsenses. Was ich an Texten von ihm aus der Zeit vor 1933 kenne, weicht kaum ab von dem, was auch das Auswärtige Amt verkündete[16]. Und auch hier gibt es sehr viele Parallelzeugnisse aus dem liberalen und dem sozialdemokratischen Lager. Ich verweise auf die Äußerungen von Otto Braun zum „polnischen Korridor", die ich in meiner Antwort auf Ingo Haar in den „Vierteljahrsheften für Zeitgeschichte" zitiert habe[17]. Fazit zur Zeit vor 1933: Wir müssen in der Diskussion über Hans Rothfels die Blickverengungen überwinden, die dazu geführt haben, dass man in ihm einen Sonderfall sieht. Er war eine Stimme unter vielen – und nicht nur unter Konservativen.

Mein zweiter Punkt betrifft die Rolle von Hans Rothfels nach 1945. Da liegt es nahe, mit dem Buch zu beginnen, das sein erfolgreichstes war, sein einziger Bestseller: „Die deutsche Opposition gegen Hitler"[18]. Dieses Buch, Ulrich Herbert hat darauf hingewiesen, hatte eine doppelte Stoßrichtung. Auf der einen Seite ist da die klare Absage an die Kollektivschuldthese. Das ist, für sich genommen, durchaus keine apologetische Aussage. Ebenso wenig wie die Feststellung, dass es zwischen 1933 und 1945 ein „anderes Deutschland" gab. Auf der anderen Seite richtet sich dieses Buch gegen die Verfemung des Widerstandes.

Im Hinblick auf den ersten Punkt gibt es nun eine offenkundige apologetische Dimension. War Deutschland nach 1933 ein „besetztes Land"? Rothfels setzt den Begriff in Anführungszeichen; er zitiert wohl Allen Dulles[19], aber er macht sich die Deutung zu eigen. Das, würde ich sagen, ist nationale Apologie, und das zu kritisieren ist höchst legitim.

---

14 Vgl. Peter Glotz, Der Irrweg des Nationalstaats. Europäische Reden an ein deutsches Publikum, Stuttgart 1990.
15 Vgl. Mommsen, Geschichtsschreibung, in: Benz/Graml (Hrsg.), Aspekte, S. 17f.
16 Vgl. Norbert Krekeler, Revisionsanspruch und geheime Ostpolitik der Weimarer Republik. Die Subventionierung der deutschen Minderheit in Polen 1919–1933, Stuttgart 1973; Reinhard Frommelt, Paneuropa oder Mitteleuropa. Einigungsbestrebungen im Kalkül deutscher Wirtschaft und Politik 1925–1933, Stuttgart 1977.
17 Vgl. Winkler, Hans Rothfels, S. 643f.
18 Vgl. Hans Rothfels, Die deutsche Opposition gegen Hitler. Eine Würdigung, Krefeld 1949.
19 Vgl. Allen Welsh Dulles, Verschwörung in Deutschland, Zürich 1948, S. 35.

Ein Historiker im Zeitalter der Extreme 195

Außerdem enthält das Buch ein kräftiges Stück Elitenapologie. Wer sich nur mit Hilfe dieser Darstellung über die Rolle der deutschen Konservativen vor und nach 1933 kundig zu machen versucht, der wird ausschließlich den 20. Juli 1944 mit ihnen in Verbindung bringen, nicht aber den anderen 20. Juli, den des Jahres 1932, den Tag des „Preußenschlags", an dem Hindenburg und Papen das geschäftsführende Weimarer Koalitionskabinett Otto Braun absetzten. Kritische Ausführungen über die Rolle der deutschen Oberschichten, zumal des preußischen grundbesitzenden Adels, bei der Zerstörung der Weimarer Republik, der Machtübertragung an Hitler, der Machtbehauptung Hitlers: in Rothfels' „Deutscher Opposition gegen Hitler" findet man das nicht.

Darf man so weit gehen, in dieser Geschichtsdeutung, die preußischen Adel und Widerstand gegen Hitler fast schon als Synonyme erscheinen ließ, eine der Lebenslügen der frühen Bundesrepublik zu sehen? Es spricht vieles dafür. Wer die Rede des ersten Bundespräsidenten Theodor Heuss zum 10. Jahrestag des Anschlags vom 20. Juli 1944, die er an der Freien Universität Berlin gehalten hat, und zahllose Aufsätze und Bücher von Marion Gräfin Dönhoff zum gleichen Thema liest[20], wird wohl zu ebendieser Schlussfolgerung gelangen. Es gab in dieser Hinsicht einen konservativen Konsens, der weit ins liberale Lager reichte. Hans Rothfels hat, ähnlich wie Gerhard Ritter[21], zu diesem Konsens entscheidend beigetragen.

Darüber darf man aber die andere, die aufklärerische Stoßrichtung des Buches von Rothfels nicht übersehen. Versuchen wir, uns die politische und geistige Landschaft vor Augen zu führen, in der dieses Buch erschienen ist und gelesen wurde. Umfragen aus dem Jahr 1951 zeigen, dass damals noch 30 Prozent der Bundesbürger das Attentat vom 20. Juli 1944 ablehnten[22]. 1952 wurden die Deutschen in der Bundesrepublik repräsentativ über ihre Meinung zu einigen „Größen" des „Dritten Reiches" befragt[23]. 42 Prozent hatten eine positive Meinung von Schacht, 37 Prozent von Göring und 24 Prozent von Hitler.

In dieser Zeit wird nun immer wieder das Buch von Hans Rothfels aufgelegt. Darin verteidigt der Verfasser den Generalmajor Hans Oster, der 1940 heimlich die Niederländer vom bevorstehenden deutschen Überfall in Kenntnis gesetzt hatte und darum vielen deutschen Nationalisten als „Lan-

---

[20] Vgl. Theodor Heuss, Die großen Reden. Der Staatsmann, Tübingen 1965, S. 247–262; Marion Gräfin Dönhoff, „Um der Ehre willen". Erinnerungen an die Freunde vom 20. Juli, Berlin 1994; dies., In memoriam 20. Juli 1944, Berlin 1980; Eckart Conze, Aufstand des Adels. Marion Gräfin Dönhoff und das Bild des Widerstands gegen den Nationalsozialismus in der Bundesrepublik Deutschland, in: VfZ 51 (2003), S. 483–508.
[21] Zu Gerhard Ritter vgl. Christoph Cornelißen, Gerhard Ritter. Geschichtswissenschaft und Politik im 20. Jahrhundert, Düsseldorf 2001.
[22] Vgl. Jahrbuch der öffentlichen Meinung 1947–1955, hrsg. von Elisabeth Noelle und Erich Peter Neumann, Allensbach am Bodensee 1956, S. 138.
[23] Vgl. ebenda, S. 135.

desverräter" galt. Rothfels hielt dagegen, das eigene Land sei der Güter höchstes nicht; es gebe eine höhere Moral als die des „right or wrong, my country". Deswegen hätten Dietrich Bonhoeffer und viele andere aus dem Widerstand für die Niederlage Deutschlands gebetet. Auf die Apologeten des „Dritten Reiches" musste das wie eine Provokation wirken.

Vor diesem Hintergrund erscheint mir die pauschale Behauptung von Nicolas Berg, Hans Rothfels habe „den allgemeinen apologetischen Reflex der Deutschen nach 1945 als Wissenschaft" etabliert[24], nicht nur einseitig, sondern falsch. Rothfels hat mit seinem Buch auch ein Stück historische Aufklärung bewirkt. Der konservative Hans Rothfels hat dazu beigetragen, dass konservative oder wieder konservativ gewordene Deutsche sich mit der konservativen Demokratie der Bundesrepublik anfreunden konnten. Die moralische Rehabilitierung des deutschen Widerstands gegen Hitler reichte zwar nicht aus, aber sie war doch die Bedingung der Möglichkeit dafür, dass später eine ideologiekritische Auseinandersetzung mit dem Widerstand einsetzen konnte. An dieser Auseinandersetzung waren Mitglieder der „Rothfels-Schule" bekanntlich nicht ganz unbeteiligt. Ich denke hier an Hans Mommsen und Hermann Graml, den man ja im weiteren Sinn wohl auch der „Rothfels-Gruppe" zuordnen kann[25].

Es ist auf dieser Tagung gesagt worden: Zwischen dem Rothfels der Zeit nach 1950 und dem vor 1933 gebe es nicht viele Kontinuitäten. Doch, es gibt diese Kontinuitäten. Es ist kein ganz anderer Rothfels, der da in den fünfziger Jahren schreibt und spricht. Da ist zunächst das Buch über den Widerstand, in dem man viele der konservativen Positionen wiederfindet, die Rothfels vor 1933 vertreten hat. Da ist weiter Rothfels' andauernde Kritik am Modell des Nationalstaates und am Nationalismus. Seine Arbeiten über den liberalen Nationalismus in der Revolution von 1848 und die Nationalitätenprobleme in Ostmitteleuropa im 19. und 20. Jahrhundert waren nicht veraltet[26]. Sie konnten in neuer Form erscheinen, und sie haben mit dazu beigetragen, dass in der Bundesrepublik ein kritisches Nachdenken über Nationalismus und Nationalstaat einsetzte.

Rothfels hat auch daran mitgewirkt, dass sich der Standpunkt „Freiheit vor Einheit" politisch durchsetzte. Er hat da nicht viel anders argumentiert

---

[24] Nicolas Berg, Der Holocaust und die westdeutschen Historiker. Erforschung und Erinnerung, Göttingen 2003, S. 163.
[25] Vgl. Hans Mommsen, Gesellschaftsbild und Verfassungspläne des deutschen Widerstands, in: Walter Schmitthenner/Hans Buchheim (Hrsg.), Der deutsche Widerstand gegen Hitler. Vier historisch-kritische Studien, Köln 1966, S. 73–167; Hermann Graml, Die außenpolitischen Vorstellungen des deutschen Widerstands, in: Ebenda, S. 15–72.
[26] Vgl. Hans Rothfels, Das erste Scheitern des Nationalstaats in Ost-Mittel-Europa 1848/49, in: Ders., Zeitgeschichtliche Betrachtungen, Göttingen 1959, S. 40–53; ders., Grundsätzliches zum Problem der Nationalität, in: Ebenda, S. 89–111; ders., Sprache, Nationalität und Völkergemeinschaft, in: Ebenda, S. 112–123; ders., Zur Krise des Nationalstaats, in: Ebenda, S. 123–145. Zur Revolution von 1848 vgl. auch ders., 1848 – One hundred years after, in: Journal of Modern History 20 (1948), S. 291–319.

als der ebenfalls konservative Ludwig Dehio[27]. Rothfels ging von dieser Einsicht relativ früh über zur Anerkennung der Oder-Neiße-Grenze. Daher auch seine Unterschrift unter die von Hans Mommsen initiierte Erklärung zugunsten der Ostpolitik der Regierung Brandt-Scheel im Frühjahr 1972[28]. Es gibt bei diesem Historiker Blickverengungen und Einseitigkeiten, namentlich bei seinen Arbeiten über Bismarck[29] und in vielen Passagen seines Buches über die deutsche Opposition gegen Hitler. Stellt man die (typisch konservative) Frage „Was bleibt?", würde ich an erster Stelle seine Beiträge zur Erforschung des Nationalismus und der Nationalitätenprobleme nennen. Die sind zu einem großen Teil nicht überholt und nach wie vor anregend. Vielleicht sollte man sie auch vor dem Hintergrund der Tatsache lesen, dass eine „posthume Adenauersche Linke", wie man diese Gruppe ironisch nennen kann, viel davon übernommen hat – vermutlich, ohne Rothfels je gelesen zu haben.

Dritter und letzter Punkt: Grundsätzliches zum Stand der Debatte. In dem hier schon mehrfach zitierten Buch von Nicolas Berg, der einer Einladung zu dieser Konferenz leider nicht gefolgt ist, lese ich: „Seine [Rothfels'] Wortmeldungen zum Nationalsozialismus waren Formen der Enthistorisierung, indem er historische Probleme verschwieg oder durch ein moralisches Pathos ersetzte."[30] Ich will das gar nicht kommentieren, sondern nur konfrontieren mit dem, was ich eben über Rothfels' Auffassung von der Wünschbarkeit, ja Unvermeidbarkeit einer deutschen Niederlage im Zweiten Weltkrieg gesagt habe.

Warum ist gerade Hans Rothfels in das Zentrum einer Diskussion gerückt, die unverkennbar durch ein gewisses Empörungsbedürfnis charakterisiert ist? Warum ist er zum Kristallisationspunkt dieser Debatte geworden? Ich komme damit zu einem Punkt, der noch kaum erörtert worden ist: Hans Rothfels entstammt einem religiös indifferenten jüdischen Elternhaus[31]. Er wurde weder jüdisch noch christlich erzogen. Als er 1910 zum Protestantismus übertrat, da war das, soweit ich das beurteilen kann, nicht das berühmte Heinesche „Entreebillet zur europäischen Kultur". Ich glaube vielmehr, dass dieser Schritt eine Art Identitätsfindung war. Die Konversion scheint bei Rothfels eine geradezu existentielle Willensentscheidung gewesen zu sein.

Seit dem Übertritt zum Christentum hat sich Rothfels nicht mehr als Jude gefühlt. Er sah sich als Deutscher, als Preuße, als Protestant. Das erklärt vieles an seinen Positionen auch nach 1945, auch in dem Buch über den

---

[27] Vgl. Ludwig Dehio, Deutschland und die Weltpolitik im 20. Jahrhundert, München 1955.
[28] Erklärung zur Ostpolitik, in: Frankfurter Allgemeine Zeitung vom 15. 4. 1972 (Anzeige).
[29] Vgl. Hans Rothfels, Bismarck und das 19. Jahrhundert, in: Ders., Zeitgeschichtliche Betrachtungen, S. 54–70.
[30] Berg, Holocaust, S. 146.
[31] Vgl. Werner Conze, Hans Rothfels, in: Historische Zeitschrift 237 (1983), S. 311–360.

Widerstand. Ich frage mich, ob nicht manche aus dem Sachverhalt, dass er ein konvertierter Jude war, ihm, sozusagen zwischen den Zeilen, einen Vorwurf machen – fast schon im Sinne des Plädoyers eines Staatsanwalts: Strafverschärfend kommt hinzu ... Ich finde: Wir haben kein Recht, so zu urteilen. Wir haben kein Recht, Rothfels vorzuwerfen, dass er sich als Deutscher gefühlt hat oder dass er die „deutsche [...] Frage auf Kosten anderer", nämlich der Juden, restituiert habe (so Nicolas Berg)[32].

Hans Rothfels ist nach seiner Rückkehr aus der Emigration zu einer Symbolfigur, für viele auch zu einem Alibi geworden: Das ist wahr. Wenn man ihn kritisiert, hat man nicht nur die Chance, seine Schülerkreise in mehreren Generationen zu treffen, sondern vielleicht sogar die „etablierte" Geschichtswissenschaft im Ganzen. Das mag eine Teilerklärung sein. Ich vermute, dass die „kämpfende Wissenschaft", zu der sich Rothfels in seiner Königsberger Zeit bekannt hat[33], auf eine verquere Weise manchen derer, die ihn kritisieren, so fremd gar nicht ist.

Delegitimierung früherer Generationen zwecks Selbstlegitimierung der eigenen Generation, auch wenn das Insinuation und Motivverkehrung bedeutet: an einigen neuen Beiträgen zur Debatte über Hans Rothfels kann man das deutlich beobachten. Der Kampf um Anerkennung, um Geltung, um intellektuelle Hegemonie ist etwas Alltägliches und durchaus nichts Verwerfliches. Die Regeln methodischer und intellektueller Redlichkeit aber sollte man dabei im Auge behalten. In dem Buch von Nicolas Berg steht, im Zusammenhang mit Hannah Arendts „Eichmann in Jerusalem", der Satz: „Die Kritik war weit mehr als ein akademischer Widerspruch, im ganzen glich das, was Hannah Arendt als Reaktion auf ihr Buch erlebt hat, mehr einer Kampagne, teilweise bis hin zum Rufmord."[34] Ich finde, dass es notwendig ist, sich mit Hans Rothfels kritisch auseinanderzusetzen. Dabei sollte man aber darauf achten, dass aus der Auseinandersetzung keine Kampagne oder noch Schlimmeres wird.

Zum Schluss möchte ich noch eine Bitte äußern. Korporative Selbstkritik der Geschichtswissenschaft ist notwendig. Sie ist im Fall der Neuesten Geschichte allzu lange aufgeschoben worden. Die ausschließliche und isolierende Beschäftigung mit sich selbst könnte das Fach allerdings in eine Situation führen, wo es der Gegenwart einiges schuldig bleibt, ja irrelevant wird. Für manche Historiker gibt es offenbar nichts Schöneres, als mit anderen Historikern über andere Historiker zu kommunizieren. In dem Maß, wie die Binnenkommunikation, dank freundlicher Hilfe des Internets, zu-

---

[32] Berg, Holocaust, S. 189.
[33] Vgl. Ingo Haar, „Kämpfende Wissenschaft". Entstehung und Niedergang der völkischen Geschichtswissenschaft im Wechsel der Systeme, in: Winfried Schulze/Otto Gerhard Oexle (Hrsg.), Deutsche Historiker im Nationalsozialismus, Frankfurt a. M. 1999, S. 215–240.
[34] Berg, Holocaust, S. 487.

nimmt, sinkt die Kommunikation mit der Außenwelt. Daß das ein Fortschritt ist, wage ich zu bezweifeln.

Es gibt noch eine Wirklichkeit jenseits der Geschichte der Geschichtswissenschaft. Und man sollte die Gefahr der intellektuellen Provinzialisierung des Faches sehen, die mit der exklusiven Selbstbetrachtung verbunden ist. Die Aufarbeitung der Vergangenheit des Faches Geschichte muss in größere Zusammenhänge gestellt werden. Sie ist eine große, aber nicht die einzige Herausforderung, vor die die Geschichtswissenschaft heute gestellt ist.

Horst Möller

Hans Rothfels – Versuch einer Einordnung

Hans Rothfels gehört zu den Begründern der deutschen Zeitgeschichtsforschung nach dem Zweiten Weltkrieg. Im ersten Heft der „Vierteljahrshefte für Zeitgeschichte", die er gemeinsam mit Theodor Eschenburg im Auftrag des Instituts für Zeitgeschichte bis 1977 herausgab, veröffentlichte er seinen programmatischen Aufsatz „Zeitgeschichte als Aufgabe", in dem er „Zeitgeschichte [...] als Epoche der Mitlebenden und ihre wissenschaftliche Behandlung" definierte und das Jahr 1917 als Epochenjahr der Zeitgeschichte ausmachte[1]. Die Russische Oktoberrevolution und der Kriegseintritt der USA – so Rothfels – hätten eine „neue universalgeschichtliche Epoche" konstituiert, die daher „einer Behandlung im internationalen Rahmen bedarf"[2].

Weniger durch große zeitgeschichtliche Werke als durch seine programmatischen Reflexionen, sein Engagement als Herausgeber der führenden zeitgeschichtlichen Zeitschrift sowie durch die Organisation der zeitgeschichtlichen Forschung – unter anderem als langjähriger Vorsitzender des Wissenschaftlichen Beirats des Instituts für Zeitgeschichte – hat sich Rothfels hoch verdient gemacht. Dabei hat er sich bis ins Detail an der Redaktion zahlreicher Beiträge beteiligt, aber auch in vielen Kommentaren und Einführungen seine Vorstellungen von Zeitgeschichte entwickelt. Seine Herangehensweise war hier durch zwei besondere Umstände geprägt: durch eine über die Zeitgeschichte hinausgehende Perspektive, über die er als Historiker des 19. Jahrhunderts verfügte, und durch sein eigenes Lebensschicksal, das den geborenen, aber bereits 1910 zum Protestantismus konvertierten Juden schließlich 1938 in die Emigration zwang, nachdem er bereits 1934 als Ordinarius an der Universität Königsberg entlassen worden war.

Rothfels, der u. a. Bücher über „Carl von Clausewitz", „Bismarcks englische Bündnispolitik", „Theodor v. Schön, Friedrich-Wilhelm IV. und die Revolution von 1848" geschrieben[3], schließlich mehrere Dokumentationen

---

[1] Hans Rothfels, Zeitgeschichte als Aufgabe, in: VfZ 1 (1953), S. 2. Vgl. auch ders., Zeitgeschichtliche Betrachtungen. Vorträge und Aufsätze, Göttingen 1959.
[2] Ders., Zeitgeschichte als Aufgabe, S. 6 f.
[3] Vgl. Hans Mommsen, Geschichtsschreibung und Humanität. Zum Gedenken an Hans Rothfels, in: Aspekte deutscher Außenpolitik im 20. Jahrhundert. Aufsätze Hans Rothfels

zu Bismarck herausgegeben hat, begann seine zeitgeschichtlichen Forschungen also mit einer historischen Tiefendimension, die für seine eigene und die unmittelbar folgenden Generationen noch charakteristisch war, heute aber eher eine Ausnahme ist. Das Fehlen einer solchen Tiefendimension erweist sich bei vielen spezialisierten zeitgeschichtlichen Studien, insbesondere solchen zur Historiographiegeschichte, immer wieder als Nachteil und führt nicht selten zu verengten Fragestellungen und einseitigen Urteilen.

Jahrzehntelang standen die großen Verdienste von Hans Rothfels außer Frage, bis im Zuge einer erneuten Diskussion über die Rolle der Geschichtswissenschaft während der nationalsozialistischen Diktatur mehr und mehr Zweifel an seiner politischen Integrität angemeldet wurden[4]. Wenngleich „jede Generation ihre Geschichte neu schreibt", wie Goethe einmal bemerkt hat, so ist doch keineswegs jede Neubewertung auch begründet oder sinnvoll, nur weil sie neu ist. Bei einer Reihe neuerer Untersuchungen über Historiker im Dritten Reich muß man unwillkürlich an ein anderes Goethewort denken: „Was Ihr den Geist der Zeiten heißt, das ist im Grund der Herren eigener Geist, in dem die Zeiten sich bespiegeln."

Gegen eine Reihe von Urteilen über Hans Rothfels, die in den letzten Jahren geäußert worden sind, lassen sich m.E. grundlegende methodische Einwände erheben:

Rothfels wird mit den politischen und ethischen Maßstäben gemessen, die sich aus unserer Erfahrung der deutschen Geschichte des 20. Jahrhunderts im allgemeinen und der nationalsozialistischen Diktatur im besonderen ergeben. Das führt beispielsweise dazu, daß seine Überlegungen zur Nation, zur Nationalitäten- und „Volkstumsproblematik" ausschließlich aus der Perspektive der nationalsozialistischen Katastrophe betrachtet, nicht aber aus dem zeitgenössischen Kontext des späten 19. und frühen 20. Jahrhunderts verstanden werden. Aus der Konstruktion der Staatsnation, die selbstverständlich ihrerseits zeitgebunden ist, folgten in der ethnischen Gemengelage Ost-, Mittel-, West- und Südosteuropas zwangsläufig Nationalitäten- und Minderheitenprobleme. Diese zu bewältigen, setzten sich die Friedenskonferenzen in den Pariser Vororten nach 1919, aber auch der Völkerbund in den 1920er Jahren als Aufgabe, doch wurde sie nicht gelöst. Angesichts der Tatsache, daß während der Weimarer Republik ungefähr 7,8 Millionen Deutsche außerhalb der Grenzen des Deutschen Reiches lebten und sich in den angrenzenden, zum Teil neu geschaffenen Staaten die Nationalitätenprobleme verschärften, gehören die Überlegungen von Rothfels mindestens

---

zum Gedächtnis, hrsg. von Wolfgang Benz und Hermann Graml, Stuttgart 1976, S. 9–27; darin auch ein Verzeichnis der Veröffentlichungen von Hans Rothfels 1918–1976, S. 287–304; Werner Conze, Hans Rothfels, in: HZ 237 (1983), S. 311–360.
[4] Vgl. Winfried Schulze/Otto Gerhard Oexle (Hrsg.), Deutsche Historiker im Nationalsozialismus, Frankfurt a.M. 1999; Rüdiger Hohls/Konrad H. Jarausch, Versäumte Fragen. Deutsche Historiker im Schatten des Nationalsozialismus, Stuttgart/München 2000.

ebenso sehr in diesen zeithistorischen Diskussionskontext wie in die Entstehungsgeschichte des extremen Nationalismus vor und nach 1933.

Zweifellos sind uns heute die nationalkonservativen und volkstumspolitischen Überlegungen, auf denen auch die sog. Ostforschung während der 1920er und 1930er Jahre basierte, fremd geworden. Doch kann diese Distanz zum epochenspezifischen Kontext, in dem Rothfels stand, nicht ein angemessener Maßstab der historiographischen Beurteilung sein. Ein grundlegender methodischer Einwand gegen manche Interpretationen besteht also darin, daß es ihnen an der notwendigen historischen Kontextualisierung mangelt.

Auch wird nicht ausreichend berücksichtigt, daß sich Rothfels selbstverständlich gewandelt hat: Der Rothfels, der 1948 in den USA das Buch „The German Opposition to Hitler" veröffentlichte[5] und der seit den frühen 1950er Jahren die Zeitgeschichte maßgeblich prägte, war nicht mehr der Historiker, der sich in den Nationalitätenkonzeptionen der Weimarer Republik verfangen hatte. Der konservative Patriot Hans Rothfels, der im Ersten Weltkrieg schwer verwundet worden war, erfuhr wegen seiner jüdischen Wurzeln die Ausgrenzung und Vertreibung aus seinem Vaterland. In der 13jährigen Emigration gewann er politische und wissenschaftliche Erfahrungen, die sein Weltbild veränderten und erweiterten. Es ist sicher kein Zufall, daß Rothfels, der 1951 als 60jähriger den Ruf auf einen Lehrstuhl für Neuere Geschichte an der Universität Tübingen annahm, bis 1955 zugleich seine Lehrverpflichtungen an der Universität Chicago beibehielt, also eine transnationale Wissenschaftlerexistenz führte, und mit der definitiven Rückkehr nach Deutschland einige Jahre zögerte. Zur Beurteilung eines so langen Lebens- und Berufswegs mit derart massiven Brüchen reicht es nicht aus, sich auf bestimmte Aspekte und Lebensabschnitte zu beschränken. Vielmehr muß die ganze Entwicklung seiner Persönlichkeit in den Blick genommen werden.

In diesem Zusammenhang darf keinesfalls vernachlässigt werden, daß Hans Rothfels selbst ein Opfer der politischen Entwicklung in Deutschland und der nationalsozialistischen Ideologie war. Von dieser grundlegenden Tatsache kann selbst dann nicht abgesehen werden, wenn die berechtigte Frage nach den intellektuellen und politischen Affinitäten und Übereinstimmungen mit dem Nationalsozialismus gestellt und das Mißverständnis thematisiert wird, der Nationalsozialismus sei lediglich eine etwas radikalere Variante der eigenen Vorstellungen, dem in der Tat viele Nationalkonservative erlagen.

Geradezu grotesk ist es, das epochemachende Buch über die deutsche Opposition gegen Hitler – das selbstverständlich durch die nachfolgende Widerstandsforschung ergänzt worden ist – als apologetisch einzustufen.

---

[5] Vgl. Hans Rothfels, The German Opposition to Hitler. An appraisal, Hinsdale 1948.

Zunächst einmal ist es ein hermeneutisches Paradox, eine positive Würdigung des Widerstands gegen Hitler als Apologie zu interpretieren. Außerdem fehlt es auch hier an jeglicher Kontextualisierung: 1947/48 in den USA darauf hinzuweisen, daß es auch ein „anderes" Deutschland gegeben habe, war angesichts der ja nur zwei Jahre zurückliegenden Erfahrung, die die Amerikaner mit dieser Diktatur gemacht hatten, keineswegs populär. Ebenso wenig populär war es, in der frühen Bundesrepublik den Widerstand gegen das nationalsozialistische Regime zu rühmen. Dies wird beispielsweise auch an dem gespaltenen Echo deutlich, das die große Rede von Bundespräsident Theodor Heuss zum zehnten Jahrestag des 20. Juli gefunden hat[6]. Rothfels ist in dieser Hinsicht ein Pionier gewesen, der die Forschung befruchtet hat, selbst wenn seine politische und ethische Absicht, das „andere" Deutschland zu propagieren, offensichtlich sein Leitmotiv bildete.

Nicht weniger rätselhaft ist, wie man insinuieren kann, Hans Rothfels habe sich um das schrecklichste Kapitel der nationalsozialistischen Diktatur, den Massenmord an den europäischen Juden, herumgedrückt. Bereits im ersten Jahrgang der „Vierteljahrshefte für Zeitgeschichte" 1953 findet sich die Dokumentation des Augenzeugenberichts von Kurt Gerstein zu Massenvergasungen, der von Hans Rothfels eingeleitet worden ist[7]. Dort steht unter anderem der Satz: „Es ist keine angenehme Aufgabe, sich mit diesen grauenhaften Vorgängen zu beschäftigen. Sie werden hier in Erinnerung gerufen, nicht um Haß zu pflanzen oder lebendig zu erhalten, sondern gemäß der Verpflichtung, wie sie im Eingangsheft für diese Zeitschrift dahin bestimmt wurde, ,daß sie an keinerlei heißen Eisen, weder internationalen noch nationalen, sich vorbeidrückt und keine leeren Räume offen läßt, in die Legenden sich einzunisten neigen'. Man fängt mit der Erfüllung dieser Pflicht wohl sinngemäß am besten vor der eigenen Türe an. – Aber so sehr die Rationalisierung des Unmenschlichen und Untermenschlichen zu den spezifischen Wesenszügen des nationalsozialistischen Regimes gehört und so sehr die Systematisierung der Massenvernichtung wie auch die anmaßliche Entscheidung über das, was ,lebenswert' ist, eine Eigenart eben dieses Regimes sind, so wenig wird man übersehen wollen, welch unbarmherziges Licht hier auf unsere Epoche und ihre latenten Möglichkeiten im Ganzen fällt. [...] Diese Erfahrungen, die am nachdrücklichsten allerdings in der nationalsozialistischen Zeit gemacht worden sind, durch den Schleier des Vergessens oder des Bagatellisierens zu überdecken, würde nicht nur Stumpfheit und Gewissenlosigkeit gegenüber den Opfern dieser bestimmten Zeit

---

[6] Bekenntnis und Dank. Rede des Bundespräsidenten Theodor Heuss am 19. 7. 1954, in: Bulletin des Presse- und Informationsamtes der Bundesregierung, 20. 7. 1954.
[7] Vgl. Augenzeugenbericht zu den Massenvergasungen, in: VfZ 1 (1953), S. 177–194, das folgende Zitat S. 177f.

bedeuten, sondern auch einschläfern der Wachsamkeit und des Gewissens überhaupt."

Ein angemessenes Urteil über Rothfels wird schließlich auch durch die Unkenntnis früherer historiographischer Arbeiten erschwert. Zwar schmeichelt es dem eigenen Selbstbewußtsein, der vermeintlich Erste zu sein, der sich solchen Fragestellungen zuwendet, doch ist hier an Hermann Heimpels Diktum zu erinnern, Literaturkenntnis schütze vor Neuentdeckungen. Denn tatsächlich hat sich die Geschichtswissenschaft bereits in den 1960er Jahren mit diesen Fragen befaßt, vor allem in dem monumentalen Werk von Helmut Heiber über das „Reichsinstitut für Geschichte des neuen Deutschland", das 1966 vom Institut für Zeitgeschichte veröffentlicht wurde[8], sowie in Karl Ferdinand Werners 1967 erschienener Studie „Das NS-Geschichtsbild und die deutsche Geschichtswissenschaft"[9]; letzteres enthielt unter anderem ein Kapitel „Die Anfälligkeit der deutschen Geschichtswissenschaft". Während der 1960er Jahre gab es außerdem eine große Zahl von Vorlesungsreihen, die sich mit dem Thema „Universität im Dritten Reich" bzw. mit einzelnen Wissenschaften während der nationalsozialistischen Diktatur beschäftigten.

Neu ist also nicht die Beschäftigung mit dieser Thematik, sondern die Spezifik des Zugangs. Davon einmal abgesehen, wissen wir seit Jahrzehnten, daß nach 1933 keine soziale Gruppe von nationalsozialistischen Einflüssen freigeblieben ist, daß aber auch die Geschichtswissenschaft weder methodisch noch politisch homogen war. Die Differenzierung ist also auch hier ein notwendiges regulatives Prinzip, das die Frage nach konzeptioneller oder ideologischer Affinität, nach Verstrickungen, Opportunismus oder ideologischem Fanatismus nicht ausschließt. Doch handelt es sich hier nur um einen Aspekt der komplexen Thematik, deren größeres historiographisches Interesse beispielsweise in der Frage liegt, inwiefern grundlegende und innovative Werke wie Otto Brunners „Land und Herrschaft" (1939) oder Wilhelm Abels „Agrarkrisen und Agrarkonjunktur im Mittelalter vom 13. bis zum 19. Jahrhundert" (1935) durch den damaligen Zeitgeist beeinflußt worden sind. Im Falle Brunners dürfte etwa die Auflösung des traditionellen Staatsbegriffs im Zeichen der nationalsozialistischen Ideologie von Herrschaft und Volk eine beträchtliche Rolle gespielt haben[10]. Von hier aus

---

[8] Vgl. Helmut Heiber, Walter Frank und sein Reichsinstitut für Geschichte des neuen Deutschlands, Stuttgart 1966. Vgl. auch sein unvollendet gebliebenes Werk: Universität unterm Hakenkreuz, 3 Bde, München 1991 ff., dessen Materialreichtum weiterführende Studien erlaubt.
[9] Vgl. Karl Ferdinand Werner, Das NS-Geschichtsbild und die deutsche Geschichtswissenschaft, Stuttgart 1967.
[10] Vgl. Horst Möller, Regionalismus und Zentralismus in der neueren Geschichte. Bemerkungen zur historischen Dimension einer aktuellen Diskussion, in: ders./Andreas Wirsching/Walter Ziegler (Hrsg.), Nationalsozialismus in der Region. Beiträge zur regionalen und lokalen Forschung und zum internationalen Vergleich, München 1996, S. 9–22, hier S. 16f.

war es in der Tat nur ein kleiner Schritt zu sozialgeschichtlichen Forschungen, die Historiker wie Theodor Schieder, Werner Conze, Otto Brunner und andere nach 1945 zu Vorreitern einer sozial- und strukturgeschichtlich orientierten Geschichtswissenschaft machten. Auch in diesen Fällen muß aber nicht allein der ganze Lebens- und Berufsweg einbezogen, sondern die Frage gestellt werden, die Lothar Gall jüngst aufgeworfen hat[11]: Inwieweit hat die Lehre aus der Verstrickung in die NS-Diktatur, die beispielsweise Theodor Schieder gezogen hat, seinen vorbehaltlosen Einsatz für die junge Demokratie in der Bundesrepublik, für den Methodenpluralismus in der Geschichtswissenschaft und ihre Öffnung zu sozialwissenschaftlichen Fragestellungen verursacht, beeinflußt oder verstärkt?

Generell gilt auch für die Rothfels-Debatte, daß ein angemessenes Urteil nur gefunden werden kann, wenn die Spezifika der Epoche berücksichtigt werden. Kontroverse Interpretationen sind dabei nicht allein ein Kennzeichen wissenschaftlicher Pluralität, sondern tragen zur Klärung der Sache bei. Deshalb bietet auch der vorliegende Sammelband unterschiedliche Zugänge und Urteile. So viel das Institut für Zeitgeschichte und die Zeitgeschichtsforschung Hans Rothfels auch verdanken: Hagiographie ist nicht Aufgabe der Wissenschaft, nach meiner Überzeugung hat Hans Rothfels sie auch nicht nötig.

---

[11] Vgl. Lothar Gall, Elitenkontinuität in Wirtschaft und Wissenschaft: Hindernis oder Bedingung für den Neuanfang nach 1945? Hermann Josef Abs und Theodor Schieder, in: HZ 279 (2004), S. 659–676.

Mitarbeiter dieses Sammelbandes

Dr. *Mathias Beer*, Leiter des Forschungsbereichs Zeitgeschichte am Institut für donauschwäbische Geschichte und Landeskunde (Mohlstraße 18, 72074 Tübingen), Lehrbeauftragter an der Eberhard-Karls-Universität Tübingen; veröffentlichte u. a.: „Flüchtlinge und Vertriebene im deutschen Südwesten nach 1945" (Sigmaringen 1994); Mitherausgeber von „Migration nach Ost- und Südosteuropa vom 18. bis zum Beginn des 19. Jahrhunderts" (Stuttgart 1999); „Im Spannungsfeld von Politik und Zeitgeschichte. Das Großforschungsprojekt ‚Dokumentation der Vertreibung der Deutschen aus Ost-Mitteleuropa' ", in: VfZ 46 (1998); Mitherausgeber von „Umsiedlung, Flucht und Vertreibung der Deutschen als internationales Problem. Zur Geschichte eines europäischen Irrwegs" (Stuttgart 2002); arbeitet derzeit an der Herausgabe des seinerzeit nicht mehr erschienenen sechsten Bandes der „Dokumentation der Vertreibung der Deutschen aus Ost-Mitteleuropa".

Dr. *Christoph Cornelißen*, Professor für Mittlere und Neuere Geschichte an der Christian-Albrechts-Universität zu Kiel (Leibnizstr. 8, 24098 Kiel); veröffentlichte u. a.: „Das ‚Innere Kabinett'. Die höhere Beamtenschaft und der Aufbau des Wohlfahrtsstaates in Großbritannien 1893–1919" (Husum 1996); Herausgeber zusammen mit Stefan Fisch und Annette Maas von „Grenzstadt Straßburg. Stadtplanung, kommunale Wohnungspolitik und Öffentlichkeit 1870–1940" (St. Ingbert 1997); „Gerhard Ritter. Geschichtswissenschaft und Politik im 20. Jahrhundert" (Düsseldorf 2001); Herausgeber zusammen mit Lutz Klinkhammer und Wolfgang Schwentker von „Erinnerungskulturen. Deutschland, Italien und Japan seit 1945" (Frankfurt am Main 2003).

Jan Eckel, wissenschaftlicher Mitarbeiter am Lehrstuhl für Neuere und Neueste Geschichte der Albert-Ludwigs-Universität Freiburg (Werthmannplatz, KG IV, 79085 Freiburg); veröffentlichte u. a.: „Intellektuelle Transformationen im Spiegel der Widerstandsdeutungen", in: Ulrich Herbert (Hrsg.), Wandlungsprozesse in Westdeutschland. Belastung, Integration, Liberalisierung 1945–1980 (Göttingen 2002).

Dr. *Thomas Etzemüller*, Juniorprofessor für Zeitgeschichte an der Carl von Ossietzky Universität Oldenburg (Ammerländer Heerstr. 114–118, 26129 Oldenburg); veröffentlichte u. a.: „Sozialgeschichte als politische Geschichte. Werner Conze und die Neuorientierung der westdeutschen Geschichtswissenschaft nach 1945" (München 2001); „Die Form ‚Biographie' als Modus der Geschichtsschreibung. Überlegungen zum Thema Biographie und Nationalsozialismus", in: Michael Ruck/Karl Heinrich Pohl (Hrsg.), Regionen im Nationalsozialismus (Bielefeld 2003); „Sozialstaat, Eugenik und Normalisierung in skandinavischen Demokratien", in: AfS 43 (2003); arbeitet zur Zeit an einer Studie über Alva und Gunnar Myrdal und das schwedische „folkhem".

Dr. h.c. *Hermann Graml*, ehem. wissenschaftlicher Mitarbeiter am Institut für Zeitgeschichte (Leonrodstr. 46b, 80636 München); veröffentlichte u. a.: „Europa zwischen den Kriegen" (München 1969, ⁵1982); „Die Alliierten und die Teilung Deutschlands. Konflikte und Entscheidungen 1941–1948" (Frankfurt am Main 1985); „Die Märznote von 1952. Legende und Wirklichkeit" (Melle 1988); „Reichskristallnacht. Antisemitismus und Judenverfolgung im Dritten Reich" (München 1988); „Europas Weg in den Krieg. Hitler und die Mächte 1939" (München 1990); „Zwischen Stresemann und Hitler. Die Außenpolitik der Präsidialkabinette Brüning, Papen und Schleicher" (München 2001).

Dr. *Ingo Haar*, Projektmitarbeiter am Zentrum für Antisemitismusforschung an der Technischen Universität Berlin (Ernst-Reuter-Platz 7, 10587 Berlin); veröffentlichte u.a.: „Historiker im Nationalsozialismus. Deutsche Geschichtswissenschaft und der ‚Volkstumskampf' im Osten" (Göttingen 2000); „Quellenkritik oder Kritik der Quellen? Replik auf Heinrich August Winkler", in: VfZ 50 (2002); arbeitet derzeit an einem Projekt über „Wissenschaft – Bevölkerung – Politik: Kontinuitäten und Brüche demographischen Denkens und Handelns 1937–1962".

Dr. *Johannes Hürter*, wissenschaftlicher Mitarbeiter am Institut für Zeitgeschichte (Leonrodstr. 46b, 80636 München); veröffentlichte u.a.: „Wilhelm Groener. Reichswehrminister am Ende der Weimarer Republik (1928–1932)" (München 1993); „Paul von Hintze. Marineoffizier, Diplomat, Staatssekretär. Dokumente einer Karriere zwischen Militär und Politik, 1903–1918" (München 1998); „Ein deutscher General an der Ostfront. Die Briefe und Tagebücher des Gotthard Heinrici 1941/42" (Erfurt 2001); arbeitet derzeit im Rahmen des Projekts „Wehrmacht in der nationalsozialistischen Diktatur" an einer Studie über die deutschen Oberbefehlshaber an der Ostfront 1941/42.

Dr. Horst Möller, Direktor des Instituts für Zeitgeschichte und Ordinarius für Neuere und Neueste Geschichte an der Universität München (Leonrodstraße 46b, 80636 München); veröffentlichte u.a.: „Aufklärung in Preußen. Der Verleger, Publizist und Geschichtsschreiber Friedrich Nicolai" (Berlin 1974); „Exodus der Kultur. Schriftsteller, Wissenschaftler und Künstler in der Emigration nach 1933" (München 1984); „Parlamentarismus in Preußen 1919–1932" (Düsseldorf 1985); „Die Weimarer Republik. Eine unvollendete Demokratie" (München 1985, 7. durchges. und erw. Aufl., 2004); „Vernunft und Kritik. Deutsche Aufklärung im 17. und 18. Jahrhundert" (Frankfurt a.M.,⁴1997); „Fürstenstaat oder Bürgernation. Deutschland 1763–1815 (Berlin 1989, ⁴1998); „Theodor Heuss. Staatsmann und Schriftsteller" (Bonn 1990); „Europa zwischen den Weltkriegen" (München 1998, ²2000); „Saint-Gobain in Deutschland. Geschichte eines europäischen Unternehmens von 1853 bis zur Gegenwart" (München 2001); „Preußen von 1918 bis 1947: Weimarer Republik, Preußen und der Nationalsozialismus", in: Handbuch der preußischen Geschichte, Bd. 3 (Berlin 2001); „Aufklärung und Demokratie. Historische Studien zur politischen Vernunft" (München 2003).

Dr. *Wolfgang Neugebauer*, Professor für Geschichte der Frühen Neuzeit an der Bayerischen Julius-Maximilians-Universität Würzburg (Am Hubland, 97074 Würzburg); veröffentlichte u.a.: „Standschaft als Verfassungsproblem. Die historischen Grundlagen ständischer Partizipation in ostmitteleuropäischen Regionen" (Goldbach 1995); „Politischer Wandel im Osten" (Stuttgart 1992); „Geschichte Preußens" (Darmstadt 2004); „Otto Hintze und seine Konzeption der ‚Allgemeinen Verfassungsgeschichte der Neueren Staaten'", in: Zeitschrift für Historische Forschung 20 (1993); „Hans Rothfels' Weg zur vergleichenden Geschichte Ostmitteleuropas, besonders im Übergang von früher Neuzeit zur Moderne", in: Berliner Jahrbuch für osteuropäische Geschichte

(1996/1); „Staat – Krieg – Korporation. Zur Genese politischer Strukturen im 17. und 18. Jahrhundert", in: Historisches Jahrbuch 123 (2003).

Dr. *Peter Th. Walther*, wissenschaftlicher Mitarbeiter und Koordinator der Arbeitsgruppe „Universitätsjubiläum 1810–2010" am Institut für Geschichtswissenschaften der Humboldt-Universität zu Berlin (Unter den Linden 6, 10099 Berlin); veröffentlichte u. a.: zusammen mit Peter Nötzoldt und Jürgen Kocka „Die Berliner Akademien der Wissenschaften 1945–1990", in: Jürgen Kocka (Hrsg.), Die Berliner Akademien der Wissenschaften im geteilten Deutschland 1945–1990 (Berlin 2003); arbeitet derzeit an der Nachlass-Edition der „Hedwig Hintze Notes".

Dr. *Heinrich August Winkler*, Professor für Neueste Geschichte am Institut für Geschichtswissenschaften der Humboldt-Universität zu Berlin (Unter den Linden 6, 10099 Berlin); veröffentlichte u. a.: „Arbeiter und Arbeiterbewegung in der Weimarer Republik 1918–1933", 3 Bände (Berlin/Bonn 1984–1987); „Weimar 1918–1933. Die Geschichte der ersten deutschen Demokratie" (München 1993); „Der lange Weg nach Westen. Bd. 1: Deutsche Geschichte vom Ende des Alten Reiches bis zum Untergang der Weimarer Republik, Bd. 2: Vom ‚Dritten Reich' bis zur Wiedervereinigung" (beide München 2000).

Dr. *Hans Woller*, wissenschaftlicher Mitarbeiter am Institut für Zeitgeschichte (Leonrodstr. 46b, 80636 München); veröffentlichte u. a.: „Gesellschaft und Politik in der amerikanischen Besatzungszone. Die Region Ansbach und Fürth" (München 1986); als Herausgeber zusammen mit Martin Broszat und Klaus-Dietmar Henke „Von Stalingrad zur Währungsreform. Zur Sozialgeschichte des Umbruchs in Deutschland" (München 1988, ³1990); „Die Abrechnung mit dem Faschismus in Italien 1943–1948" (München 1996); „28. Oktober 1922. Die faschistische Herausforderung" (München 1999); als Herausgeber zusammen mit Thomas Schlemmer „Bayern im Bund, Bd. 1: Die Erschließung des Landes 1949 bis 1973, Bd. 2: Gesellschaft im Wandel 1949 bis 1973, Bd. 3: Politik und Kultur im föderativen Staat 1949 bis 1973" (München 2001, 2002 und 2004).

www.ingramcontent.com/pod-product-compliance
Lightning Source LLC
Chambersburg PA
CBHW052021290426
44112CB00014B/2324